中国农业标准经典收藏系列

中国农业行业标准汇编

（2021）

植保分册

标准质量出版分社　编

U0194969

中国农业出版社
农村读物出版社
北　京

主　　编：刘　伟

副 主 编：冀　刚

编写人员（按姓氏笔画排序）：

冯英华　刘　伟　杨桂华

胡烨芳　廖　宁　冀　刚

出 版 说 明

　　近年来，我们陆续出版了多版《中国农业标准经典收藏系列》标准汇编，已将 2004—2018 年由我社出版的 4 400 多项标准单行本汇编成册，得到了广大读者的一致好评。无论从阅读方式还是从参考使用上，都给读者带来了很大方便。

　　为了加大农业标准的宣贯力度，扩大标准汇编本的影响，满足和方便读者的需要，我们在总结以往出版经验的基础上策划了《中国农业行业标准汇编（2021）》。本次汇编对 2019 年出版的 226 项农业标准进行了专业细分与组合，根据专业不同分为种植业、畜牧兽医、植保、农机、综合和水产 6 个分册。

　　本书收录了抗性鉴定技术规程、病虫害防治技术规程、主要害虫调查方法、高温热害等级、霉菌毒素控制技术规范、病虫害监测技术规程、食品中农药最大残留限量、植物源性食品中农药及其代谢物残留量的测定等方面的农业标准 14 项，并在书后附有 2019 年发布的 6 个标准公告供参考。

特别声明：

　　1. 汇编本着尊重原著的原则，除明显差错外，对标准中所涉及的有关量、符号、单位和编写体例均未做统一改动。

　　2. 从印制工艺的角度考虑，原标准中的彩色部分在此只给出黑白图片。

　　3. 本辑所收录的个别标准，由于专业交叉特性，故同时归于不同分册当中。

　　本书可供农业生产人员、标准管理干部和科研人员使用，也可供有关农业院校师生参考。

标准质量出版分社

2020 年 9 月

目　　录

ICS 65.100
G 25

中华人民共和国国家标准

GB 2763—2019

代替 GB 2763—2016、GB 2763.1—2018

食品安全国家标准
食品中农药最大残留限量

National food safety standard—
Maximum residue limits for pesticides in food

2019-08-15 发布　　　　　　　　　　　　2020-02-15 实施

中华人民共和国国家卫生健康委员会
中华人民共和国农业农村部　发布
国家市场监督管理总局

前　言

本标准按照 GB/T 1.1—2009 给出的规则起草。

本标准代替 GB 2763—2016《食品安全国家标准　食品中农药最大残留限量》和 GB 2763.1—2018《食品安全国家标准　食品中百草枯等 43 种农药最大残留限量》，与 GB 2763—2016 和 GB 2763.1—2018 相比的主要技术变化如下：

——对原标准中 2,4-滴异辛酯等 6 种农药残留物定义,阿维菌素等 21 种农药每日允许摄入量等信息进行了修订；

——增加了 2,4-滴二甲胺盐等 51 种农药,删除了氟吡禾灵 1 种农药,其最大残留限量合并到氟吡甲禾灵和高效氟吡甲禾灵；

——修订了代森联等 5 种农药的中、英文通用名；

——增加了 2 967 项农药最大残留限量；

——修订了 28 项农药最大残留限量值；

——将草铵膦等 12 种农药的部分限量值由临时限量修改为正式限量；

——将二氰蒽醌等 17 种农药的部分限量值由正式限量修改为临时限量；

——增加了 45 项检测方法标准,删除了 17 项检测方法标准,变更了 9 项检测方法标准；

——修订了规范性附录 A,增加了羽扇豆等 22 种食品名称,修订了 7 种食品名称,修订了 2 种食品分类；

——修订了规范性附录 B,增加了 11 种农药。

本标准所代替标准的历次版本发布情况为：

——GB 2763—2005、GB 2763—2012、GB 2763—2014、GB 2763—2016；

——GB 2763.1—2018。

食品安全国家标准 食品中农药最大残留限量

1 范围

本标准规定了食品中2,4-滴等483种农药7107项最大残留限量。

本标准适用于与限量相关的食品。

食品类别及测定部位(见附录A)用于界定农药最大残留限量应用范围,仅适用于本标准。如某种农药的最大残留限量应用于某一食品类别时,在该食品类别下的所有食品均适用,有特别规定的除外。

豁免制定食品中最大残留限量标准的农药名单(见附录B)用于界定不需要制定食品中农药最大残留限量的范围。

2 规范性引用文件

下列文件对于本文件的应用是必不可少的。凡是注日期的引用文件,仅注日期的版本适用于本文件。凡是不注日期的引用文件,其最新版本(包括所有的修改单)适用于本文件。

在配套检测方法中选择满足检测要求的方法进行检测。在本标准发布后,新发布实施的食品安全国家标准(GB 23200)同样适用于相应参数的检测。

GB/T 5009.19 食品中有机氯农药多组分残留量的测定

GB/T 5009.20 食品中有机磷农药残留量的测定

GB/T 5009.21 粮、油、菜中甲萘威残留量的测定

GB/T 5009.36 粮食卫生标准的分析方法

GB/T 5009.102 植物性食品中辛硫磷农药残留量的测定

GB/T 5009.103 植物性食品中甲胺磷和乙酰甲胺磷农药残留量的测定

GB/T 5009.104 植物性食品中氨基甲酸酯类农药残留量的测定

GB/T 5009.105 黄瓜中百菌清残留量的测定

GB/T 5009.107 植物性食品中二嗪磷残留量的测定

GB/T 5009.110 植物性食品中氯氰菊酯、氰戊菊酯和溴氰菊酯残留量的测定

GB/T 5009.113 大米中杀虫环残留量的测定

GB/T 5009.114 大米中杀虫双残留量的测定

GB/T 5009.115 稻谷中三环唑残留量的测定

GB/T 5009.126 植物性食品中三唑酮残留量的测定

GB/T 5009.129 水果中乙氧基喹残留量的测定

GB/T 5009.130 大豆及谷物中氟磺胺草醚残留量的测定

GB/T 5009.131 植物性食品中亚胺硫磷残留量的测定

GB/T 5009.132 食品中莠去津残留量的测定

GB/T 5009.133 粮食中绿麦隆残留量的测定

GB/T 5009.134 大米中禾草敌残留量的测定

GB/T 5009.135 植物性食品中灭幼脲残留量的测定

GB/T 5009.136 植物性食品中五氯硝基苯残留量的测定

GB/T 5009.142 植物性食品中吡氟禾草灵、精吡氟禾草灵残留量的测定

GB/T 5009.143 蔬菜、水果、食用油中双甲脒残留量的测定

GB/T 5009.144 植物性食品中甲基异柳磷残留量的测定

GB/T 5009.145 植物性食品中有机磷和氨基甲酸酯类农药多种残留的测定

GB/T 5009.146 植物性食品中有机氯和拟除虫菊酯类农药多种残留量的测定

GB/T 5009.147　植物性食品中除虫脲残留量的测定

GB/T 5009.155　大米中稻瘟灵残留量的测定

GB/T 5009.160　水果中单甲脒残留量的测定

GB/T 5009.161　动物性食品中有机磷农药多组分残留量的测定

GB/T 5009.162　动物性食品中有机氯农药和拟除虫菊酯农药多组分残留量的测定

GB/T 5009.164　大米中丁草胺残留量的测定

GB/T 5009.165　粮食中 2,4-滴丁酯残留量的测定

GB/T 5009.172　大豆、花生、豆油、花生油中的氟乐灵残留量的测定

GB/T 5009.174　花生、大豆中异丙甲草胺残留量的测定

GB/T 5009.175　粮食和蔬菜中 2,4-滴残留量的测定

GB/T 5009.176　茶叶、水果、食用植物油中三氯杀螨醇残留量的测定

GB/T 5009.177　大米中敌稗残留量的测定

GB/T 5009.180　稻谷、花生仁中噁草酮残留量的测定

GB/T 5009.184　粮食、蔬菜中噻嗪酮残留量的测定

GB/T 5009.200　小麦中野燕枯残留量的测定

GB/T 5009.201　梨中烯唑醇残留量的测定

GB/T 5009.218　水果和蔬菜中多种农药残留量的测定

GB/T 5009.219　粮谷中矮壮素残留量的测定

GB/T 5009.220　粮谷中敌菌灵残留量的测定

GB/T 5009.221　粮谷中敌草快残留量的测定

GB/T 14553　粮食、水果和蔬菜中有机磷农药测定的气相色谱法

GB/T 14929.2　花生仁、棉籽油、花生油中涕灭威残留量测定方法

GB/T 19650　动物肌肉中 478 种农药及相关化学品残留量的测定　气相色谱-质谱法

GB/T 20769　水果和蔬菜中 450 种农药及相关化学品残留量的测定　液相色谱-串联质谱法

GB/T 20770　粮谷中 486 种农药及相关化学品残留量的测定　液相色谱-串联质谱法

GB/T 20771　蜂蜜中 486 种农药及相关化学品残留量的测定　液相色谱-串联质谱法

GB/T 20772　动物肌肉中 461 种农药及相关化学品残留量的测定　液相色谱-串联质谱法

GB/T 22243　大米、蔬菜、水果中氯氟吡氧乙酸残留量的测定

GB/T 22979　牛奶和奶粉中啶酰菌胺残留量的测定　气相色谱-质谱法

GB 23200.2　食品安全国家标准　除草剂残留量检测方法　第 2 部分:气相色谱-质谱法测定　粮谷及油籽中二苯醚类除草剂残留量

GB 23200.3　食品安全国家标准　除草剂残留量检测方法　第 3 部分:液相色谱-质谱/质谱法测定食品中环己酮类除草剂残留量

GB 23200.6　食品安全国家标准　除草剂残留量检测方法　第 6 部分:液相色谱-质谱/质谱法测定食品中杀草强残留量

GB 23200.8　食品安全国家标准　水果和蔬菜中 500 种农药及相关化学品残留量的测定　气相色谱-质谱法

GB 23200.9　食品安全国家标准　粮谷中 475 种农药及相关化学品残留量的测定　气相色谱-质谱法

GB 23200.11　食品安全国家标准　桑枝、金银花、枸杞子和荷叶中 413 种农药及相关化学品残留量的测定　液相色谱-质谱法

GB 23200.13　食品安全国家标准　茶叶中 448 种农药及相关化学品残留量的测定　液相色谱-质谱法

GB 23200.14　食品国家安全标准　果蔬汁和果酒中 512 种农药及相关化学品残留量的测定　液相色谱-质谱法

GB 23200.15　食品安全国家标准　食用菌中 503 种农药及相关化学品残留量的测定　气相色谱-质谱法

GB 23200.16　食品安全国家标准　水果和蔬菜中乙烯利残留量的测定　气相色谱法

GB 23200.19　食品安全国家标准　水果和蔬菜中阿维菌素残留量的测定　液相色谱法

GB 23200.20　食品安全国家标准　食品中阿维菌素残留量的测定　液相色谱-质谱/质谱法

GB 23200.22　食品安全国家标准　坚果及坚果制品中抑芽丹残留量的测定　液相色谱法

GB 23200.24　食品安全国家标准　粮谷和大豆中 11 种除草剂残留量的测定　气相色谱-质谱法

GB 23200.29　食品安全国家标准　水果和蔬菜中唑螨酯残留量的测定　液相色谱法

GB 23200.31　食品安全国家标准　食品中丙炔氟草胺残留量的测定　气相色谱-质谱法

GB 23200.32　食品安全国家标准　食品中丁酰肼残留量的测定　气相色谱-质谱法

GB 23200.33　食品安全国家标准　食品中解草嗪、莎稗磷、二丙烯草胺等 110 种农药残留量的测定　气相色谱-质谱法

GB 23200.34　食品安全国家标准　食品中涕灭砜威、吡唑醚菌酯、嘧菌酯等 65 种农药残留量的测定　液相色谱-质谱/质谱法

GB 23200.37　食品安全国家标准　食品中烯啶虫胺、呋虫胺等 20 种农药残留量的测定　液相色谱-质谱/质谱法

GB 23200.38　食品安全国家标准　植物源性食品中环己烯酮类除草剂残留量的测定　液相色谱-质谱/质谱法

GB 23200.39　食品安全国家标准　食品中噻虫嗪及其代谢物噻虫胺残留量的测定　液相色谱-质谱/质谱法

GB 23200.43　食品安全国家标准　粮谷及油籽中二氯喹啉酸残留量的测定　气相色谱法

GB 23200.45　食品安全国家标准　食品中除虫脲残留量的测定　液相色谱-质谱法

GB 23200.46　食品安全国家标准　食品中嘧霉胺、嘧菌胺、腈菌唑、嘧菌酯残留量的测定　气相色谱-质谱法

GB 23200.47　食品安全国家标准　食品中四螨嗪残留量的测定　气相色谱-质谱法

GB 23200.49　食品安全国家标准　食品中苯醚甲环唑残留量的测定　气相色谱-质谱法

GB 23200.50　食品安全国家标准　食品中吡啶类农药残留量的测定　液相色谱-质谱/质谱法

GB 23200.53　食品安全国家标准　食品中氟硅唑残留量的测定　气相色谱-质谱法

GB 23200.54　食品安全国家标准　食品中甲氧基丙烯酸酯类杀菌剂残留量的测定　气相色谱-质谱法

GB 23200.56　食品安全国家标准　食品中喹氧灵残留量的检测方法

GB 23200.57　食品安全国家标准　食品中乙草胺残留量的检测方法

GB 23200.62　食品安全国家标准　食品中氟烯草酸残留量的测定　气相色谱-质谱法

GB 23200.64　食品安全国家标准　食品中吡丙醚残留量的测定　液相色谱-质谱/质谱法

GB 23200.65　食品安全国家标准　食品中四氟醚唑残留量的检测方法

GB 23200.68　食品安全国家标准　食品中啶酰菌胺残留量的测定　气相色谱-质谱法

GB 23200.69　食品安全国家标准　食品中二硝基苯胺类农药残留量的测定　液相色谱-质谱/质谱法

GB 23200.70　食品安全国家标准　食品中三氟羧草醚残留量的测定　液相色谱-质谱/质谱法

GB 23200.72　食品安全国家标准　食品中苯酰胺类农药残留量的测定　气相色谱-质谱法

GB 23200.73　食品安全国家标准　食品中鱼藤酮和印棟素残留量的测定　液相色谱-质谱/质谱法

GB 23200.74　食品安全国家标准　食品中井冈霉素残留量的测定　液相色谱-质谱/质谱法

GB 23200.75　食品安全国家标准　食品中氟啶虫酰胺残留量的检测方法

GB 23200.76　食品安全国家标准　食品中氟苯虫酰胺残留量的测定　液相色谱-质谱/质谱法

GB 23200.83　食品安全国家标准　食品中异稻瘟净残留量的检测方法

GB 23200.104　食品安全国家标准　肉及肉制品中 2 甲 4 氯及 2 甲 4 氯丁酸残留量的测定　液相色谱-质谱法

GB 23200.108　食品安全国家标准　植物源性食品中草铵膦残留量的测定　液相色谱-质谱联用法

GB 23200.109　食品安全国家标准　植物源性食品中二氯吡啶酸残留量的测定　液相色谱-质谱法

GB 23200.110　食品安全国家标准　植物源性食品中氯吡脲残留量的测定　液相色谱-质谱联用法

GB 23200.111　食品安全国家标准　植物源性食品中唑嘧磺草胺残留量的测定　液相色谱-质谱联用法

GB 23200.112　食品安全国家标准　植物源性食品中 9 种氨基甲酸酯类农药及其代谢物残留量的测定　液相色谱-柱后衍生法

GB 23200.113　食品安全国家标准　植物源性食品中 208 种农药及其代谢物残留量的测定　气相色谱-质谱联用法

GB 23200.115　食品安全国家标准　鸡蛋中氟虫腈及其代谢物残留量的测定　液相色谱-质谱联用法

GB/T 23204　茶叶中 519 种农药及相关化学品残留量的测定　气相色谱-质谱法

GB/T 23210　牛奶和奶粉中 511 种农药及相关化学品残留量的测定　气相色谱-质谱法

GB/T 23211　牛奶和奶粉中 493 种农药及相关化学品残留量的测定　液相色谱-串联质谱法

GB/T 23376　茶叶中农药多残留测定　气相色谱-质谱法

GB/T 23379　水果、蔬菜及茶叶中吡虫啉残留的测定　高效液相色谱法

GB/T 23584　水果、蔬菜中啶虫脒残留量的测定　液相色谱-串联质谱法

GB/T 23750　植物性产品中草甘膦残留量的测定　气相色谱-质谱法

GB/T 23816　大豆中三嗪类除草剂残留量的测定

GB/T 23818　大豆中咪唑啉酮类除草剂残留量的测定

GB/T 25222　粮油检验　粮食中磷化物残留量的测定　分光光度法

GB 29707　食品安全国家标准　牛奶中双甲脒残留标志物残留量的测定　气相色谱法

NY/T 761　蔬菜和水果中有机磷、有机氯、拟除虫菊酯和氨基甲酸酯类农药多残留的测定

NY/T 1096　食品中草甘膦残留量测定

NY/T 1277　蔬菜中异菌脲残留量的测定　高效液相色谱法

NY/T 1379　蔬菜中 334 种农药多残留的测定　气相色谱质谱法和液相色谱质谱法

NY/T 1434　蔬菜中 2、4-D 等 13 种除草剂多残留的测定　液相色谱质谱法

NY/T 1453　蔬菜及水果中多菌灵等 16 种农药残留测定　液相色谱-质谱-质谱联用法

NY/T 1455　水果中腈菌唑残留量的测定　气相色谱法

NY/T 1456　水果中咪鲜胺残留量的测定　气相色谱法

NY/T 1616　土壤中 9 种磺酰脲类除草剂残留量的测定　液相色谱-质谱法

NY/T 1652　蔬菜、水果中克螨特残留量的测定　气相色谱法

NY/T 1679　植物性食品中氨基甲酸酯类农药残留的测定　液相色谱-串联质谱法

NY/T 1680　蔬菜水果中多菌灵等 4 种苯并咪唑类农药残留量的测定　高效液相色谱法

NY/T 1720　水果、蔬菜中杀铃脲等七种苯甲酰脲类农药残留量的测定　高效液相色谱法

NY/T 1722　蔬菜中敌菌灵残留量的测定　高效液相色谱法

NY/T 1725　蔬菜中灭蝇胺残留量的测定　高效液相色谱法

NY/T 2820　植物性食品中抑食肼、虫酰肼、甲氧虫酰肼、呋喃虫酰肼和环虫酰肼 5 种双酰肼类农药残留量的同时测定　液相色谱-质谱联用法

SN/T 0134　进出口食品中杀线威等 12 种氨基甲酸酯类农药残留量的检测方法　液相色谱-质谱/质谱法

SN 0139　出口粮谷中二硫代氨基甲酸酯残留量检验方法

SN 0157　出口水果中二硫代氨基甲酸酯残留量检验方法

SN/T 0162　出口水果中甲基硫菌灵、硫菌灵、多菌灵、苯菌灵、噻菌灵残留量的检测方法　高效液相色谱法

SN/T 0192　出口水果中溴螨酯残留量的检测方法

SN/T 0217　出口植物源性食品中多种菊酯残留量的检测方法　气相色谱-质谱法

SN/T 0293　出口植物源性食品中百草枯和敌草快残留量的测定　液相色谱-质谱/质谱法

SN/T 0519　进出口食品中丙环唑残留量的检测方法

SN/T 0525　出口水果、蔬菜中福美双残留量检测方法

SN 0592　出口粮谷及油籽中苯丁锡残留量检验方法

SN 0654　出口水果中克菌丹残留量检验方法

SN 0685　出口粮谷中霜霉威残留量检验方法

SN 0701　出口粮谷中磷胺残留量检验方法

SN/T 0931　出口粮谷中调环酸钙残留量检测方法　液相色谱法

SN/T 1477　出口食品中多效唑残留量检测方法

SN/T 1541　出口茶叶中二硫代氨基甲酸酯总残留量检验方法

SN/T 1605　进出口植物性产品中氰草津、氟草隆、莠去津、敌稗、利谷隆残留量检验方法　高效液相色谱法

SN/T 1606　进出口植物性产品中苯氧羧酸类除草剂残留量检验方法　气相色谱法

SN/T 1739　进出口粮谷和油籽中多种有机磷农药残留量的检测方法　气相色谱串联质谱法

SN/T 1923　进出口食品中草甘膦残留量的检测方法　液相色谱-质谱/质谱法

SN/T 1968　进出口食品中扑草净残留量检测方法　气相色谱-质谱法

SN/T 1969　进出口食品中联苯菊酯残留量的检测方法　气相色谱-质谱法

SN/T 1976　进出口水果和蔬菜中嘧菌酯残留量检测方法　气相色谱法

SN/T 1982　进出口食品中氟虫腈残留量检测方法　气相色谱-质谱法

SN/T 1986　进出口食品中溴虫腈残留量检测方法

SN/T 2095　进出口蔬菜中氟啶脲残留量检测方法　高效液相色谱法

SN/T 2147　进出口食品中硫线磷残留量的检测方法

SN/T 2151　进出口食品中生物苄呋菊酯、氟丙菊酯、联苯菊酯等28种农药残留量的检测方法　气相色谱-质谱法

SN/T 2152　进出口食品中氟铃脲残留量检测方法　高效液相色谱-质谱/质谱法

SN/T 2158　进出口食品中毒死蜱残留量检测方法

SN/T 2212　进出口粮谷中苄嘧磺隆残留量检测方法　液相色谱法

SN/T 2228　进出口食品中31种酸性除草剂残留量的检测方法　气相色谱-质谱法

SN/T 2229　进出口食品中稻瘟灵残留量检测方法

SN/T 2233　进出口食品中甲氰菊酯残留量检测方法

SN/T 2234　进出口食品中丙溴磷残留量检测方法　气相色谱法和气相色谱-质谱法

SN/T 2320　进出口食品中百菌清、苯氟磺胺、甲抑菌灵、克菌灵、灭菌丹、敌菌丹和四溴菊酯残留量的检测方法　气相色谱质谱法

SN/T 2324　进出口食品中抑草磷、毒死蜱、甲基毒死蜱等33种有机磷农药残留量的检测方法

SN/T 2325　进出口食品中四唑嘧磺隆、甲基苯苏呋安、醚磺隆等45种农药残留量的检测方法　高效液相色谱-质谱/质谱法

SN/T 2397　进出口食品中尼古丁残留量的检测方法

SN/T 2432　进出口食品中哒螨灵残留量的检测方法

SN/T 2441　进出口食品中涕灭威、涕灭威砜、涕灭威亚砜残留量检测方法　液相色谱-质谱/质谱法

SN/T 2540　进出口食品中苯甲酰脲类农药残留量的测定　液相色谱-质谱/质谱法

SN/T 2560　进出口食品中氨基甲酸酯类农药残留量的测定　液相色谱-质谱/质谱法

SN/T 2915　出口食品中甲草胺、乙草胺、甲基吡恶磷等 160 种农药残留量的检测方法　气相色谱-质谱法

SN/T 3539　出口食品中丁氟螨酯的测定

SN/T 3768　出口粮谷中多种有机磷农药残留量测定方法　气相色谱-质谱法

SN/T 3769　出口粮谷中敌百虫、辛硫磷残留量测定方法　液相色谱-质谱/质谱法

SN/T 3852　出口食品中氰氟虫腙残留量的测定　液相色谱-质谱/质谱法

SN/T 3859　出口食品中仲丁灵农药残留量的测定

SN/T 3860　出口食品中吡蚜酮残留量的测定　液相色谱-质谱/质谱法

SN/T 4264　出口食品中四聚乙醛残留量的检测方法　气相色谱-质谱法

SN/T 4558　出口食品中三环锡(三唑锡)和苯丁锡含量的测定

SN/T 4586　出口食品中噻苯隆残留量的检测方法　高效液相色谱法

YC/T 180　烟草及烟草制品　毒杀芬农药残留量的测定　气相色谱法

3　术语和定义

下列术语和定义适用于本文件。

3.1

残留物　residue definition

由于使用农药而在食品、农产品和动物饲料中出现的任何特定物质,包括被认为具有毒理学意义的农药衍生物,如农药转化物、代谢物、反应产物及杂质等。

3.2

最大残留限量　maximum residue limit(MRL)

在食品或农产品内部或表面法定允许的农药最大浓度,以每千克食品或农产品中农药残留的毫克数表示(mg/kg)。

3.3

再残留限量　extraneous maximum residue limit(EMRL)

一些持久性农药虽已禁用,但还长期存在环境中,从而再次在食品中形成残留,为控制这类农药残留物对食品的污染而制定其在食品中的残留限量,以每千克食品或农产品中农药残留的毫克数表示(mg/kg)。

3.4

每日允许摄入量　acceptable daily intake(ADI)

人类终生每日摄入某物质,而不产生可检测到的危害健康的估计量,以每千克体重可摄入的量表示(mg/kg bw)。

4　技术要求

4.1　2,4-滴和2,4-滴钠盐(2,4-D and 2,4-D Na)

4.1.1　主要用途:除草剂。

4.1.2　ADI:0.01 mg/kg bw。

4.1.3　残留物:2,4-滴。

4.1.4　最大残留限量:应符合表1的规定。

表 1

食品类别/名称	最大残留限量,mg/kg
谷物	
小麦	2
黑麦	2
玉米	0.05

表 1（续）

食品类别/名称	最大残留限量，mg/kg
谷物	
鲜食玉米	0.1
高粱	0.01
油料和油脂	
大豆	0.01
蔬菜	
大白菜	0.2
番茄	0.5
茄子	0.1
辣椒	0.1
马铃薯	0.2
玉米笋	0.05
水果	
柑橘类水果（柑、橘、橙除外）	1
柑	0.1
橘	0.1
橙	0.1
仁果类水果	0.01
核果类水果	0.05
浆果及其他小型水果	0.1
坚果	0.2
糖料	
甘蔗	0.05
食用菌	
蘑菇类（鲜）	0.1
哺乳动物肉类（海洋哺乳动物除外）	0.2*
哺乳动物内脏（海洋哺乳动物除外）	5*
禽肉类	0.05*
禽类内脏	0.05*
蛋类	0.01*
生乳	0.01*
* 该限量为临时限量。	

4.1.5 检测方法：谷物（高粱除外）、蔬菜、食用菌按照 GB/T 5009.175 规定的方法测定；高粱、油料和油脂、水果、坚果、糖料参照 NY/T 1434 规定的方法测定。

4.2 2,4-滴丁酯(2,4-D butylate)

4.2.1 主要用途：除草剂。

4.2.2 ADI：0.01 mg/kg bw。

4.2.3 残留物：2,4-滴丁酯。

4.2.4 最大残留限量：应符合表 2 的规定。

表 2

食品类别/名称	最大残留限量，mg/kg
谷物	
小麦	0.05
玉米	0.05
油料和油脂	
大豆	0.05
糖料	
甘蔗	0.05

4.2.5 检测方法：谷物按照 GB/T 5009.165、GB/T 5009.175 规定的方法测定；油脂和油料参照 GB/T

5009.165 规定的方法测定;糖料参照 GB/T 5009.175 规定的方法测定。

4.3 2,4-滴二甲胺盐(2,4-D-dimethylamine)

4.3.1 主要用途:除草剂。

4.3.2 ADI:0.01 mg/kg bw。

4.3.3 残留物:2,4-滴。

4.3.4 最大残留限量:应符合表3的规定。

表 3

食品类别/名称	最大残留限量,mg/kg
谷物	
稻谷	0.05
糙米	0.05
小麦	2

4.3.5 检测方法:谷物按照 SN/T 2228 规定的方法测定。

4.4 2,4-滴异辛酯(2,4-D-ethylhexyl)

4.4.1 主要用途:除草剂。

4.4.2 ADI:0.01 mg/kg bw。

4.4.3 残留物:2,4-滴异辛酯和2,4-滴之和,以2,4-滴异辛酯表示。

4.4.4 最大残留限量:应符合表4的规定。

表 4

食品类别/名称	最大残留限量,mg/kg
谷物	
小麦	2*
鲜食玉米	0.1*
玉米	0.1*
* 该限量为临时限量。	

4.5 2甲4氯(钠)[MCPA(sodium)]

4.5.1 主要用途:除草剂。

4.5.2 ADI:0.1 mg/kg bw。

4.5.3 残留物:2甲4氯。

4.5.4 最大残留限量:应符合表5的规定。

表 5

食品类别/名称	最大残留限量,mg/kg
谷物	
糙米	0.05
小麦	0.1
大麦	0.2
燕麦	0.2
黑麦	0.2
小黑麦	0.2
玉米	0.05
高粱	0.05
豌豆	0.01

表5（续）

食品类别/名称	最大残留限量,mg/kg
油料和油脂	
亚麻籽	0.01
水果	
柑	0.1
橘	0.1
橙	0.1
苹果	0.05
糖料	
甘蔗	0.05
哺乳动物肉类(海洋哺乳动物除外)	0.1*
哺乳动物内脏(海洋哺乳动物除外)	3*
哺乳动物脂肪(乳脂肪除外)	0.2*
禽肉类	0.05*
禽类内脏	0.05*
禽类脂肪	0.05*
蛋类	0.05*
生乳	0.04*
* 该限量为临时限量。	

4.5.5 检测方法:谷物参照 SN/T 2228、NY/T 1434 规定的方法测定;油料和油脂参照 NY/T 1434 规定的方法测定;水果参照 SN/T 2228 规定的方法测定;糖料参照 SN/T 2228 规定的方法测定;动物源性食品按照 GB 23200.104 规定的方法测定。

4.6 2甲4氯二甲胺盐(MCPA-dimethylammonium)

4.6.1 主要用途:除草剂。

4.6.2 ADI:0.1 mg/kg bw。

4.6.3 残留物:2甲4氯。

4.6.4 最大残留限量:应符合表6的规定。

表6

食品类别/名称	最大残留限量,mg/kg
糖料	
甘蔗	0.05

4.6.5 检测方法:糖料参照 SN/T 2228 规定的方法测定。

4.7 2甲4氯异辛酯(MCPA-isooctyl)

4.7.1 主要用途:除草剂。

4.7.2 ADI:0.1 mg/kg bw。

4.7.3 残留物:2甲4氯异辛酯。

4.7.4 最大残留限量:应符合表7的规定。

表7

食品类别/名称	最大残留限量,mg/kg
谷物	
稻谷	0.05*
糙米	0.05*
小麦	0.1*
* 该限量为临时限量。	

4.8 阿维菌素(abamectin)

4.8.1 主要用途:杀虫剂。

4.8.2 ADI:0.001 mg/kg bw。

4.8.3 残留物:阿维菌素 B1a。

4.8.4 最大残留限量:应符合表 8 的规定。

表 8

食品类别/名称	最大残留限量,mg/kg
谷物	
糙米	0.02
小麦	0.01
油料和油脂	
棉籽	0.01
大豆	0.05
花生仁	0.05
蔬菜	
韭菜	0.05
葱	0.1
结球甘蓝	0.05
花椰菜	0.5
青花菜	0.05
芥蓝	0.02
菜薹	0.1
菠菜	0.05
小白菜	0.05
小油菜	0.1
青菜	0.05
苋菜	0.05
茼蒿	0.05
叶用莴苣	0.05
油麦菜	0.05
叶芥菜	0.2
芜菁叶	0.05
芹菜	0.05
小茴香	0.02
大白菜	0.05
番茄	0.02
茄子	0.2
甜椒	0.02
黄瓜	0.02
西葫芦	0.01
节瓜	0.02
豇豆	0.05
菜豆	0.1
菜用大豆	0.05
萝卜	0.01
芜菁	0.02
马铃薯	0.01
茭白	0.3
水果	
柑橘类水果(柑、橘、橙除外)	0.01
柑	0.02

表 8（续）

食品类别/名称	最大残留限量,mg/kg
水果	
橘	0.02
橙	0.02
苹果	0.02
梨	0.02
枣(鲜)	0.05
枸杞(鲜)	0.1
草莓	0.02
杨梅	0.02
瓜果类水果(西瓜除外)	0.01
西瓜	0.02
干制水果	
枸杞(干)	0.1
坚果	
杏仁	0.01
核桃	0.01
饮料类	
啤酒花	0.1
调味料	
干辣椒	0.2
胡椒	0.05

4.8.5 检测方法:谷物、干制水果按照 GB 23200.20 规定的方法测定;油料和油脂参照 GB 23200.20 规定的方法测定;蔬菜按照 GB 23200.19、GB 23200.20、NY/T 1379 规定的方法测定;水果按照 GB 23200.19、GB 23200.20 规定的方法测定;坚果、饮料类、调味料参照 GB 23200.19 规定的方法测定。

4.9 矮壮素(chlormequat)

4.9.1 主要用途:植物生长调节剂。

4.9.2 ADI:0.05 mg/kg bw。

4.9.3 残留物:矮壮素阳离子,以氯化物表示。

4.9.4 最大残留限量:应符合表 9 的规定。

表 9

食品类别/名称	最大残留限量,mg/kg
谷物	
小麦	5
大麦	2
燕麦	10
黑麦	3
小黑麦	3
玉米	5
小麦粉	2
小麦全粉	5
黑麦粉	3
黑麦全粉	4
油料和油脂	
油菜籽	5
棉籽	0.5
花生仁	0.2
菜籽毛油	0.1

表 9（续）

食品类别/名称	最大残留限量，mg/kg
蔬菜	
番茄	1
哺乳动物肉类（海洋哺乳动物除外）	
牛肉	0.2*
猪肉	0.2*
绵羊肉	0.2*
山羊肉	0.2*
哺乳动物内脏（海洋哺乳动物除外）	
牛肾	0.5*
猪肾	0.5*
绵羊肾	0.5*
山羊肾	0.5*
牛肝	0.1*
猪肝	0.1*
绵羊肝	0.1*
山羊肝	0.1*
禽肉类	0.04*
禽类内脏	0.1*
蛋类	0.1*
生乳	
牛奶	0.5*
绵羊奶	0.5*
山羊奶	0.5*
* 　该限量为临时限量。	

4.9.5　检测方法：谷物按照 GB/T 5009.219 规定的方法测定；油料和油脂、蔬菜参照 GB/T 5009.219 规定的方法测定。

4.10　氨氯吡啶酸（picloram）

4.10.1　主要用途：除草剂。

4.10.2　ADI：0.3 mg/kg bw。

4.10.3　残留物：氨氯吡啶酸。

4.10.4　最大残留限量：应符合表 10 的规定。

表 10

食品类别/名称	最大残留限量，mg/kg
谷物	
小麦	0.2*
油料和油脂	
油菜籽	0.1*
* 　该限量为临时限量。	

4.11　氨氯吡啶酸三异丙醇胺盐［picloram-tris（2-hydroxypropyl）ammonium］

4.11.1　主要用途：除草剂。

4.11.2　ADI：0.5 mg/kg bw。

4.11.3　残留物：氨氯吡啶酸。

4.11.4　最大残留限量：应符合表 11 的规定。

表 11

食品类别/名称	最大残留限量,mg/kg
谷物	
小麦	0.2*
* 该限量为临时限量。	

4.12 氨唑草酮(amicarbazone)

4.12.1 主要用途:除草剂。

4.12.2 ADI:0.023 mg/kg bw。

4.12.3 残留物:氨唑草酮。

4.12.4 最大残留限量:应符合表 12 的规定。

表 12

食品类别/名称	最大残留限量,mg/kg
谷物	
玉米	0.05*
鲜食玉米	0.05*
* 该限量为临时限量。	

4.13 胺苯磺隆(ethametsulfuron)

4.13.1 主要用途:除草剂。

4.13.2 ADI:0.2 mg/kg bw。

4.13.3 残留物:胺苯磺隆。

4.13.4 最大残留限量:应符合表 13 的规定。

表 13

食品类别/名称	最大残留限量,mg/kg
油料和油脂	
油菜籽	0.02

4.13.5 检测方法:油料和油脂参照 NY/T 1616 规定的方法测定。

4.14 胺鲜酯(diethyl aminoethyl hexanoate)

4.14.1 主要用途:植物生长调节剂。

4.14.2 ADI:0.023 mg/kg bw。

4.14.3 残留物:胺鲜酯。

4.14.4 最大残留限量:应符合表 14 的规定。

表 14

食品类别/名称	最大残留限量,mg/kg
谷物	
玉米	0.2*
油料和油脂	
大豆	0.05*
花生仁	0.1*
蔬菜	
普通白菜	0.05*

表 14（续）

食品类别/名称	最大残留限量,mg/kg
蔬菜	
大白菜	0.2*
菜用大豆	0.05*
*　该限量为临时限量。	

4.15　百草枯(paraquat)

4.15.1　主要用途:除草剂。

4.15.2　ADI:0.005 mg/kg bw。

4.15.3　残留物:百草枯阳离子,以二氯百草枯表示。

4.15.4　最大残留限量:应符合表 15 的规定。

表 15

食品类别/名称	最大残留限量,mg/kg
谷物	
稻谷	0.05
玉米	0.1
高粱	0.03
杂粮类	0.5
小麦粉	0.5
油料和油脂	
菜籽油	0.05*
棉籽	0.2*
大豆	0.5*
葵花籽	2*
蔬菜	
鳞茎类蔬菜	0.05*
芸薹属类蔬菜	0.05*
叶菜类蔬菜	0.05*
茄果类蔬菜	0.05*
瓜类蔬菜	0.05*
豆类蔬菜	0.05*
茎类蔬菜	0.05*
根茎类和薯芋类蔬菜	0.05*
水生类蔬菜	0.05*
芽菜类蔬菜	0.05*
其他类蔬菜	0.05*
水果	
柑橘类水果(柑、橘、橙除外)	0.02*
柑	0.2*
橘	0.2*
橙	0.2*
仁果类水果(苹果除外)	0.01*
苹果	0.05*
核果类水果	0.01*
浆果和其他小型水果	0.01*
橄榄	0.1*
皮不可食的热带和亚热带水果(香蕉除外)	0.01*
香蕉	0.02*
瓜果类水果	0.02*

表 15（续）

食品类别/名称	最大残留限量,mg/kg
坚果	0.05*
饮料类	
茶叶	0.2
啤酒花	0.1*
哺乳动物肉类(海洋哺乳动物除外)	0.005*
哺乳动物内脏(海洋哺乳动物除外)	0.05*
禽肉类	0.005*
禽类内脏	0.005*
蛋类	0.005*
生乳	0.005*
* 该限量为临时限量。	

4.15.5 检测方法:谷物、茶叶参照 SN/T 0293 规定的方法测定。

4.16 百菌清(chlorothalonil)

4.16.1 主要用途:杀菌剂。

4.16.2 ADI:0.02 mg/kg bw。

4.16.3 残留物:植物源性食品为百菌清;动物源性食品为4-羟基-2,5,6-三氯异二苯腈。

4.16.4 最大残留限量:应符合表16的规定。

表 16

食品类别/名称	最大残留限量,mg/kg
谷物	
稻谷	0.2
小麦	0.1
鲜食玉米	5
杂粮类(绿豆、赤豆除外)	1
绿豆	0.2
赤豆	0.2
油料和油脂	
大豆	0.2
花生仁	0.05
蔬菜	
洋葱	10
抱子甘蓝	6
头状花序芸薹属类蔬菜	5
菠菜	5
普通白菜	5
叶用莴苣	5
芹菜	5
大白菜	5
番茄	5
樱桃番茄	7
茄子	5
辣椒	5
甜椒	5
黄瓜	5
腌制用小黄瓜	3
西葫芦	5
节瓜	5

表 16（续）

食品类别/名称	最大残留限量，mg/kg
蔬菜	
苦瓜	5
丝瓜	5
冬瓜	5
南瓜	5
笋瓜	5
豇豆	5
菜豆	5
食荚豌豆	7
菜用大豆	2
根茎类蔬菜	0.3
马铃薯	0.2
水果	
柑	1
橘	1
橙	1
苹果	1
梨	1
桃	0.2
樱桃	0.5
越橘	5
醋栗	20
葡萄	10
草莓	5
荔枝	0.2
香蕉	0.2
番木瓜	20
西瓜	5
甜瓜类水果	5
糖料	
甜菜	50
饮料类	
茶叶	10
食用菌	
蘑菇类（鲜）	5
调味料	
干辣椒	70
哺乳动物肉类（海洋哺乳动物除外）	0.02*
哺乳动物内脏（海洋哺乳动物除外）	0.2*
哺乳动物脂肪（乳脂肪除外）	0.07*
禽肉类	0.01*
禽类内脏	0.07*
禽类脂肪	0.01*
生乳	0.07*
* 该限量为临时限量。	

4.16.5 检测方法：谷物按照 SN/T 2320 规定的方法测定；油料和油脂、糖料、调味料参照 SN/T 2320 规定的方法测定；蔬菜按照 GB/T 5009.105、NY/T 761、SN/T 2320 规定的方法测定；水果、食用菌按照

GB/T 5009.105、NY/T 761 规定的方法测定;茶叶参照 NY/T 761 规定的方法测定。

4.17 保棉磷(azinphos-methyl)

4.17.1 主要用途:杀虫剂。

4.17.2 ADI:0.03 mg/kg bw。

4.17.3 残留物:保棉磷。

4.17.4 最大残留限量:应符合表 17 的规定。

表 17

食品类别/名称	最大残留限量,mg/kg
油料和油脂	
大豆	0.05
棉籽	0.2
蔬菜	
蔬菜(单列的除外)	0.5
花椰菜	1
青花菜	1
番茄	1
甜椒	1
黄瓜	0.2
马铃薯	0.05
水果	
水果(单列的除外)	1
苹果	2
梨	2
桃	2
樱桃	2
油桃	2
李子	2
蓝莓	5
越橘	0.1
西瓜	0.2
甜瓜类水果	0.2
干制水果	
李子干	2
坚果	
杏仁	0.05
山核桃	0.3
糖料	
甘蔗	0.2
调味料	
调味料(干辣椒除外)	0.5
干辣椒	10

4.17.5 检测方法:油料和油脂、马铃薯、坚果、糖料、调味料参照 SN/T 1739 规定的方法测定;蔬菜(马铃薯除外)、水果、干制水果按照 NY/T 761 规定的方法测定。

4.18 倍硫磷(fenthion)

4.18.1 主要用途:杀虫剂。

4.18.2 ADI:0.007 mg/kg bw。

4.18.3 残留物:倍硫磷及其氧类似物(亚砜、砜化合物)之和,以倍硫磷表示。

4.18.4 最大残留限量:应符合表 18 的规定。

表 18

食品类别/名称	最大残留限量,mg/kg
谷物	
稻谷	0.05
糙米	0.05
小麦	0.05
油料和油脂	
植物油(初榨橄榄油除外)	0.01
初榨橄榄油	1
蔬菜	
鳞茎类蔬菜	0.05
芸薹属类蔬菜(结球甘蓝除外)	0.05
结球甘蓝	2
叶菜类蔬菜	0.05
茄果类蔬菜	0.05
瓜类蔬菜	0.05
豆类蔬菜	0.05
茎类蔬菜	0.05
根茎类和薯芋类蔬菜	0.05
水生类蔬菜	0.05
芽菜类蔬菜	0.05
其他类蔬菜	0.05
水果	
柑橘类水果	0.05
仁果类水果	0.05
核果类水果(樱桃除外)	0.05
樱桃	2
浆果和其他小型水果	0.05
热带和亚热带水果(橄榄除外)	0.05
橄榄	1
瓜果类水果	0.05

4.18.5　检测方法:谷物按照 GB 23200.113 规定的方法测定;油料和油脂按照 GB 23200.113 规定的方法测定;蔬菜按照 GB 23200.8、GB 23200.113、GB/T 20769 规定的方法测定;水果按照 GB 23200.8、GB 23200.113规定的方法测定。

4.19　苯并烯氟菌唑(benzovindiflupyr)

4.19.1　主要用途:杀菌剂。

4.19.2　ADI:0.05 mg/kg bw。

4.19.3　残留物:苯并烯氟菌唑。

4.19.4　最大残留限量:应符合表 19 的规定。

表 19

食品类别/名称	最大残留限量,mg/kg
油料和油脂	
大豆	0.08*
哺乳动物肉类(海洋哺乳动物除外)	0.03*
哺乳动物内脏(海洋哺乳动物除外)	0.1*

表 19（续）

食品类别/名称	最大残留限量,mg/kg
哺乳动物脂肪（乳脂肪除外）	0.03*
禽肉类	0.01*
禽类内脏	0.01*
禽类脂肪	0.01*
蛋类	0.01*
生乳	0.01*
* 该限量为临时限量。	

4.20 苯丁锡(fenbutatin oxide)

4.20.1 主要用途:杀螨剂。

4.20.2 ADI:0.03 mg/kg bw。

4.20.3 残留物:苯丁锡。

4.20.4 最大残留限量:应符合表 20 的规定。

表 20

食品类别/名称	最大残留限量,mg/kg
蔬菜	
番茄	1
黄瓜	0.5
水果	
柑	1
橘	1
橙	5
柠檬	5
柚	5
佛手柑	5
金橘	5
苹果	5
梨	5
山楂	5
枇杷	5
榅桲	5
樱桃	10
桃	7
李子	3
葡萄	5
草莓	10
香蕉	10
干制水果	
柑橘脯	25
李子干	10
葡萄干	20
坚果	
杏仁	0.5
核桃	0.5
山核桃	0.5
哺乳动物肉类（海洋哺乳动物除外）	0.05
哺乳动物内脏（海洋哺乳动物除外）	0.2
禽肉类	
鸡肉	0.05

表 20（续）

食品类别/名称	最大残留限量,mg/kg
禽类内脏	
鸡内脏	0.05
蛋类	0.05
生乳	0.05

4.20.5 检测方法:蔬菜、水果、干制水果、坚果参照 SN 0592 规定的方法测定;哺乳动物肉类(海洋哺乳动物除外)、哺乳动物内脏(海洋哺乳动物除外)、禽肉类、禽类内脏、蛋类按照 SN/T 4558 规定的方法测定;生乳参照 SN/T 4558 规定的方法测定。

4.21　苯氟磺胺(dichlofluanid)

4.21.1　主要用途:杀菌剂。

4.21.2　ADI:0.3 mg/kg bw。

4.21.3　残留物:苯氟磺胺。

4.21.4　最大残留限量:应符合表 21 的规定。

表 21

食品类别/名称	最大残留限量,mg/kg
蔬菜	
洋葱	0.1
叶用莴苣	10
番茄	2
辣椒	2
黄瓜	5
马铃薯	0.1
水果	
苹果	5
梨	5
桃	5
加仑子(黑、红、白)	15
悬钩子	7
醋栗(红、黑)	15
葡萄	15
草莓	10
调味料	
干辣椒	20

4.21.5　检测方法:蔬菜、水果、调味料参照 SN/T 2320 规定的方法测定。

4.22　苯磺隆(tribenuron-methyl)

4.22.1　主要用途:除草剂。

4.22.2　ADI:0.01 mg/kg bw。

4.22.3　残留物:苯磺隆。

4.22.4　最大残留量:应符合表 22 的规定。

表 22

食品类别/名称	最大残留限量,mg/kg
谷物	
小麦	0.05

4.22.5　检测方法:谷物按照 SN/T 2325 规定的方法测定。

4.23 苯菌灵(benomyl)

4.23.1 主要用途:杀菌剂。

4.23.2 ADI:0.1 mg/kg bw。

4.23.3 残留物:苯菌灵和多菌灵之和,以多菌灵表示。

4.23.4 最大残留限量:应符合表23的规定。

表 23

食品类别/名称	最大残留限量,mg/kg
蔬菜	
芦笋	0.5*
水果	
柑	5*
橘	5*
橙	5*
苹果	5*
梨	3*
香蕉	2*
* 该限量为临时限量。	

4.23.5 检测方法:蔬菜、水果参照 SN/T 0162 规定的方法测定。

4.24 苯菌酮(metrafenone)

4.24.1 主要用途:杀菌剂。

4.24.2 ADI:0.3 mg/kg bw。

4.24.3 残留物:苯菌酮。

4.24.4 最大残留限量:应符合表24的规定。

表 24

食品类别/名称	最大残留限量,mg/kg
谷物	
小麦	0.06*
大麦	0.5*
燕麦	0.5*
黑麦	0.06*
小黑麦	0.06*
小麦全粉	0.08*
蔬菜	
番茄	0.4*
辣椒	2*
甜椒	2*
黄瓜	0.2*
腌制用小黄瓜	0.2*
西葫芦	0.06*
豌豆	0.05*
水果	
葡萄	5*
草莓	0.6*
干制水果	
葡萄干	20*
食用菌	
蘑菇类(鲜)	0.5*

表24（续）

食品类别/名称	最大残留限量,mg/kg
调味料	
干辣椒	20*
哺乳动物肉类(海洋哺乳动物除外)	0.01*
哺乳动物内脏(海洋哺乳动物除外)	0.01*
哺乳动物脂肪(乳脂肪除外)	0.01*
禽肉类	0.01*
禽类内脏	0.01*
禽类脂肪	0.01*
蛋类	0.01*
生乳	0.01*
*　该限量为临时限量。	

4.25　苯硫威(fenothiocarb)

4.25.1　主要用途:杀螨剂。

4.25.2　ADI:0.007 5 mg/kg bw。

4.25.3　残留物:苯硫威。

4.25.4　最大残留限量:应符合表25的规定。

表25

食品类别/名称	最大残留限量,mg/kg
水果	
柑	0.5*
橘	0.5*
橙	0.5*
*　该限量为临时限量。	

4.25.5　检测方法:水果按照 GB 23200.8、GB 23200.113 规定的方法测定。

4.26　苯螨特(benzoximate)

4.26.1　主要用途:杀螨剂。

4.26.2　ADI：0.15 mg/kg bw。

4.26.3　残留物:苯螨特。

4.26.4　最大残留限量:应符合表26的规定。

表26

食品类别/名称	最大残留限量,mg/kg
水果	
柑	0.3*
橘	0.3*
橙	0.3*
*　该限量为临时限量。	

4.26.5　检测方法:水果按照 GB/T 20769 规定的方法测定。

4.27　苯醚甲环唑(difenoconazole)

4.27.1　主要用途:杀菌剂。

4.27.2　ADI:0.01 mg/kg bw。

4.27.3　残留物:植物源性食品为苯醚甲环唑;动物源性食品为苯醚甲环唑与 1-[2-氯-4-(4-氯苯氧基)-苯

基]-2-(1,2,4-三唑)-1-基-乙醇的总和,以苯醚甲环唑表示。

4.27.4 最大残留限量:应符合表 27 的规定。

表 27

食品类别/名称	最大残留限量,mg/kg
谷物	
糙米	0.5
小麦	0.1
玉米	0.1
杂粮类	0.02
油料和油脂	
油菜籽	0.05
棉籽	0.1
大豆	0.05
花生仁	0.2
葵花籽	0.02
蔬菜	
大蒜	0.2
洋葱	0.5
葱	0.3
韭葱	0.3
结球甘蓝	0.2
抱子甘蓝	0.2
花椰菜	0.2
青花菜	0.5
叶用莴苣	2
结球莴苣	2
芹菜	3
大白菜	1
茄果类蔬菜(番茄、辣椒除外)	0.6
番茄	0.5
辣椒	1
黄瓜	1
腌制用小黄瓜	0.2
西葫芦	0.2
菜豆	0.5
食荚豌豆	0.7
芦笋	0.03
胡萝卜	0.2
根芹菜	0.5
马铃薯	0.02
水果	
柑橘类水果(柑、橘、橙除外)	0.6
柑	0.2
橘	0.2
橙	0.2
苹果	0.5
梨	0.5
山楂	0.5
枇杷	0.5
榅桲	0.5
李子	0.2
桃	0.5

表 27（续）

食品类别/名称	最大残留限量，mg/kg
水果	
油桃	0.5
樱桃	0.2
葡萄	0.5
西番莲	0.05
橄榄	2
荔枝	0.5
杧果	0.2
石榴	0.1
香蕉	1
番木瓜	0.2
瓜果类水果（西瓜除外）	0.7
西瓜	0.1
干制水果	
李子干	0.2
葡萄干	6
坚果	0.03
糖料	
甜菜	0.2
饮料类	
茶叶	10
调味料	
干辣椒	5
药用植物	
人参	0.5
三七块根（干）	5
三七须根（干）	5
三七花（干）	10
哺乳动物肉类（海洋哺乳动物除外），以脂肪中残留量表示	0.2
哺乳动物内脏（海洋哺乳动物除外）	1.5
禽肉类，以脂肪中残留量表示	0.01
禽类内脏	0.01
蛋类	0.03
生乳	0.02

4.27.5　检测方法：谷物按照 GB 23200.9、GB 23200.113 规定的方法测定；油料和油脂按照 GB 23200.49、GB 23200.113 规定的方法测定；蔬菜、水果、干制水果、茶叶按照 GB 23200.8、GB 23200.49、GB 23200.113、GB/T 5009.218 规定的方法测定；坚果、糖料、药用植物参照 GB 23200.8、GB 23200.49、GB 23200.113、GB/T 5009.218 规定的方法测定；调味料按照 GB 23200.113 规定的方法测定；哺乳动物肉类（海洋哺乳动物除外）、哺乳动物内脏（海洋哺乳动物除外）、禽肉类、禽类内脏按照 GB 23200.49 规定的方法测定；蛋类、生乳参照 GB 23200.49 规定的方法测定。

4.28　苯嘧磺草胺（saflufenacil）

4.28.1　主要用途：除草剂。

4.28.2　ADI：0.05 mg/kg bw。

4.28.3　残留物：苯嘧磺草胺。

4.28.4　最大残留限量：应符合表 28 的规定。

表 28

食品类别/名称	最大残留限量,mg/kg
谷物	
稻谷	0.01*
小麦	0.01*
玉米	0.01*
高粱	0.01*
粟	0.01*
杂粮类	0.3*
油料和油脂	
油菜籽	0.6*
棉籽	0.2*
葵花籽	0.7*
蔬菜	
豆类蔬菜	0.01*
水果	
柑橘类水果(柑、橘、橙除外)	0.01*
柑	0.05*
橘	0.05*
橙	0.05*
仁果类水果	0.01*
核果类水果	0.01*
葡萄	0.01*
香蕉	0.01*
坚果	0.01*
饮料类	
咖啡豆	0.01*
哺乳动物肉类(海洋哺乳动物除外)	0.01*
哺乳动物内脏(海洋哺乳动物除外)	0.3*
哺乳动物脂肪(乳脂肪除外)	0.01*
生乳	0.01*
＊　　该限量为临时限量。	

4.29　苯嗪草酮(metamitron)

4.29.1　主要用途:除草剂。

4.29.2　ADI:0.03 mg/kg bw。

4.29.3　残留物:苯嗪草酮。

4.29.4　最大残留限量:应符合表 29 的规定。

表 29

食品类别/名称	最大残留限量,mg/kg
糖料	
甜菜	0.1

4.29.5　检测方法:糖料参照 GB 23200.34、GB/T 20769 规定的方法进行检测。

4.30　苯噻酰草胺(mefenacet)

4.30.1　主要用途:除草剂。

4.30.2　ADI:0.007 mg/kg bw。

4.30.3 残留物:苯噻酰草胺。

4.30.4 最大残留限量:应符合表 30 的规定。

表 30

食品类别/名称	最大残留限量,mg/kg
谷物	
糙米	0.05*

4.30.5 检测方法:谷物按照 GB 23200.9、GB 23200.24、GB 23200.113、GB/T 20770 规定的方法测定。

4.31　苯霜灵(benalaxyl)

4.31.1 主要用途:杀菌剂。

4.31.2 ADI:0.07 mg/kg bw。

4.31.3 残留物:苯霜灵。

4.31.4 最大残留限量:应符合表 31 的规定。

表 31

食品类别/名称	最大残留限量,mg/kg
蔬菜	
洋葱	0.02
结球莴苣	1
番茄	0.2
马铃薯	0.02
水果	
葡萄	0.3
西瓜	0.1
甜瓜类水果	0.3

4.31.5 检测方法:蔬菜、水果按照 GB 23200.8、GB 23200.113、GB/T 20769 规定的方法测定。

4.32　苯酰菌胺(zoxamide)

4.32.1 主要用途:杀菌剂。

4.32.2 ADI:0.5 mg/kg bw。

4.32.3 残留物:苯酰菌胺。

4.32.4 最大残留限量:应符合表 32 的规定。

表 32

食品类别/名称	最大残留限量,mg/kg
蔬菜	
番茄	2
瓜类蔬菜	2
马铃薯	0.02
水果	
葡萄	5
瓜果类水果	2
干制水果	
葡萄干	15

4.32.5 检测方法:蔬菜、水果、干制水果按照 GB 23200.8、GB/T 20769 规定的方法测定。

4.33　苯线磷(fenamiphos)

4.33.1 主要用途:杀虫剂。

4.33.2 ADI:0.000 8 mg/kg bw。

4.33.3 残留物:苯线磷及其氧类似物(亚砜、砜化合物)之和,以苯线磷表示。

4.33.4 最大残留限量:应符合表 33 的规定。

表 33

食品类别/名称	最大残留限量,mg/kg
谷物	
稻谷	0.02
糙米	0.02
麦类	0.02
旱粮类	0.02
杂粮类	0.02
油料和油脂	
棉籽	0.05
大豆	0.02
花生仁	0.02
花生毛油	0.02
棉籽毛油	0.05
花生油	0.02
蔬菜	
鳞茎类蔬菜	0.02
芸薹属类蔬菜	0.02
叶菜类蔬菜	0.02
茄果类蔬菜	0.02
瓜类蔬菜	0.02
豆类蔬菜	0.02
茎类蔬菜	0.02
根茎类和薯芋类蔬菜	0.02
水生类蔬菜	0.02
芽菜类蔬菜	0.02
其他类蔬菜	0.02
水果	
柑橘类水果	0.02
仁果类水果	0.02
核果类水果	0.02
浆果和其他小型水果	0.02
热带和亚热带水果	0.02
瓜果类水果	0.02
哺乳动物肉类(海洋哺乳动物除外)	0.01*
哺乳动物内脏(海洋哺乳动物除外)	0.01*
禽肉类	0.01*
禽类内脏	0.01*
蛋类	0.01*
生乳	0.005*
* 该限量为临时限量。	

4.33.5 检测方法:谷物按照 GB/T 20770 规定的方法测定;油料和油脂参照 GB/T 20770 规定的方法测定;蔬菜、水果按照 GB 23200.8 规定的方法测定。

4.34 苯锈啶(fenpropidin)

4.34.1 主要用途:杀菌剂。

4.34.2 ADI:0.02 mg/kg bw。

4.34.3 残留物:苯锈啶。

4.34.4 最大残留限量:应符合表34的规定。

表34

食品类别/名称	最大残留限量,mg/kg
谷物	
小麦	1

4.34.5 检测方法:谷物按照GB/T 20770规定的方法测定。

4.35 苯唑草酮(topramezone)

4.35.1 主要用途:除草剂。

4.35.2 ADI:0.004 mg/kg bw。

4.35.3 残留物:苯唑草酮。

4.35.4 最大残留限量:应符合表35的规定。

表35

食品类别/名称	最大残留限量,mg/kg
谷物	
玉米	0.05*
鲜食玉米	0.05*
* 该限量为临时限量。	

4.36 吡丙醚(pyriproxyfen)

4.36.1 主要用途:杀虫剂。

4.36.2 ADI:0.1 mg/kg bw。

4.36.3 残留物:吡丙醚。

4.36.4 最大残留限量:应符合表36的规定。

表36

食品类别/名称	最大残留限量,mg/kg
油料和油脂	
棉籽	0.05
棉籽毛油	0.01
棉籽油	0.01
蔬菜	
结球甘蓝	3
番茄	1
水果	
柑橘类水果(柑、橘、橙除外)	0.5
柑	2
橘	2
橙	2
哺乳动物肉类(海洋哺乳动物除外),以脂肪中残留量表示	
牛肉	0.01
山羊肉	0.01
哺乳动物内脏(海洋哺乳动物除外)	
牛内脏	0.01
山羊内脏	0.01

4.36.5 检测方法:油料和油脂按照GB 23200.113规定的方法测定;蔬菜、水果按照GB 23200.8、GB

23200.113 规定的方法测定;哺乳动物肉类(海洋哺乳动物除外)、哺乳动物内脏(海洋哺乳动物除外)按照 GB 23200.64 规定的方法测定。

4.37 吡草醚(pyraflufen-ethyl)

4.37.1 主要用途:除草剂。

4.37.2 ADI:0.2 mg/kg bw。

4.37.3 残留物:吡草醚。

4.37.4 最大残留限量:应符合表 37 的规定。

表 37

食品类别/名称	最大残留限量,mg/kg
谷物	
小麦	0.03
油料和油脂	
棉籽	0.1
水果	
苹果	0.03

4.37.5 检测方法:谷物按照 GB 23200.9 规定的方法测定;油料和油脂参照 GB 23200.9 规定的方法测定;水果按照 GB 23200.8、NY/T 1379 规定的方法测定。

4.38 吡虫啉(imidacloprid)

4.38.1 主要用途:杀虫剂。

4.38.2 ADI:0.06 mg/kg bw。

4.38.3 残留物:植物源性食品为吡虫啉;动物源性食品为吡虫啉及其含 6-氯-吡啶基的代谢物之和,以吡虫啉表示。

4.38.4 最大残留限量:应符合表 38 的规定。

表 38

食品类别/名称	最大残留限量,mg/kg
谷物	
糙米	0.05
小麦	0.05
玉米	0.05
鲜食玉米	0.05
高粱	0.05
粟	0.05
杂粮类	2
油料和油脂	
棉籽	0.5
大豆	0.05
花生仁	0.5
葵花籽	0.05
蔬菜	
洋葱	0.1
韭菜	1
葱	2
结球甘蓝	1
花椰菜	1
青花菜	1
芥蓝	1
菜薹	0.5

表38（续）

食品类别/名称	最大残留限量,mg/kg
蔬菜	
菠菜	5
普通白菜	0.5
叶用莴苣	1
结球莴苣	2
萝卜叶	5
芹菜	5
大白菜	0.2
番茄	1
茄子	1
辣椒	1
甜椒	0.2
黄瓜	1
西葫芦	1
节瓜	0.5
苦瓜	0.1
丝瓜	0.5
豆类蔬菜(蚕豆、菜用大豆、菜豆和食荚豌豆除外)	2
菜豆	0.1
食荚豌豆	5
菜用大豆	0.1
根茎类蔬菜(胡萝卜除外)	0.5
胡萝卜	0.2
马铃薯	0.5
莲子(鲜)	0.05
莲藕	0.05
竹笋	0.1
水果	
柑	1
橘	1
橙	1
柠檬	1
柚	1
佛手柑	1
金橘	1
苹果	0.5
梨	0.5
桃	0.5
油桃	0.5
杏	0.5
李子	0.2
樱桃	0.5
浆果和其他小型水果(越橘、葡萄和草莓除外)	5
越橘	0.05
葡萄	1
草莓	0.5
杧果	0.2
石榴	1
香蕉	0.05
瓜果类水果	0.2

表 38（续）

食品类别/名称	最大残留限量，mg/kg
干制水果	
枸杞（干）	1
坚果	0.01
糖料	
甘蔗	0.2
饮料类	
茶叶	0.5
咖啡豆	1
啤酒花	10
菊花（鲜）	1
菊花（干）	2
调味料	
干辣椒	10
哺乳动物肉类（海洋哺乳动物除外）	0.1*
哺乳动物内脏（海洋哺乳动物除外）	0.3*
禽肉类	0.02*
禽类内脏	0.05*
蛋类	0.02*
生乳	0.1*
*　该限量为临时限量。	

4.38.5　检测方法：谷物按照 GB/T 20770 规定的方法测定；油料和油脂参照 GB/T 20769、GB/T 20770 规定的方法测定；蔬菜、水果、干制水果按照 GB/T 20769、GB/T 23379 规定的方法测定；坚果、调味料参照 GB/T 20769 规定的方法测定；糖料参照 GB/T 23379 规定的方法测定；饮料类参照 GB/T 20769、GB/T 23379、NY/T 1379 规定的方法测定。

4.39　吡氟禾草灵和精吡氟禾草灵（fluazifop and fluazifop-P-butyl）

4.39.1　主要用途：除草剂。

4.39.2　ADI：0.004 mg/kg bw。

4.39.3　残留物：吡氟禾草灵及其代谢物吡氟禾草酸之和，以吡氟禾草灵表示。

4.39.4　最大残留限量：应符合表 39 的规定。

表 39

食品类别/名称	最大残留限量，mg/kg
油料和油脂	
棉籽	0.1
大豆	0.5
花生仁	0.1
糖料	
甜菜	0.5

4.39.5　检测方法：油料和油脂、糖料按照 GB/T 5009.142 规定的方法测定。

4.40　吡氟酰草胺（diflufenican）

4.40.1　主要用途：除草剂。

4.40.2　ADI：0.2 mg/kg bw。

4.40.3　残留物：吡氟酰草胺。

4.40.4　最大残留限量：应符合表 40 的规定。

表 40

食品类别/名称	最大残留限量,mg/kg
谷物	
小麦	0.05

4.40.5 检测方法:谷物按照 GB 23200.24 规定的方法测定。

4.41 吡嘧磺隆(pyrazosulfuron-ethyl)

4.41.1 主要用途:除草剂。

4.41.2 ADI:0.043 mg/kg bw。

4.41.3 残留物:吡嘧磺隆。

4.41.4 最大残留限量:应符合表 41 的规定。

表 41

食品类别/名称	最大残留限量,mg/kg
谷物	
糙米	0.1

4.41.5 检测方法:谷物按照 SN/T 2325 规定的方法测定。

4.42 吡噻菌胺(penthiopyrad)

4.42.1 主要用途:杀菌剂。

4.42.2 ADI:0.1 mg/kg bw。

4.42.3 残留物:植物源性食品为吡噻菌胺;动物源性食品为吡噻菌胺与代谢物 1-甲基-3-(三氟甲基)-1H-吡唑-4-甲酰胺之和,以吡噻菌胺表示。

4.42.4 最大残留限量:应符合表 42 的规定。

表 42

食品类别/名称	最大残留限量,mg/kg
谷物	
小麦	0.1*
大麦	0.2*
燕麦	0.2*
黑麦	0.1*
小黑麦	0.1*
玉米	0.01*
高粱	0.8*
粟	0.8*
杂粮类	3*
玉米粉	0.05*
麦胚	0.2*
油料和油脂	
油菜籽	0.5*
棉籽	0.5*
大豆	0.3*
花生仁	0.05*
葵花籽	1.5*
菜籽毛油	1*
玉米毛油	0.15*
菜籽油	1*
花生油	0.5*

表 42（续）

食品类别/名称	最大残留限量,mg/kg
蔬菜	
洋葱	0.7*
葱	4*
结球甘蓝	4*
头状花序芸薹属类蔬菜	5*
茄果类蔬菜	2*
豆类蔬菜	0.3*
萝卜	3*
胡萝卜	0.6*
马铃薯	0.05*
玉米笋	0.02*
水果	
仁果类水果	0.4*
核果类水果	4*
草莓	3*
坚果	0.05*
糖料	
甜菜	0.5*
调味料	
干辣椒	14*
哺乳动物肉类(海洋哺乳动物除外)	0.04*
哺乳动物内脏(海洋哺乳动物除外)	0.08*
哺乳动物脂肪(乳脂肪除外)	0.05*
禽肉类	0.03*
禽类内脏	0.03*
禽类脂肪	0.03*
蛋类	0.03*
生乳	0.04*
* 该限量为临时限量。	

4.43 吡蚜酮(pymetrozine)

4.43.1 主要用途:杀虫剂。

4.43.2 ADI:0.03 mg/kg bw。

4.43.3 残留物:吡蚜酮。

4.43.4 最大残留限量:应符合表43的规定。

表 43

食品类别/名称	最大残留限量,mg/kg
谷物	
稻谷	1
糙米	0.2
小麦	0.02
油料和油脂	
棉籽	0.1
蔬菜	
结球甘蓝	0.2
菠菜	15
黄瓜	1
莲子(鲜)	0.02
莲藕	0.02

表 43（续）

食品类别/名称	最大残留限量,mg/kg
饮料类	
茶叶	2

4.43.5 检测方法:谷物按照 GB/T 20770 规定的方法测定;油料和油脂参照 GB/T 20770 的方法测定;蔬菜按照 SN/T 3860 规定的方法测定;茶叶按照 GB 23200.13 规定的方法测定。

4.44 吡唑草胺(metazachlor)

4.44.1 主要用途:除草剂。

4.44.2 ADI:0.08 mg/kg bw。

4.44.3 残留物:吡唑草胺。

4.44.4 最大残留限量:应符合表 44 的规定。

表 44

食品类别/名称	最大残留限量,mg/kg
油料和油脂	
油菜籽	0.5

4.44.5 检测方法:油料和油脂参照 GB/T 20770 规定的方法测定。

4.45 吡唑醚菌酯(pyraclostrobin)

4.45.1 主要用途:杀菌剂。

4.45.2 ADI:0.03 mg/kg bw。

4.45.3 残留物:吡唑醚菌酯。

4.45.4 最大残留限量:应符合表 45 的规定。

表 45

食品类别/名称	最大残留限量,mg/kg
谷物	
小麦	0.2
大麦	1
燕麦	1
黑麦	0.2
小黑麦	0.2
高粱	0.5
杂粮类(豌豆、小扁豆除外)	0.2
豌豆	0.3
小扁豆	0.5
油料和油脂	
油籽类(棉籽、大豆、花生仁除外)	0.4
棉籽	0.1
大豆	0.2
花生仁	0.05
蔬菜	
洋葱	1.5
韭葱	0.7
结球甘蓝	0.5
抱子甘蓝	0.3
羽衣甘蓝	1
头状花序芸薹属类蔬菜	0.1

表 45（续）

食品类别/名称	最大残留限量,mg/kg
蔬菜	
叶用莴苣	2
萝卜叶	20
大白菜	5
茄果类蔬菜(番茄除外)	0.5
番茄	1
黄瓜	0.5
食荚豌豆	0.02
朝鲜蓟	2
萝卜	0.5
胡萝卜	0.5
马铃薯	0.02
山药	0.2
水果	
柑橘类水果(柑、橘、橙除外)	2
苹果	0.5
桃	1
油桃	0.3
杏	0.3
枣(鲜)	1
李子	0.8
樱桃	3
黑莓	3
蓝莓	4
醋栗	3
葡萄	2
草莓	2
杨梅	3
荔枝	0.1
杧果	0.05
香蕉	1
番木瓜	0.15
西瓜	0.5
甜瓜类水果(哈密瓜除外)	0.5
哈密瓜	0.2
干制水果	
李子干	0.8
葡萄干	5
坚果	
坚果(开心果除外)	0.02
开心果	1
糖料	
甜菜	0.2
饮料类	
茶叶	10
咖啡豆	0.3
啤酒花	15
哺乳动物肉类(海洋哺乳动物除外),以脂肪中的残留量计	0.5*
哺乳动物内脏(海洋哺乳动物除外)	0.05*

表 45（续）

食品类别/名称	最大残留限量,mg/kg
禽肉类	0.05*
禽类内脏	0.05*
蛋类	0.05*
生乳	0.03*
* 该限量为临时限量。	

4.45.5 检测方法:谷物按照 GB 23200.113、GB/T 20770 规定的方法测定;油料和油脂按照 GB 23200.113 规定的方法测定;蔬菜、水果、干制水果按照 GB 23200.8 规定的方法测定;坚果、糖料参照 GB 23200.113、GB/T 20770 规定的方法测定;饮料类按照 GB 23200.113 规定的方法测定。

4.46 吡唑萘菌胺(isopyrazam)

4.46.1 主要用途:杀菌剂。

4.46.2 ADI:0.06 mg/kg bw。

4.46.3 残留物:吡唑萘菌胺(异构体之和)。

4.46.4 最大残留限量:应符合表 46 的规定。

表 46

食品类别/名称	最大残留限量,mg/kg
谷物	
小麦	0.03*
大麦	0.07*
黑麦	0.03*
小黑麦	0.03*
蔬菜	
黄瓜	0.5*
水果	
香蕉	0.06*
哺乳动物肉类(海洋哺乳动物除外)	0.01*
哺乳动物内脏(海洋哺乳动物除外)	0.02*
哺乳动物脂肪(乳脂肪除外)	0.01*
禽肉类	0.01*
禽类内脏	0.01*
禽类脂肪	0.01*
蛋类	0.01*
生乳	0.01*
* 该限量为临时限量。	

4.47 苄嘧磺隆(bensulfuron-methyl)

4.47.1 主要用途:除草剂。

4.47.2 ADI:0.2 mg/kg bw。

4.47.3 残留物:苄嘧磺隆。

4.47.4 最大残留限量:应符合表 47 的规定。

表 47

食品类别/名称	最大残留限量,mg/kg
谷物	
大米	0.05
糙米	0.05
小麦	0.02

表 47（续）

食品类别/名称	最大残留限量,mg/kg
水果	
柑	0.02
橘	0.02
橙	0.02

4.47.5 检测方法:谷物按照 SN/T 2212、SN/T 2325 规定的方法测定;水果参照 NY/T 1379、SN/T 2212、SN/T 2325 规定的方法测定。

4.48 丙草胺(pretilachlor)

4.48.1 主要用途:除草剂。

4.48.2 ADI:0.018 mg/kg bw。

4.48.3 残留物:丙草胺。

4.48.4 最大残留限量:应符合表 48 的规定。

表 48

食品类别/名称	最大残留限量,mg/kg
谷物	
大米	0.1
小麦	0.05

4.48.5 检测方法:谷物按照 GB 23200.24、GB 23200.113 规定的方法测定。

4.49 丙环唑(propiconazole)

4.49.1 主要用途:杀菌剂。

4.49.2 ADI:0.07 mg/kg bw。

4.49.3 残留物:丙环唑。

4.49.4 最大残留限量:应符合表 49 的规定。

表 49

食品类别/名称	最大残留限量,mg/kg
谷物	
糙米	0.1
小麦	0.05
大麦	0.2
黑麦	0.02
小黑麦	0.02
玉米	0.05
油料和油脂	
油菜籽	0.02
大豆	0.2
花生仁	0.1
蔬菜	
番茄	3
茭白	0.1
蒲菜	0.05
莲子(鲜)	0.05
菱角	0.05
芡实	0.05
莲藕	0.05

表 49（续）

食品类别/名称	最大残留限量，mg/kg
蔬菜	
荸荠	0.05
慈姑	0.05
玉米笋	0.05
水果	
橙	9
苹果	0.1
桃	5
枣（鲜）	5
李子	0.6
越橘	0.3
香蕉	1
菠萝	0.02
干制水果	
李子干	0.6
坚果	
山核桃	0.02
糖料	
甘蔗	0.02
甜菜	0.02
饮料类	
咖啡豆	0.02
药用植物	
人参（鲜）	0.1
人参（干）	0.1
哺乳动物肉类（海洋哺乳动物除外），以脂肪中的残留量计	0.01
哺乳动物内脏（海洋哺乳动物除外）	0.5
禽肉类	0.01
禽类脂肪	0.01
蛋类	0.01
生乳	0.01

4.49.5 检测方法：谷物按照 GB 23200.9、GB 23200.113、GB/T 20770 规定的方法测定；油料和油脂、饮料类按照 GB 23200.113 规定的方法测定；蔬菜、水果按照 GB 23200.8、GB 23200.113、GB/T 20769 规定的方法测定；干制水果按照 GB 23200.8、GB 23200.113 规定的方法测定；糖类、坚果参照 GB 23200.113、SN/T 0519 规定的方法测定；药用植物参照 GB 23200.113、GB/T 20769 规定的方法测定；动物源性食品参照 GB/T 20772 规定的方法测定。

4.50　丙硫多菌灵（albendazole）

4.50.1　主要用途：杀菌剂。

4.50.2　ADI：0.05 mg/kg bw。

4.50.3　残留物：丙硫多菌灵。

4.50.4　最大残留限量：应符合表 50 的规定。

表 50

食品类别/名称	最大残留限量，mg/kg
谷物	
稻谷	0.1*
糙米	0.1*

表 50（续）

食品类别/名称	最大残留限量,mg/kg
水果	
香蕉	0.2*
西瓜	0.05*
*　该限量为临时限量。	

4.51　丙硫菌唑(prothioconazole)

4.51.1　主要用途:杀菌剂。

4.51.2　ADI:0.01 mg/kg bw。

4.51.3　残留物:脱硫丙硫菌唑。

4.51.4　最大残留限量:应符合表 51 的规定。

表 51

食品类别/名称	最大残留限量,mg/kg
谷物	
小麦	0.1*
大麦	0.2*
燕麦	0.05*
黑麦	0.05*
小黑麦	0.05*
玉米	0.1*
杂粮类	1*
油料和油脂	
油菜籽	0.1*
大豆	1*
花生仁	0.02*
蔬菜	
茄果类蔬菜	0.2*
马铃薯	0.02*
玉米笋	0.02*
水果	
越橘	0.15*
糖料	
甜菜	0.3*
哺乳动物肉类(海洋哺乳动物除外)	0.01*
哺乳动物内脏(海洋哺乳动物除外)	0.5*
生乳	0.004*
*　该限量为临时限量。	

4.52　丙硫克百威(benfuracarb)

4.52.1　主要用途:杀虫剂。

4.52.2　ADI:0.01 mg/kg bw。

4.52.3　残留物:丙硫克百威。

4.52.4　最大残留限量:应符合表 52 的规定。

表 52

食品类别/名称	最大残留限量,mg/kg
谷物	
大米	0.2

表 52（续）

食品类别/名称	最大残留限量,mg/kg
谷物	
糙米	0.2
鲜食玉米	0.05
玉米	0.05
油料和油脂	
棉籽	0.5*
棉籽油	0.05*
* 该限量为临时限量。	

4.52.5 检测方法:谷物按照 SN/T 2915 规定的方法测定。

4.53 丙嗪嘧磺隆(propyrisulfuron)

4.53.1 主要用途:除草剂。

4.53.2 ADI:0.011 mg/kg bw。

4.53.3 残留物:丙嗪嘧磺隆。

4.53.4 最大残留限量:应符合表 53 的规定。

表 53

食品类别/名称	最大残留限量,mg/kg
谷物	
稻谷	0.05*
糙米	0.05*
* 该限量为临时限量。	

4.54 丙炔噁草酮(oxadiargyl)

4.54.1 主要用途:除草剂。

4.54.2 ADI:0.008 mg/kg bw。

4.54.3 残留物:丙炔噁草酮。

4.54.4 最大残留限量:应符合表 54 的规定。

表 54

食品类别/名称	最大残留限量,mg/kg
谷物	
糙米	0.02*
蔬菜	
马铃薯	0.02*
* 该限量为临时限量。	

4.55 丙炔氟草胺(flumioxazin)

4.55.1 主要用途:除草剂。

4.55.2 ADI:0.02 mg/kg bw。

4.55.3 残留物:丙炔氟草胺。

4.55.4 最大残留限量:应符合表 55 的规定。

表 55

食品类别/名称	最大残留限量,mg/kg
油料和油脂	
大豆	0.02
花生仁	0.02

表 55（续）

食品类别/名称	最大残留限量，mg/kg
水果	
柑	0.05
橘	0.05
橙	0.05

4.55.5 检测方法：油料和油脂按照 GB 23200.31 规定的方法测定；水果按照 GB 23200.8 规定的方法测定。

4.56 丙森锌（propineb）

4.56.1 主要用途：杀菌剂。

4.56.2 ADI：0.007 mg/kg bw。

4.56.3 残留物：二硫代氨基甲酸盐（或酯），以二硫化碳表示。

4.56.4 最大残留限量：应符合表 56 的规定。

表 56

食品类别/名称	最大残留限量，mg/kg
谷物	
稻谷	2
糙米	1
玉米	0.1
鲜食玉米	1
蔬菜	
大蒜	0.5
洋葱	0.5
葱	0.5
韭葱	0.5
大白菜	50
番茄	5
甜椒	2
黄瓜	5
西葫芦	3
南瓜	0.2
笋瓜	0.1
芦笋	2
胡萝卜	5
马铃薯	0.5
玉米笋	0.1
水果	
柑	3
橘	3
橙	3
苹果	5
梨	5
山楂	5
枇杷	5
榅桲	5
核果类水果（樱桃除外）	7
樱桃	0.2
越橘	5
葡萄	5

表56（续）

食品类别/名称	最大残留限量,mg/kg
水果	
草莓	5
杧果	2
香蕉	1
番木瓜	5
西瓜	1
坚果	
杏仁	0.1
山核桃	0.1
糖料	
甜菜	0.5
调味料	
胡椒	0.1
豆蔻	0.1
孜然	10
小茴香籽	0.1
芫荽籽	0.1
药用植物	
人参	0.3
三七块根(干)	3
三七须根(干)	3

4.56.5 检测方法:谷物按照 SN 0139 规定的方法测定;蔬菜参照 SN 0139、SN 0157、SN/T 1541 规定的方法测定;水果、坚果、糖料、调味料、药用植物参照 SN 0157、SN/T 1541 规定的方法测定。

4.57 丙溴磷(profenofos)

4.57.1 主要用途:杀虫剂。

4.57.2 ADI:0.03 mg/kg bw。

4.57.3 残留物:丙溴磷。

4.57.4 最大残留限量:应符合表 57 的规定。

表57

食品类别/名称	最大残留限量,mg/kg
谷物	
糙米	0.02
油料和油脂	
棉籽	1
棉籽油	0.05
蔬菜	
结球甘蓝	0.5
花椰菜	2
芥蓝	2
普通白菜	5
萝卜叶	5
番茄	10
辣椒	3
萝卜	1
马铃薯	0.05
甘薯	0.05

表 57（续）

食品类别/名称	最大残留限量,mg/kg
水果	
柑	0.2
橘	0.2
橙	0.2
苹果	0.05
杧果	0.2
山竹	10
饮料类	
茶叶	0.5
调味料	
干辣椒	20
果类调味料	0.07
根茎类调味料	0.05
哺乳动物肉类(海洋哺乳动物除外),以脂肪中的残留量计	0.05
哺乳动物内脏(海洋哺乳动物除外)	0.05
禽肉类	0.05
禽类内脏	0.05
蛋类	0.02
生乳	0.01

4.57.5 检测方法:谷物按照 GB 23200.113、GB/T 20770、SN/T 2234 规定的方法测定;油料和油脂按照 GB 23200.113 规定的方法测定;蔬菜、水果按照 GB 23200.8、GB 23200.113、NY/T 761、SN/T 2234 规定 的方法测定;茶叶按照 GB 23200.13、GB 23200.113 规定的方法测定;调味料按照 GB 23200.113 规定的 方法测定;动物源性食品参照 SN/T 2234 规定的方法测定。

4.58　草铵膦(glufosinate-ammonium)

4.58.1　主要用途:除草剂。

4.58.2　ADI:0.01 mg/kg bw。

4.58.3　残留物:植物源性食品为草铵膦;动物源性食品为草铵膦母体及其代谢物 N-乙酰基草铵膦、3- (甲基膦基)丙酸的总和。

4.58.4　最大残留限量:应符合表 58 的规定。

表 58

食品类别/名称	最大残留限量,mg/kg
谷物	
稻谷	0.9*
玉米	0.1*
豌豆	0.05*
油料和油脂	
油菜籽	1.5*
棉籽	5*
大豆	2*
菜籽毛油	0.05*
蔬菜	
洋葱	0.1*
叶用莴苣	0.4*
结球莴苣	0.4*
番茄	0.5*

表 58（续）

食品类别/名称	最大残留限量,mg/kg
蔬菜	
豇豆	0.5*
食荚豌豆	0.1*
菜用大豆	0.05*
芦笋	0.1*
胡萝卜	0.3*
马铃薯	0.1*
水果	
柑橘类水果(柑、橘、橙除外)	0.05
柑	0.5
橘	0.5
橙	0.5
仁果类水果	0.1
核果类水果[枣(鲜)除外]	0.15
枣(鲜)	0.1
蓝莓	0.1
加仑子(黑、红、白)	1
悬钩子	0.1
醋栗(红、黑)	0.1
葡萄	0.1
猕猴桃	0.6
草莓	0.3
热带和亚热带水果(香蕉、番木瓜除外)	0.1
香蕉	0.2
番木瓜	0.2
干制水果	
李子干	0.3*
坚果	0.1*
糖料	
甜菜	1.5*
饮料类	
茶叶	0.5*
咖啡豆	0.2*
哺乳动物肉类(海洋哺乳动物除外)	0.05*
哺乳动物内脏(海洋哺乳动物除外)	3*
禽肉类	0.05*
禽类内脏	0.1*
蛋类	0.05*
生乳	0.02*
* 该限量为临时限量。	

4.58.5 检测方法:水果按照 GB 23200.108 规定的方法测定。

4.59 草除灵(benazolin-ethyl)

4.59.1 主要用途:除草剂。

4.59.2 ADI:0.006 mg/kg bw。

4.59.3 残留物:草除灵。

4.59.4 最大残留限量:应符合表 59 的规定。

表 59

食品类别/名称	最大残留限量,mg/kg
油料和油脂	
油菜籽	0.2*
* 该限量为临时限量。	

4.60 草甘膦(glyphosate)

4.60.1 主要用途:除草剂。

4.60.2 ADI:1 mg/kg bw。

4.60.3 残留物:草甘膦。

4.60.4 最大残留限量:应符合表 60 的规定。

表 60

食品类别/名称	最大残留限量,mg/kg
谷物	
稻谷	0.1
小麦	5
玉米	1
鲜食玉米	1
杂粮类(豌豆、小扁豆除外)	2
豌豆	5
小扁豆	5
小麦粉	0.5
全麦粉	5
油料和油脂	
油菜籽	2
葵花籽	7
棉籽油	0.05
蔬菜	
百合	0.2
玉米笋	3
水果	
柑橘类水果(柑、橘、橙除外)	0.1
柑	0.5
橘	0.5
橙	0.5
仁果类水果(苹果除外)	0.1
苹果	0.5
核果类水果	0.1
浆果和其他小型水果	0.1
热带和亚热带水果	0.1
瓜果类水果	0.1
糖料	
甘蔗	2
饮料类	
茶叶	1

4.60.5 检测方法:谷物、油料和油脂按照 GB/T 23750、SN/T 1923 规定的方法测定;蔬菜、茶叶按照 SN/T 1923 规定的方法测定;水果按照 GB/T 23750、NY/T 1096、SN/T 1923 规定的方法测定;糖料按照 GB/T 23750 规定的方法测定。

4.61 虫螨腈(chlorfenapyr)

4.61.1　主要用途:杀虫剂。

4.61.2　ADI:0.03 mg/kg bw。

4.61.3　残留物:虫螨腈。

4.61.4　最大残留限量:应符合表61的规定。

表 61

食品类别/名称	最大残留限量,mg/kg
蔬菜	
结球甘蓝	1
芥蓝	0.1
普通白菜	10
大白菜	2
茄子	1
黄瓜	0.5
水果	
桑葚	2
饮料类	
茶叶	20

4.61.5　检测方法:蔬菜按照 GB 23200.8、NY/T 1379、SN/T 1986 规定的方法测定;水果按照 SN/T 1986 规定的方法测定;茶叶按照 GB/T 23204 规定的方法测定。

4.62　虫酰肼(tebufenozide)

4.62.1　主要用途:杀虫剂。

4.62.2　ADI:0.02 mg/kg bw。

4.62.3　残留物:虫酰肼。

4.62.4　最大残留限量:应符合表62的规定。

表 62

食品类别/名称	最大残留限量,mg/kg
谷物	
稻谷	5
糙米	2
油料和油脂	
油菜籽	2
蔬菜	
结球甘蓝	1
花椰菜	10
青花菜	0.5
芥蓝	10
菜薹	10
叶菜类蔬菜(茎用莴苣叶、大白菜除外)	10
茎用莴苣叶	20
大白菜	0.5
番茄	1
辣椒	1

表 62（续）

食品类别/名称	最大残留限量，mg/kg
蔬菜	
茎用莴苣	5
萝卜	2
胡萝卜	5
芜菁	1
水果	
柑橘类水果	2
仁果类水果（苹果除外）	1
苹果	3
桃	0.5
油桃	0.5
蓝莓	3
醋栗（红、黑）	2
越橘	0.5
葡萄	2
猕猴桃	0.5
鳄梨	1
干制水果	
葡萄干	2
坚果	
杏仁	0.05
核桃	0.05
山核桃	0.01
糖料	
甘蔗	1
调味料	
薄荷	20
干辣椒	10
哺乳动物肉类（海洋哺乳动物除外），以脂肪中的残留量计	0.05
哺乳动物内脏（海洋哺乳动物除外）	0.02
禽肉类	0.02
蛋类	0.02
生乳	
生乳（牛乳除外）	0.01
牛乳	0.05

4.62.5 检测方法：谷物、水果、干制水果参照 GB/T 20769 规定的方法测定；蔬菜按照 GB/T 20769 规定的方法测定；油料和油脂、坚果、糖料、调味料参照 GB 23200.34、GB/T 20770 规定的方法测定；动物源性食品参照 GB/T 23211 规定的方法测定。

4.63 除虫菊素（pyrethrins）

4.63.1 主要用途：杀虫剂。

4.63.2 ADI：0.04 mg/kg bw。

4.63.3 残留物：除虫菊素 I 与除虫菊素 II 之和。

4.63.4 最大残留限量:应符合表 63 的规定。

表 63

食品类别/名称	最大残留限量,mg/kg
谷物	
稻谷	0.3
小麦	0.3
玉米	0.3
高粱	0.3
粟	0.3
杂粮类	0.1
油料和油脂	
花生仁	0.5
蔬菜	
结球甘蓝	1
花椰菜	1
青花菜	1
芥蓝	2
菠菜	5
普通白菜	5
茼蒿	5
叶用莴苣	5
油麦菜	1
萝卜叶	1
芜菁叶	1
芹菜	1
小茴香	1
大白菜	1
茄果类蔬菜	0.05
根茎类和薯芋类蔬菜(萝卜、胡萝卜、芜菁除外)	0.05
萝卜	1
胡萝卜	1
芜菁	1
水果	
柑橘类水果	0.05
干制水果	0.2
坚果	0.5
调味料	
干辣椒	0.5

4.63.5 检测方法:谷物、油料和油脂、坚果、调味料参照 GB/T 20769 规定的方法测定;蔬菜按照 GB/T 20769 规定的方法测定;水果、干制水果按照 GB/T 20769 规定的方法测定。

4.64 除虫脲(diflubenzuron)

4.64.1 主要用途:杀虫剂。

4.64.2 ADI:0.02 mg/kg bw。

4.64.3 残留物:除虫脲。

4.64.4 最大残留限量:应符合表 64 的规定。

表 64

食品类别/名称	最大残留限量,mg/kg
谷物	
稻谷	0.01
小麦	0.2
大麦	0.05
燕麦	0.05
小黑麦	0.05
玉米	0.2
油料和油脂	
棉籽	0.2
花生仁	0.1
蔬菜	
结球甘蓝	2
花椰菜	1
青花菜	3
芥蓝	2
菜薹	7
菠菜	1
普通白菜	1
叶用莴苣	1
叶芥菜	10
萝卜叶	7
大白菜	1
辣椒	3
甜椒	0.7
萝卜	1
水果	
柑橘类水果(柑、橘、橙、柚、柠檬除外)	0.5
柑	1
橘	1
橙	1
柚	1
柠檬	1
苹果	5
梨	1
山楂	5
枇杷	5
榅桲	5
桃	0.5
油桃	0.5
李子	0.5
干制水果	
李子干	0.5
坚果	0.2
饮料类	
茶叶	20
食用菌	
蘑菇类(鲜)	0.3

表64（续）

食品类别/名称	最大残留限量,mg/kg
调味料	
干辣椒	20
哺乳动物肉类(海洋哺乳动物除外),以脂肪中的残留量计	0.1*
哺乳动物内脏(海洋哺乳动物除外)	0.1*
禽肉类	0.05*
禽类脂肪	0.05*
蛋类	0.05*
生乳	0.02*
* 该限量为临时限量。	

4.64.5 检测方法:谷物按照 GB/T 5009.147 规定的方法测定;油料和油脂按照 GB 23200.45 规定的方法测定;蔬菜、水果按照 GB/T 5009.147、NY/T 1720 规定的方法测定;干制水果按照 NY/T 1720 规定的方法测定;坚果、调味料参照 GB/T 5009.147 规定的方法测定;茶叶、食用菌参照 GB/T 5009.147、NY/T 1720 规定的方法测定。

4.65 春雷霉素(kasugamycin)

4.65.1 主要用途:杀菌剂。

4.65.2 ADI:0.113 mg/kg bw。

4.65.3 残留物:春雷霉素。

4.65.4 最大残留限量:应符合表65的规定。

表65

食品类别/名称	最大残留限量,mg/kg
谷物	
糙米	0.1*
蔬菜	
番茄	0.05*
辣椒	0.1*
黄瓜	0.2*
水果	
柑	0.1*
橘	0.1*
橙	0.1*
荔枝	0.05*
西瓜	0.1*
* 该限量为临时限量。	

4.66 哒螨灵(pyridaben)

4.66.1 主要用途:杀螨剂。

4.66.2 ADI:0.01 mg/kg bw。

4.66.3 残留物:哒螨灵。

4.66.4 最大残留限量:应符合表 66 的规定。

表 66

食品类别/名称	最大残留限量,mg/kg
谷物	
稻谷	1
糙米	0.1
油料和油脂	
棉籽	0.1
大豆	0.1
蔬菜	
结球甘蓝	2
辣椒	2
黄瓜	0.1
水果	
柑	2
橘	2
橙	2
苹果	2
枸杞(鲜)	3
干制水果	
枸杞(干)	3
饮料类	
茶叶	5

4.66.5 检测方法:谷物按照 GB 23200.9、GB 23200.113 规定的方法测定;油料和油脂按照 GB 23200.113 规定的方法测定;蔬菜按照 GB 23200.113、GB/T 20769 规定的方法测定;水果、干制水果按照 GB 23200.8、GB 23200.113、GB/T 20769 规定的方法测定;茶叶按照 GB 23200.113、GB/T 23204、SN/T 2432 规定的方法测定。

4.67 哒嗪硫磷(pyridaphenthion)

4.67.1 主要用途:杀虫剂。

4.67.2 ADI:0.000 85 mg/kg bw。

4.67.3 残留物:哒嗪硫磷。

4.67.4 最大残留限量:应符合表 67 的规定。

表 67

食品类别/名称	最大残留限量,mg/kg
蔬菜	
结球甘蓝	0.3

4.67.5 检测方法:蔬菜按照 GB 23200.8、GB 23200.113 规定的方法测定。

4.68 代森铵(amobam)

4.68.1 主要用途:杀菌剂。

4.68.2 ADI:0.03 mg/kg bw。

4.68.3 残留物:二硫代氨基甲酸盐(或酯),以二硫化碳表示。

4.68.4 最大残留限量:应符合表 68 的规定。

表 68

食品类别/名称	最大残留限量,mg/kg
谷物	
稻谷	2
糙米	1
玉米	0.1
鲜食玉米	1
蔬菜	
大白菜	50
黄瓜	5
甘薯	0.5
水果	
橙	3
苹果	5
梨	5
山楂	5
枇杷	5
榅桲	5
樱桃	0.2
越橘	5
葡萄	5
草莓	5
杧果	2
香蕉	1
番木瓜	5
西瓜	1
调味料	
胡椒	0.1
豆蔻	0.1
孜然	10
小茴香籽	0.1
芫荽籽	0.1
药用植物	
人参	0.3

4.68.5 检测方法:谷物、蔬菜参照 SN/T 1541 规定的方法测定;水果按照 SN 0157 规定的方法测定;调味料、药用植物参照 SN 0157、SN/T 1541 规定的方法测定。

4.69 代森联(metiram)

4.69.1 主要用途:杀菌剂。

4.69.2 ADI:0.03 mg/kg bw。

4.69.3 残留物:二硫代氨基甲酸盐(或酯),以二硫化碳表示。

4.69.4 最大残留限量:应符合表 69 的规定。

表 69

食品类别/名称	最大残留限量,mg/kg
谷物	
小麦	1
大麦	1

表 69（续）

食品类别/名称	最大残留限量，mg/kg
蔬菜	
大蒜	0.5
洋葱	0.5
葱	0.5
青蒜	0.5
蒜薹	2
韭葱	0.5
结球莴苣	0.5
大白菜	50
番茄	5
辣椒	10
甜椒	2
西葫芦	3
南瓜	0.2
笋瓜	0.1
胡萝卜	5
姜	1
马铃薯	0.5
玉米笋	0.1
水果	
柑	3
橘	3
橙	3
苹果	5
梨	5
山楂	5
枇杷	5
榅桲	5
核果类水果（桃、樱桃除外）	7
桃	5
樱桃	0.2
越橘	5
加仑子（黑、红、白）	10
醋栗	10
葡萄	5
草莓	5
香蕉	1
番木瓜	5
西瓜	1
甜瓜类水果	0.5
坚果	
杏仁	0.1
山核桃	0.1
糖料	
甜菜	0.5
饮料类	
啤酒花	30
调味料	
干辣椒	20
胡椒	0.1
豆蔻	0.1
孜然	10
小茴香籽	0.1
芫荽籽	0.1
药用植物	
人参	0.3

4.69.5 检测方法:谷物按照 SN 0139 规定的方法测定;蔬菜参照 SN 0139、SN 0157、SN/T 1541 规定的方法测定;水果按照 SN 0157 规定的方法测定;坚果、糖料、调味料参照 SN 0157 规定的方法测定;饮料类参照 SN/T 1541 规定的方法测定;药用植物参照 SN 0157、SN/T 1541 规定的方法测定。

4.70 代森锰锌(mancozeb)

4.70.1 主要用途:杀菌剂。

4.70.2 ADI:0.03 mg/kg bw。

4.70.3 残留物:二硫代氨基甲酸盐(或酯),以二硫化碳表示。

4.70.4 最大残留限量:应符合表 70 的规定。

表 70

食品类别/名称	最大残留限量,mg/kg
谷物	
小麦	1
大麦	1
鲜食玉米	1
油料和油脂	
棉籽	0.1
花生仁	0.1
蔬菜	
大蒜	0.5
洋葱	0.5
葱	0.5
韭葱	0.5
花椰菜	2
大白菜	50
番茄	5
茄子	1
辣椒	10
甜椒	2
黄秋葵	2
黄瓜	5
西葫芦	3
南瓜	0.2
笋瓜	0.1
豇豆	3
菜豆	3
食荚豌豆	3
扁豆	3
芦笋	2
胡萝卜	5
马铃薯	0.5
甘薯	0.5
木薯	0.5
山药	0.5
玉米笋	0.1
水果	
柑	3
橘	3
橙	3
苹果	5
梨	5

表 70（续）

食品类别/名称	最大残留限量，mg/kg
水果	
山楂	5
枇杷	5
榲桲	5
枣（鲜）	2
樱桃	0.2
黑莓	5
越橘	5
醋栗	10
葡萄	5
猕猴桃	2
草莓	5
荔枝	5
杧果	2
香蕉	1
番木瓜	5
菠萝	2
西瓜	1
坚果	
杏仁	0.1
山核桃	0.1
糖料	
甜菜	0.5
食用菌	
蘑菇类（鲜）	5
调味料	
干辣椒	20
胡椒	0.1
豆蔻	0.1
孜然	10
小茴香籽	0.1
芫荽籽	0.1
药用植物	
人参	0.3
三七块根（干）	3
三七须根（干）	3

4.70.5 检测方法：谷物按照 SN 0139 规定的方法测定；油料和油脂参照 SN 0139、SN/T 1541 规定的方法测定；蔬菜参照 SN 0157、SN/T 1541 规定的方法测定；水果按照 SN 0157 规定的方法测定；坚果、糖料、调味料、药用植物参照 SN/T 1541 规定的方法测定；食用菌参照 SN 0157 规定的方法测定。

4.71 代森锌(zineb)

4.71.1 主要用途：杀菌剂。

4.71.2 ADI：0.03 mg/kg bw。

4.71.3 残留物：二硫代氨基甲酸盐（或酯），以二硫化碳表示。

4.71.4 最大残留限量：应符合表 71 的规定。

表 71

食品类别/名称	最大残留限量,mg/kg
油料和油脂	
油菜籽	10
花生仁	0.1
蔬菜	
大蒜	0.5
洋葱	0.5
葱	0.5
韭葱	0.5
结球甘蓝	5
大白菜	50
番茄	5
茄子	1
辣椒	10
甜椒	2
黄瓜	5
西葫芦	3
南瓜	0.2
笋瓜	0.1
芦笋	2
茎用莴苣	30
萝卜	1
胡萝卜	5
马铃薯	0.5
玉米笋	0.1
水果	
柑	3
橘	3
橙	3
苹果	5
樱桃	0.2
西瓜	1
坚果	
杏仁	0.1
山核桃	0.1
糖料	
甜菜	0.5
调味料	
干辣椒	20
胡椒	0.1
豆蔻	0.1
孜然	10
小茴香籽	0.1
芫荽籽	0.1
药用植物	
人参	0.3

4.71.5　检测方法:油料和油脂参照 SN 0139、SN/T 1541 规定的方法测定;蔬菜参照 SN 0139、SN 0157、SN/T 1541 规定的方法测定;水果按照 SN 0157 规定的方法测定;坚果、糖料、调味料、药用植物参照 SN/T 1541 规定的方法测定。

4.72　单甲脒和单甲脒盐酸盐(semiamitraz and semiamitraz chloride)

4.72.1 主要用途:杀虫剂。

4.72.2 ADI:0.004 mg/kg bw。

4.72.3 残留物:单甲脒。

4.72.4 最大残留限量:应符合表72的规定。

表 72

食品类别/名称	最大残留限量,mg/kg
水果	
柑	0.5
橘	0.5
橙	0.5
苹果	0.5
梨	0.5

4.72.5 检测方法:水果按照GB/T 5009.160规定的方法测定。

4.73 单嘧磺隆(monosulfuron)

4.73.1 主要用途:除草剂。

4.73.2 ADI:0.12 mg/kg bw。

4.73.3 残留物:单嘧磺隆。

4.73.4 最大残留限量:应符合表73的规定。

表 73

食品类别/名称	最大残留限量,mg/kg
谷物	
小麦	0.1*
粟	0.1*
* 该限量为临时限量。	

4.74 单氰胺(cyanamide)

4.74.1 主要用途:植物生长调节剂。

4.74.2 ADI:0.002 mg/kg bw。

4.74.3 残留物:单氰胺。

4.74.4 最大残留限量:应符合表74的规定。

表 74

食品类别/名称	最大残留限量,mg/kg
水果	
葡萄	0.05*
* 该限量为临时限量。	

4.75 稻丰散(phenthoate)

4.75.1 主要用途:杀虫剂。

4.75.2 ADI:0.003 mg/kg bw。

4.75.3 残留物:稻丰散。

4.75.4 最大残留限量:应符合表75的规定。

表 75

食品类别/名称	最大残留限量，mg/kg
谷物	
糙米	0.2
大米	0.05
蔬菜	
节瓜	0.1
水果	
柑	1
橘	1
橙	1
调味料	
种子类调味料	7

4.75.5　检测方法:谷物按照 GB/T 5009.20 规定的方法测定;蔬菜、水果按照 GB 23200.8、GB/T 5009.20、GB/T 20769 规定的方法测定;调味料参照 GB/T 5009.20 规定的方法测定。

4.76　稻瘟灵(isoprothiolane)

4.76.1　主要用途:杀菌剂。

4.76.2　ADI:0.1 mg/kg bw。

4.76.3　残留物:稻瘟灵。

4.76.4　最大残留限量:应符合表 76 的规定。

表 76

食品类别/名称	最大残留限量,mg/kg
谷物	
大米	1
水果	
西瓜	0.1

4.76.5　检测方法:谷物按照 GB 23200.113、GB/T 5009.155 规定的方法测定;水果按照 GB 23200.113 规定的方法测定。

4.77　稻瘟酰胺(fenoxanil)

4.77.1　主要用途:杀菌剂。

4.77.2　ADI:0.007 mg/kg bw 。

4.77.3　残留物:稻瘟酰胺。

4.77.4　最大残留限量:应符合表 77 的规定。

表 77

食品类别/名称	最大残留限量,mg/kg
谷物	
糙米	1

4.77.5　检测方法:谷物按照 GB 23200.9、GB/T 20770 规定的方法测定。

4.78　敌百虫(trichlorfon)

4.78.1　主要用途:杀虫剂。

4.78.2　 ADI:0.002 mg/kg bw。

4.78.3　残留物:敌百虫。

4.78.4　最大残留限量:应符合表 78 的规定。

表 78

食品类别/名称	最大残留限量,mg/kg
谷物	
稻谷	0.1
糙米	0.1
小麦	0.1
油料和油脂	
棉籽	0.1
花生仁	0.1
大豆	0.1
蔬菜	
鳞茎类蔬菜	0.2
芸薹属类蔬菜(结球甘蓝、花椰菜、青花菜、芥蓝除外)	0.2
结球甘蓝	0.1
花椰菜	0.1
青花菜	0.5
芥蓝	1
叶菜类蔬菜(普通白菜、大白菜除外)	0.2
普通白菜	0.1
大白菜	2
茄果类蔬菜	0.2
瓜类蔬菜	0.2
豆类蔬菜(菜用大豆除外)	0.2
菜用大豆	0.1
茎类蔬菜(茎用莴苣除外)	0.2
茎用莴苣	1
根茎类和薯芋类蔬菜(萝卜、胡萝卜除外)	0.2
萝卜	0.5
胡萝卜	0.5
水生类蔬菜	0.2
芽菜类蔬菜	0.2
其他类蔬菜	0.2
水果	
柑橘类水果	0.2
仁果类水果	0.2
核果类水果(枣除外)	0.2
枣(鲜)	0.3
浆果和其他小型水果	0.2
热带和亚热带水果	0.2
瓜果类水果	0.2
糖料	
甘蔗	0.1
饮料类	
茶叶	2

4.78.5 检测方法:谷物按照 GB/T 20770 规定的方法测定;油料和油脂参照 GB/T 20770 规定的方法测定;蔬菜、水果按照 GB/T 20769、NY/T 761 规定的方法测定;糖料参照 GB/T 20769 规定的方法测定;茶叶参照 NY/T 761 规定的方法测定。

4.79 敌稗(propanil)

4.79.1 主要用途:除草剂。

4.79.2 ADI:0.2 mg/kg bw。

4.79.3 残留物:敌稗。

4.79.4 最大残留限量:应符合表 79 的规定。

表 79

食品类别/名称	最大残留限量,mg/kg
谷物	
大米	2

4.79.5 检测方法:谷物按照 GB 23200.113、GB/T 5009.177 规定的方法测定。

4.80 敌草胺(napropamide)

4.80.1 主要用途:除草剂。

4.80.2 ADI:0.3 mg/kg bw。

4.80.3 残留物:敌草胺。

4.80.4 最大残留限量:应符合表 80 的规定。

表 80

食品类别/名称	最大残留限量,mg/kg
油料和油脂	
棉籽	0.05
水果	
西瓜	0.05

4.80.5 检测方法:油料和油脂参照 GB 23200.14 规定的方法测定;水果按照 GB 23200.8 规定的方法测定。

4.81 敌草腈(dichlobenil)

4.81.1 主要用途:除草剂。

4.81.2 ADI:0.01 mg/kg bw。

4.81.3 残留物:2,6-二氯苯甲酰胺。

4.81.4 最大残留限量:应符合表 81 的规定。

表 81

食品类别/名称	最大残留限量,mg/kg
谷物	
稻谷	0.01*
麦类	0.01*
旱粮类	0.01*
杂粮类	0.01*
蔬菜	
洋葱	0.01*
葱	0.02*
结球甘蓝	0.05*
抱子甘蓝	0.05*
叶菜类蔬菜(芹菜除外)	0.3*
芹菜	0.07*
茄果类蔬菜	0.01*
瓜类蔬菜	0.01*

表 81（续）

食品类别/名称	最大残留限量,mg/kg
水果	
藤蔓和灌木类水果	0.2*
葡萄	0.05*
瓜果类水果	0.01*
干制水果	
葡萄干	0.15*
饮料类	
葡萄汁	0.07*
调味料	
干辣椒	0.01*
* 该限量为临时限量。	

4.82 敌草快(diquat)

4.82.1 主要用途:除草剂。

4.82.2 ADI:0.006 mg/kg bw。

4.82.3 残留物:敌草快阳离子,以二溴化合物表示。

4.82.4 最大残留限量:应符合表 82 的规定。

表 82

食品类别/名称	最大残留限量,mg/kg
谷物	
糙米	1
小麦	2
燕麦	2
玉米	0.05
高粱	2
杂粮类(豌豆除外)	0.2
豌豆	0.3
小麦粉	0.5
全麦粉	2
油料和油脂	
油菜籽	1
棉籽	0.1
大豆	0.2
葵花籽	1
植物油	0.05
蔬菜	
茄果类蔬菜	0.01
马铃薯	0.05
甘薯	0.05
木薯	0.05
山药	0.05
水果	
柑橘类水果(柑、橘、橙除外)	0.02
柑	0.1
橘	0.1
橙	0.1
仁果类水果(苹果除外)	0.02
苹果	0.1

表82（续）

食品类别/名称	最大残留限量，mg/kg
水果	
核果类水果	0.02
草莓	0.05
香蕉	0.02
坚果	
腰果	0.02
糖料	
甘蔗	0.05
饮料类	
咖啡豆	0.02
哺乳动物肉类（海洋哺乳动物除外）	0.05*
哺乳动物内脏（海洋哺乳动物除外）	0.05*
禽肉类	0.05*
禽类内脏	0.05*
蛋类	0.05*
生乳	0.01*
* 该限量为临时限量。	

4.82.5 检测方法：谷物按照 GB/T 5009.221、SN/T 0293 规定的方法测定；油料和油脂、蔬菜、水果按照 SN/T 0293 规定的方法测定；坚果、饮料类参照 GB/T 5009.221、SN/T 0293 规定的方法测定；糖料参照 GB/T 5009.221 规定的方法测定。

4.83 敌草隆（diuron）

4.83.1 主要用途：除草剂。

4.83.2 ADI：0.001 mg/kg bw。

4.83.3 残留物：敌草隆。

4.83.4 最大残留限量：应符合表83的规定。

表83

食品类别/名称	最大残留限量，mg/kg
油料和油脂	
棉籽	0.1
糖料	
甘蔗	0.1

4.83.5 检测方法：油料和油脂参照 GB/T 20770 规定的方法测定；糖料按照 GB/T 20769 规定的方法测定。

4.84 敌敌畏（dichlorvos）

4.84.1 主要用途：杀虫剂。

4.84.2 ADI：0.004 mg/kg bw。

4.84.3 残留物：敌敌畏。

4.84.4 最大残留限量：应符合表84的规定。

表84

食品类别/名称	最大残留限量，mg/kg
谷物	
稻谷	0.1
糙米	0.2
麦类	0.1

表84（续）

食品类别/名称	最大残留限量，mg/kg
谷物	
玉米	0.2
旱粮类	0.1
杂粮类	0.1
油料和油脂	
棉籽	0.1
大豆	0.1
蔬菜	
鳞茎类蔬菜	0.2
芸薹属类蔬菜（结球甘蓝、花椰菜、青花菜、芥蓝、菜薹除外）	0.2
结球甘蓝	0.5
花椰菜	0.1
青花菜	0.1
芥蓝	0.1
菜薹	0.1
叶菜类蔬菜（菠菜、普通白菜、茎用莴苣叶、大白菜除外）	0.2
菠菜	0.5
普通白菜	0.1
茎用莴苣叶	0.3
大白菜	0.5
茄果类蔬菜	0.2
瓜类蔬菜	0.2
豆类蔬菜	0.2
茎类蔬菜（茎用莴苣除外）	0.2
茎用莴苣	0.1
根茎类和薯芋类蔬菜（萝卜、胡萝卜除外）	0.2
萝卜	0.5
胡萝卜	0.5
水生类蔬菜	0.2
芽菜类蔬菜	0.2
其他类蔬菜	0.2
水果	
柑橘类水果	0.2
仁果类水果（苹果除外）	0.2
苹果	0.1
核果类水果（桃除外）	0.2
桃	0.1
浆果和其他小型水果	0.2
热带和亚热带水果	0.2
瓜果类水果	0.2
调味料	0.1
哺乳动物肉类（海洋哺乳动物除外）	0.01*
哺乳动物内脏（海洋哺乳动物除外）	0.01*
哺乳动物脂肪（乳脂肪除外）	0.01*
禽肉类	0.01*
禽类内脏	0.01*
禽类脂肪	0.01*
蛋类	0.01*
生乳	0.01*
* 该限量为临时限量。	

4.84.5 检测方法：谷物按照 GB 23200.113、GB/T 5009.20、SN/T 2324 规定的方法测定；油料和油脂按

照 GB 23200.113、GB/T 5009.20 规定的方法测定;蔬菜、水果按照 GB 23200.8、GB 23200.113、GB/T 5009.20、NY/T 761 规定的方法测定;调味料按照 GB 23200.113 规定的方法测定。

4.85 敌磺钠(fenaminosulf)

4.85.1 主要用途:杀菌剂。

4.85.2 ADI:0.02 mg/kg bw。

4.85.3 残留物:敌磺钠。

4.85.4 最大残留限量:应符合表 85 的规定。

表 85

食品类别/名称	最大残留限量,mg/kg
谷物	
稻谷	0.5*
糙米	0.5*
油料和油脂	
棉籽	0.1*
蔬菜	
大白菜	0.2*
番茄	0.1*
黄瓜	0.5*
马铃薯	0.1*
水果	
西瓜	0.1*
糖料	
甜菜	0.1*
* 该限量为临时限量。	

4.86 敌菌灵(anilazine)

4.86.1 主要用途:杀菌剂。

4.86.2 ADI:0.1 mg/kg bw。

4.86.3 残留物:敌菌灵。

4.86.4 最大残留限量:应符合表 86 的规定。

表 86

食品类别/名称	最大残留限量,mg/kg
谷物	
稻谷	0.2
蔬菜	
番茄	10
黄瓜	10

4.86.5 检测方法:谷物按照 GB/T 5009.220 规定的方法测定;蔬菜按照 NY/T 1722 规定的方法测定。

4.87 敌螨普(dinocap)

4.87.1 主要用途:杀菌剂。

4.87.2 ADI:0.008 mg/kg bw。

4.87.3 残留物:敌螨普的异构体和敌螨普酚的总量,以敌螨普表示。

4.87.4 最大残留限量:应符合表 87 的规定。

表 87

食品类别/名称	最大残留限量,mg/kg
蔬菜	
番茄	0.3*
辣椒	0.2*
瓜类蔬菜(西葫芦、黄瓜除外)	0.05*
西葫芦	0.07*
黄瓜	0.07*
水果	
苹果	0.2*
桃	0.1*
葡萄	0.5*
草莓	0.5*
瓜果类水果(甜瓜类水果除外)	0.05*
甜瓜类水果	0.5*
调味料	
干辣椒	2*
* 该限量为临时限量。	

4.88 敌瘟磷(edifenphos)

4.88.1 主要用途:杀菌剂。

4.88.2 ADI:0.003 mg/kg bw。

4.88.3 残留物:敌瘟磷。

4.88.4 最大残留限量:应符合表 88 的规定。

表 88

食品类别/名称	最大残留限量,mg/kg
谷物	
大米	0.1
糙米	0.2

4.88.5 检测方法:谷物按照 GB 23200.113、GB/T 20770、SN/T 2324 规定的方法测定。

4.89 地虫硫磷(fonofos)

4.89.1 主要用途:杀虫剂。

4.89.2 ADI:0.002 mg/kg bw。

4.89.3 残留物:地虫硫磷。

4.89.4 最大残留限量:应符合表 89 的规定。

表 89

食品类别/名称	最大残留限量,mg/kg
谷物	
稻谷	0.05
麦类	0.05
旱粮类	0.05
杂粮类	0.05
油料和油脂	
大豆	0.05
花生仁	0.05
蔬菜	
鳞茎类蔬菜	0.01

表89（续）

食品类别/名称	最大残留限量,mg/kg
蔬菜	
芸薹属类蔬菜	0.01
叶菜类蔬菜	0.01
茄果类蔬菜	0.01
瓜类蔬菜	0.01
豆类蔬菜	0.01
茎类蔬菜	0.01
根茎类和薯芋类蔬菜	0.01
水生类蔬菜	0.01
芽菜类蔬菜	0.01
其他类蔬菜	0.01
水果	
柑橘类水果	0.01
仁果类水果	0.01
核果类水果	0.01
浆果和其他小型水果	0.01
热带和亚热带水果	0.01
瓜果类水果	0.01
糖料	
甘蔗	0.1

4.89.5 检测方法:谷物按照 GB 23200.113、GB/T 20770 规定的方法测定;油料和油脂按照 GB 23200.113 规定的方法测定;蔬菜、水果按照 GB 23200.8、GB 23200.113 规定的方法测定;糖料参照 GB 23200.8、GB 23200.113、GB/T 20769、NY/T 761 规定的方法测定。

4.90 丁苯吗啉(fenpropimorph)

4.90.1 主要用途:杀菌剂。

4.90.2 ADI:0.003 mg/kg bw。

4.90.3 残留物:丁苯吗啉。

4.90.4 最大残留限量:应符合表 90 的规定。

表90

食品类别/名称	最大残留限量,mg/kg
谷物	
小麦	0.5
大麦	0.5
燕麦	0.5
黑麦	0.5
水果	
香蕉	2
糖料	
甜菜	0.05
哺乳动物肉类(海洋哺乳动物除外)	0.02
哺乳动物内脏(海洋哺乳动物除外)	
牛肝	0.3
猪肝	0.3
羊肝	0.3
牛肾	0.05
猪肾	0.05
羊肾	0.05

表90（续）

食品类别/名称	最大残留限量,mg/kg
哺乳动物脂肪(乳脂肪除外)	0.01
禽肉类	0.01
禽类内脏	0.01
禽类脂肪	0.01
蛋类	0.01
生乳	0.01

4.90.5 检测方法:谷物按照 GB 23200.37、GB/T 20770 规定的方法测定;水果、糖料参照 GB 23200.37、GB/T 20769 规定的方法测定;哺乳动物肉类(海洋哺乳动物除外)、哺乳动物内脏(海洋哺乳动物除外)、哺乳动物脂肪(乳脂肪除外)、禽肉类、禽类内脏、禽类脂肪、蛋类参照 GB/T 23210 规定的方法测定;生乳按照 GB/T 23210 规定的方法测定。

4.91 丁吡吗啉(pyrimorph)

4.91.1 主要用途:杀菌剂。

4.91.2 ADI:0.01 mg/kg bw。

4.91.3 残留物:丁吡吗啉。

4.91.4 最大残留限量:应符合表91的规定。

表91

食品类别/名称	最大残留限量,mg/kg
蔬菜	
番茄	10*
黄瓜	10*
* 该限量为临时限量。	

4.92 丁草胺(butachlor)

4.92.1 主要用途:除草剂。

4.92.2 ADI:0.1 mg/kg bw。

4.92.3 残留物:丁草胺。

4.92.4 最大残留限量:应符合表92的规定。

表92

食品类别/名称	最大残留限量,mg/kg
谷物	
大米	0.5
玉米	0.5
油料和油脂	
棉籽	0.2

4.92.5 检测方法:谷物按照 GB 23200.9、GB 23200.113、GB/T 5009.164、GB/T 20770 规定的方法测定;油料和油脂按照 GB 23200.113 规定的方法测定。

4.93 丁虫腈(flufiprole)

4.93.1 主要用途:杀虫剂。

4.93.2 ADI:0.008 mg/kg bw。

4.93.3 残留物:丁虫腈。

4.93.4 最大残留限量:应符合表93的规定。

表 93

食品类别/名称	最大残留限量,mg/kg
谷物	
稻谷	0.1*
糙米	0.02*
蔬菜	
结球甘蓝	0.1*
* 该限量为临时限量。	

4.94 丁氟螨酯(cyflumetofen)

4.94.1 主要用途:杀螨剂。

4.94.2 ADI:0.1 mg/kg bw。

4.94.3 残留物:丁氟螨酯。

4.94.4 最大残留限量:应符合表 94 的规定。

表 94

食品类别/名称	最大残留限量,mg/kg
蔬菜	
番茄	0.3
水果	
柑橘类水果(柑、橘、橙除外)	0.3
柑	5
橘	5
橙	5
仁果类水果	0.4
葡萄	0.6
草莓	0.6
干制水果	
葡萄干	1.5
坚果	0.01

4.94.5 检测方法:蔬菜、水果、干制水果按照 SN/T 3539 规定的方法测定;坚果参照 SN/T 3539 规定的方法测定。

4.95 丁硫克百威(carbosulfan)

4.95.1 主要用途:杀虫剂。

4.95.2 ADI:0.01 mg/kg bw。

4.95.3 残留物:丁硫克百威。

4.95.4 最大残留限量:应符合表 95 的规定。

表 95

食品类别/名称	最大残留限量,mg/kg
谷物	
稻谷	0.5
糙米	0.5
小麦	0.1
玉米	0.1
高粱	0.1
粟	0.1

表 95（续）

食品类别/名称	最大残留限量,mg/kg
油料和油脂	
棉籽	0.05
大豆	0.1
花生仁	0.05
蔬菜	
韭菜	0.05
结球甘蓝	1
菠菜	0.05
普通白菜	0.05
芹菜	0.05
大白菜	0.05
番茄	0.1
茄子	0.1
辣椒	0.1
甜椒	0.1
黄秋葵	0.1
黄瓜	0.2
节瓜	1
菜用大豆	0.1
甘薯	1
水果	
柑	1
橘	1
橙	0.1
柠檬	0.1
柚	0.1
苹果	0.2
糖料	
甘蔗	0.1
甜菜	0.3
调味料	
根茎类调味料	0.1
果类调味料	0.07
哺乳动物肉类(海洋哺乳动物除外),以脂肪中的残留量计	0.05
哺乳动物内脏(海洋哺乳动物除外)	0.05
禽肉类	0.05
禽类内脏	0.05
蛋类	0.05

4.95.5 检测方法:谷物按照 GB 23200.33 规定的方法测定;油料和油脂参照 GB 23200.13、GB 23200.33 规定的方法测定;蔬菜、水果按照 GB 23200.13 规定的方法测定;糖料参照 GB/T 23200.13、GB 23200.33 规定的方法测定;调味料参照 GB 23200.33 规定的方法测定;哺乳动物肉类、禽肉类按照 GB/T 19650 规定的方法测定;哺乳动物内脏、禽类内脏、蛋类参照 GB/T 19650 规定的方法测定。

4.96 丁醚脲(diafenthiuron)

4.96.1 主要用途:杀虫剂/杀螨剂。

4.96.2 ADI:0.003 mg/kg bw。

4.96.3 残留物:丁醚脲。

4.96.4 最大残留限量:应符合表 96 的规定。

表 96

食品类别/名称	最大残留限量,mg/kg
油料和油脂	
棉籽	0.2*
蔬菜	
结球甘蓝	2*
普通白菜	1*
水果	
柑	0.2*
橘	0.2*
橙	0.2*
苹果	0.2*
饮料类	
茶叶	5*
* 该限量为临时限量。	

4.97 丁噻隆(tebuthiuron)

4.97.1 主要用途:除草剂。

4.97.2 ADI:0.14 mg/kg bw。

4.97.3 残留物:丁噻隆。

4.97.4 最大残留限量:应符合表 97 的规定。

表 97

食品类别/名称	最大残留限量,mg/kg
糖料	
甘蔗	0.2*
* 该限量为临时限量。	

4.98 丁酰肼(daminozide)

4.98.1 主要用途:植物生长调节剂。

4.98.2 ADI:0.5 mg/kg bw。

4.98.3 残留物:丁酰肼和 1,1-二甲基联氨之和,以丁酰肼表示。

4.98.4 最大残留限量:应符合表 98 的规定。

表 98

食品类别/名称	最大残留限量,mg/kg
油料和油脂	
花生仁	0.05

4.98.5 检测方法:油料和油脂按照 GB 23200.32 规定的方法测定。

4.99 丁香菌酯(coumoxystrobin)

4.99.1 主要用途:杀菌剂。

4.99.2 ADI:0.045 mg/kg bw。

4.99.3 残留物:丁香菌酯。

4.99.4 最大残留限量:应符合表 99 的规定。

表 99

食品类别/名称	最大残留限量,mg/kg
谷物	
稻谷	0.5*
糙米	0.2*
蔬菜	
黄瓜	0.5*
水果	
苹果	0.2*
* 该限量为临时限量。	

4.100 啶虫脒(acetamiprid)

4.100.1 主要用途:杀虫剂。

4.100.2 ADI:0.07 mg/kg bw。

4.100.3 残留物:啶虫脒。

4.100.4 最大残留限量:应符合表 100 的规定。

表 100

食品类别/名称	最大残留限量,mg/kg
谷物	
糙米	0.5
小麦	0.5
油料和油脂	
棉籽	0.1
蔬菜	
鳞茎类蔬菜(葱除外)	0.02
葱	5
结球甘蓝	0.5
头状花序芸薹属类蔬菜(花椰菜、青花菜除外)	0.4
花椰菜	0.5
青花菜	0.1
芥蓝	5
菜薹	3
叶菜类蔬菜(菠菜、普通白菜、茎用莴苣叶、芹菜、大白菜除外)	1.5
菠菜	5
普通白菜	1
茎用莴苣叶	5
芹菜	3
大白菜	1
茄果类蔬菜(番茄、茄子除外)	0.2
番茄	1
茄子	1
黄瓜	1
节瓜	0.2
荚可食豆类蔬菜(食荚豌豆除外)	0.4
食荚豌豆	0.3
荚不可食豆类蔬菜	0.3
茎用莴苣	1

表 100（续）

食品类别/名称	最大残留限量,mg/kg
蔬菜	
萝卜	0.5
莲子(鲜)	0.05
莲藕	0.05
水果	
柑橘类水果(柑、橘、橙除外)	2
柑	0.5
橘	0.5
橙	0.5
仁果类水果(苹果除外)	2
苹果	0.8
核果类水果	2
浆果和其他小型水果[枸杞(鲜)除外]	2
枸杞(鲜)	1
热带和亚热带水果	2
瓜果类水果(西瓜除外)	2
西瓜	0.2
干制水果	
李子干	0.6
枸杞(干)	2
坚果	0.06
饮料类	
茶叶	10
调味料	
干辣椒	2
哺乳动物肉类(海洋哺乳动物除外)	0.5
哺乳动物内脏(海洋哺乳动物除外)	1
哺乳动物脂肪(乳脂肪除外)	0.3
禽肉类	0.01
禽类内脏	0.05
蛋类	0.01
生乳	0.02

4.100.5　检测方法:谷物按照GB/T 20770规定的方法测定;油料和油脂参照GB/T 20770规定的方法测定;蔬菜、水果按照GB/T 20769、GB/T 23584规定的方法测定;干制水果按照GB/T 20769规定的方法测定;坚果、调味料参照GB/T 23584规定的方法测定;茶叶参照GB/T 20769规定的方法测定;哺乳动物肉类(海洋哺乳动物除外)、禽肉类按照GB/T 20772规定的方法测定;哺乳动物内脏(海洋哺乳动物除外)、哺乳动物脂肪(乳脂肪除外)、禽类内脏、蛋类、生乳参照GB/T 20772规定的方法测定。

4.101　啶菌噁唑(pyrisoxazole)

4.101.1　主要用途:杀菌剂。

4.101.2　ADI:0.1 mg/kg bw。

4.101.3　残留物:啶菌噁唑。

4.101.4　最大残留限量:应符合表101的规定。

表 101

食品类别/名称	最大残留限量,mg/kg
蔬菜	
番茄	1*
*　该限量为临时限量。	

4.102 啶酰菌胺(boscalid)

4.102.1 主要用途:杀菌剂。

4.102.2 ADI:0.04 mg/kg bw。

4.102.3 残留物:啶酰菌胺。

4.102.4 最大残留限量:应符合表 102 的规定。

表 102

食品类别/名称	最大残留限量,mg/kg
谷物	
稻谷	0.1
小麦	0.5
大麦	0.5
燕麦	0.5
黑麦	0.5
玉米	0.1
高粱	0.1
粟	0.1
杂粮类	3
油料和油脂	
油籽类(油菜籽除外)	1
油菜籽	2
蔬菜	
鳞茎类蔬菜	5
芸薹属类蔬菜	5
茄果类蔬菜(番茄除外)	3
番茄	2
瓜类蔬菜(黄瓜除外)	3
黄瓜	5
豆类蔬菜	3
根茎类蔬菜	2
马铃薯	1
水果	
柑橘类水果	2
苹果	2
核果类水果	3
浆果和其他小型水果(葡萄、猕猴桃、草莓除外)	10
葡萄	5
猕猴桃	5
草莓	3
甜瓜类水果	3
干制水果	
柑橘脯	6
葡萄干	10
坚果	
坚果(开心果除外)	0.05*
开心果	1*
饮料类	
咖啡豆	0.05
啤酒花	60
调味料	
干辣椒	10

表 102（续）

食品类别/名称	最大残留限量，mg/kg
哺乳动物肉类(海洋哺乳动物除外)，以脂肪中的残留量计	0.7
哺乳动物内脏(海洋哺乳动物除外)	0.2
禽肉类	0.02
禽类内脏	0.02
禽类脂肪	0.02
蛋类	0.02
生乳	0.1

4.102.5 检测方法：谷物按照 GB/T 20770 规定的方法测定；油料和油脂参照 GB/T 20769、GB/T 20770 规定的方法测定；蔬菜按照 GB 23200.68、GB/T 20769 规定的方法测定；水果、干制水果按照 GB/T 20769 规定的方法测定；坚果、饮料类参照 GB 23200.50 规定的方法测定；调味料参照 GB/T 20769 规定的方法测定；哺乳动物肉类(海洋哺乳动物除外)、哺乳动物内脏(海洋哺乳动物除外)、禽肉类、禽类内脏、禽类脂肪、蛋类参照 GB/T 22979 规定的方法测定；生乳按照 GB/T 22979 规定的方法测定。

4.103 啶氧菌酯（picoxystrobin）

4.103.1 主要用途：杀菌剂。

4.103.2 ADI：0.09 mg/kg bw。

4.103.3 残留物：啶氧菌酯。

4.103.4 最大残留限量：应符合表 103 的规定。

表 103

食品类别/名称	最大残留限量，mg/kg
谷物	
小麦	0.07
蔬菜	
番茄	1
辣椒	0.5
水果	
枣(鲜)	5
葡萄	1
西瓜	0.05

4.103.5 检测方法：谷物按照 GB 23200.9 规定的方法测定；蔬菜参照 GB 23200.54 规定的方法测定；水果按照 GB 23200.8、GB/T 20769 规定的方法测定。

4.104 毒草胺（propachlor）

4.104.1 主要用途：除草剂。

4.104.2 ADI：0.54 mg/kg bw。

4.104.3 残留物：毒草胺。

4.104.4 最大残留限量：应符合表 104 的规定。

表 104

食品类别/名称	最大残留限量，mg/kg
谷物	
稻谷	0.05
糙米	0.05

4.104.5 检测方法：谷物按照 GB 23200.34 规定的方法测定。

4.105 毒氟磷(dufulin)

4.105.1 主要用途:杀菌剂。

4.105.2 ADI:0.54 mg/kg bw。

4.105.3 残留物:毒氟磷。

4.105.4 最大残留限量:应符合表 105 的规定。

表 105

食品类别/名称	最大残留限量,mg/kg
谷物	
稻谷	5*
糙米	1*
蔬菜	
番茄	3*
*　该限量为临时限量。	

4.106 毒死蜱(chlorpyrifos)

4.106.1 主要用途:杀虫剂。

4.106.2 ADI:0.01 mg/kg bw。

4.106.3 残留物:毒死蜱。

4.106.4 最大残留限量:应符合表 106 的规定。

表 106

食品类别/名称	最大残留限量,mg/kg
谷物	
稻谷	0.5
小麦	0.5
玉米	0.05
小麦粉	0.1
油料和油脂	
棉籽	0.3
大豆	0.1
花生仁	0.2
大豆油	0.03
棉籽油	0.05
玉米油	0.2
蔬菜	
韭菜	0.1
结球甘蓝	1
花椰菜	1
菠菜	0.1
普通白菜	0.1
叶用莴苣	0.1
芹菜	0.05
大白菜	0.1
番茄	0.5
黄瓜	0.1
菜豆	1
食荚豌豆	0.01
芦笋	0.05
朝鲜蓟	0.05

表 106（续）

食品类别/名称	最大残留限量，mg/kg
蔬菜	
萝卜	1
胡萝卜	1
根芹菜	1
芋	1
水果	
柑	1
橘	1
橙	2
柠檬	2
柚	2
佛手柑	1
金橘	1
苹果	1
梨	1
山楂	1
枇杷	1
榅桲	1
桃	3
李子	0.5
越橘	1
葡萄	0.5
草莓	0.3
荔枝	1
龙眼	1
香蕉	2
干制水果	
李子干	0.5
葡萄干	0.1
坚果	
杏仁	0.05
核桃	0.05
山核桃	0.05
饮料类	
茶叶	2
咖啡豆	0.05
糖料	
甜菜	1
甘蔗	0.05
调味料	
果类调味料	1
种子类调味料	5
根茎类调味料	1
哺乳动物肉类(海洋哺乳动物除外)，以脂肪中残留量表示	
牛肉	1
羊肉	1
猪肉	0.02
哺乳动物内脏(海洋哺乳动物除外)	
猪内脏	0.01
羊内脏	0.01
牛肾	0.01
牛肝	0.01

表 106（续）

食品类别/名称	最大残留限量，mg/kg
禽肉类	0.01
禽类内脏	0.01
禽类脂肪	0.01
蛋类	0.01
生乳	0.02

4.106.5 检测方法：谷物按照 GB 23200.113、GB/T 5009.145、SN/T 2158 规定的方法测定；油料和油脂按照 GB 23200.113 规定的方法测定；蔬菜按照 GB 23200.8、GB 23200.113、NY/T 761、SN/T 2158 规定的方法测定；水果按照 GB 23200.8、GB 23200.113、NY/T 761、SN/T 2158 规定的方法测定；干制水果按照 GB 23200.8、GB 23200.113、NY/T 761 规定的方法测定；坚果参照 GB 23200.113、SN/T 2158 规定的方法测定；糖料参照 GB 23200.113、NY/T 761 规定的方法测定；饮料类、调味料按照 GB 23200.113 规定的方法测定；哺乳动物肉类（海洋哺乳动物除外）、禽肉类按照 GB/T 20772 规定的方法测定；哺乳动物内脏（海洋哺乳动物除外）、禽类内脏、禽类脂肪、蛋类、生乳参照 GB/T 20772 规定的方法测定。

4.107 对硫磷（parathion）

4.107.1 主要用途：杀虫剂。

4.107.2 ADI：0.004 mg/kg bw。

4.107.3 残留物：对硫磷。

4.107.4 最大残留限量：应符合表 107 的规定。

表 107

食品类别/名称	最大残留限量，mg/kg
谷物	
稻谷	0.1
麦类	0.1
旱粮类	0.1
杂粮类	0.1
油料和油脂	
大豆	0.1
棉籽油	0.1
蔬菜	
鳞茎类蔬菜	0.01
芸薹属类蔬菜	0.01
叶菜类蔬菜	0.01
茄果类蔬菜	0.01
瓜类蔬菜	0.01
豆类蔬菜	0.01
茎类蔬菜	0.01
根茎类和薯芋类蔬菜	0.01
水生类蔬菜	0.01
芽菜类蔬菜	0.01
其他类蔬菜	0.01
水果	
柑橘类水果	0.01
仁果类水果	0.01
核果类水果	0.01
浆果和其他小型水果	0.01
热带和亚热带水果	0.01
瓜果类水果	0.01

4.107.5 检测方法:谷物、蔬菜、水果按照 GB 23200.113、GB/T 5009.145 规定的方法测定;油料和油脂按照 GB 23200.113 规定的方法测定。

4.108 多果定(dodine)

4.108.1 主要用途:杀菌剂。

4.108.2 ADI:0.1 mg/kg bw。

4.108.3 残留物:多果定。

4.108.4 最大残留限量:应符合表 108 的规定。

表 108

食品类别/名称	最大残留限量,mg/kg
水果	
仁果类水果	5*
桃	5*
油桃	5*
樱桃	3*
* 该限量为临时限量。	

4.109 多菌灵(carbendazim)

4.109.1 主要用途:杀菌剂。

4.109.2 ADI:0.03 mg/kg bw。

4.109.3 残留物:多菌灵。

4.109.4 最大残留限量:应符合表 109 的规定。

表 109

食品类别/名称	最大残留限量,mg/kg
谷物	
大米	2
小麦	0.5
大麦	0.5
黑麦	0.05
玉米	0.5
杂粮类	0.5
油料和油脂	
油菜籽	0.1
棉籽	0.1
大豆	0.2
花生仁	0.1
蔬菜	
韭菜	2
抱子甘蓝	0.5
结球莴苣	5
番茄	3
茄子	3
辣椒	2
黄瓜	2
腌制用小黄瓜	0.05
西葫芦	0.5
菜豆	0.5
菜用大豆	0.2
食荚豌豆	0.02

表 109（续）

食品类别/名称	最大残留限量,mg/kg
蔬菜	
芦笋	0.5
胡萝卜	0.2
莲子(鲜)	0.2
莲藕	0.2
水果	
柑	5
橘	5
橙	5
柠檬	0.5
柚	0.5
苹果	5
梨	3
山楂	3
枇杷	3
榅桲	3
桃	2
油桃	2
李子	0.5
杏	2
樱桃	0.5
枣(鲜)	0.5
浆果和其他小型水果(黑莓、醋栗、葡萄、草莓、猕猴桃除外)	1
黑莓	0.5
醋栗	0.5
葡萄	3
草莓	0.5
猕猴桃	0.5
橄榄	0.5
无花果	0.5
荔枝	0.5
杧果	0.5
香蕉	2
菠萝	0.5
西瓜	2
干制水果	
李子干	0.5
坚果	0.1
糖料	
甜菜	0.1
饮料类	
茶叶	5
咖啡豆	0.1
调味料	
干辣椒	20
果类调味料	0.1
根茎类调味料	0.1
药用植物	
三七块根(干)	1
三七须根(干)	1

表 109（续）

食品类别/名称	最大残留限量，mg/kg
哺乳动物肉类（海洋哺乳动物除外）	
牛肉	0.05
哺乳动物内脏（海洋哺乳动物除外）	0.05
禽肉类	0.05
禽类脂肪	0.05
蛋类	0.05
生乳	0.05

4.109.5 检测方法:谷物按照 GB/T 20770 规定的方法测定;油料和油脂、糖料参照 NY/T 1680 规定的方法测定;蔬菜、水果、干制水果按照 GB/T 20769、NY/T 1453 规定的方法测定;坚果、调味料参照 GB/T 20770 规定的方法测定;饮料类参照 GB/T 20769、NY/T 1453 规定的方法测定;药用植物参照 GB/T 20769 规定的方法测定;哺乳动物肉类(海洋哺乳动物除外)、禽肉类按照 GB/T 20772 规定的方法测定;哺乳动物内脏(海洋哺乳动物除外)、禽类脂肪、蛋类、生乳参照 GB/T 20772 规定的方法测定。

4.110 多抗霉素（polyoxins）

4.110.1 主要用途:杀菌剂。

4.110.2 ADI:10 mg/kg bw。

4.110.3 残留物:多抗霉素 B。

4.110.4 最大残留限量:应符合表 110 的规定。

表 110

食品类别/名称	最大残留限量，mg/kg
谷物	
小麦	0.5*
蔬菜	
黄瓜	0.5*
马铃薯	0.5*
水果	
苹果	0.5*
梨	0.1*
葡萄	10*
* 该限量为临时限量。	

4.111 多杀霉素（spinosad）

4.111.1 主要用途:杀虫剂。

4.111.2 ADI:0.02 mg/kg bw。

4.111.3 残留物:多杀霉素 A 和多杀霉素 D 之和。

4.111.4 最大残留限量:应符合表 111 的规定。

表 111

食品类别/名称	最大残留限量，mg/kg
谷物	
稻谷	1
糙米	0.5
麦类	1
旱粮类	1
油料和油脂	
棉籽	0.1
大豆	0.01

表 111（续）

食品类别/名称	最大残留限量，mg/kg
蔬菜	
洋葱	0.1*
葱	4*
芸薹属类蔬菜	2*
叶菜类蔬菜（芹菜、大白菜除外）	10*
芹菜	2*
大白菜	0.5*
番茄	1*
茄子	1*
辣椒	1*
甜椒	1*
黄秋葵	1*
瓜类蔬菜	0.2*
豆类蔬菜	0.3*
马铃薯	0.01*
玉米笋	0.01*
水果	
柑橘类水果	0.3*
苹果	0.1*
核果类水果	0.2*
越橘	0.02*
黑莓	1*
蓝莓	0.4*
醋栗（红、黑）	1*
露莓（包括波森莓和罗甘莓）	1*
葡萄	0.5*
西番莲	0.7*
猕猴桃	0.05*
瓜果类水果	0.2*
干制水果	
葡萄干	1*
坚果	0.07
哺乳动物肉类（海洋哺乳动物除外），以脂肪中的残留量表示	
哺乳动物肉类（牛肉除外）	2*
牛肉	3*
哺乳动物内脏（海洋哺乳动物除外）	
哺乳动物内脏（牛肾、牛肝除外）	0.5*
牛肾	1*
牛肝	2*
禽肉类，以脂肪中残留量表示	0.2*
蛋类	0.01*
生乳	1*
*　该限量为临时限量。	

4.111.5　检测方法：谷物、油料和油脂、坚果参照 NY/T 1379 规定的方法测定。

4.112　多效唑（paclobutrazol）

4.112.1　主要用途：植物生长调节剂。

4.112.2　ADI：0.1 mg/kg bw。

4.112.3 残留物:多效唑。

4.112.4 最大残留限量:应符合表112的规定。

表 112

食品类别/名称	最大残留限量,mg/kg
谷物	
稻谷	0.5
小麦	0.5
油料和油脂	
油菜籽	0.2
大豆	0.05
花生仁	0.5
菜籽油	0.5
蔬菜	
菜用大豆	0.05
水果	
苹果	0.5
荔枝	0.5
芒果	0.05

4.112.5 检测方法:谷物按照 GB 23200.113、SN/T 1477 规定的方法测定;油料和油脂按照 GB 23200.113 规定的方法测定;蔬菜、水果按照 GB 23200.8、GB 23200.113、GB/T 20769、GB/T 20770 规定的方法测定。

4.113 噁草酮(oxadiazon)

4.113.1 主要用途:除草剂。

4.113.2 ADI:0.003 6 mg/kg bw。

4.113.3 残留物:噁草酮。

4.113.4 最大残留限量:应符合表113的规定。

表 113

食品类别/名称	最大残留限量,mg/kg
谷物	
稻谷	0.05
糙米	0.05
油料和油脂	
棉籽	0.1
大豆	0.05
花生仁	0.1
蔬菜	
大蒜	0.1
蒜薹	0.05
菜用大豆	0.05

4.113.5 检测方法:谷物按照 GB 23200.113、GB/T 5009.180 规定的方法测定;油料和油脂按照 GB 23200.113 规定的方法测定;蔬菜按照 GB 23200.8、GB 23200.113、NY/T 1379 规定的方法测定。

4.114 噁霉灵(hymexazol)

4.114.1 主要用途:杀菌剂。

4.114.2 ADI:0.2 mg/kg bw。

4.114.3 残留物:噁霉灵。

4.114.4 最大残留限量:应符合表114的规定。

表 114

食品类别/名称	最大残留限量,mg/kg
谷物	
糙米	0.1*
蔬菜	
辣椒	1*
黄瓜	0.5*
水果	
西瓜	0.5*
糖料	
甜菜	0.1*
药用植物	
人参(鲜)	1*
人参(干)	0.1*
* 该限量为临时限量。	

4.115 噁嗪草酮(oxaziclomefone)

4.115.1 主要用途:除草剂。

4.115.2 ADI:0.009 1 mg/kg bw。

4.115.3 残留物:噁嗪草酮。

4.115.4 最大残留限量:应符合表 115 的规定。

表 115

食品类别/名称	最大残留限量,mg/kg
谷物	
糙米	0.05

4.115.5 检测方法:谷物按照 GB 23200.34 规定的方法测定。

4.116 噁霜灵(oxadixyl)

4.116.1 主要用途:杀菌剂。

4.116.2 ADI:0.01 mg/kg bw。

4.116.3 残留物:噁霜灵。

4.116.4 最大残留限量:应符合表 116 的规定。

表 116

食品类别/名称	最大残留限量,mg/kg
蔬菜	
黄瓜	5

4.116.5 检测方法:蔬菜按照 GB 23200.8、GB 23200.113、NY/T 1379 规定的方法测定。

4.117 噁唑菌酮(famoxadone)

4.117.1 主要用途:杀菌剂。

4.117.2 ADI:0.006 mg/kg bw。

4.117.3 残留物:噁唑菌酮。

4.117.4 最大残留限量:应符合表 117 的规定。

表 117

食品类别/名称	最大残留限量,mg/kg
谷物	
小麦	0.1
大麦	0.2
蔬菜	
大白菜	2
番茄	2
辣椒	3
黄瓜	1
西葫芦	0.2
马铃薯	0.5
水果	
柑	1
橘	1
橙	1
柠檬	1
柚	1
苹果	0.2
梨	0.2
葡萄	5
香蕉	0.5
西瓜	0.2
干制水果	
葡萄干	5
哺乳动物肉类(海洋哺乳动物除外)	0.5*
哺乳动物内脏(海洋哺乳动物除外)	0.5*
禽肉类	0.01*
禽类内脏	0.01*
蛋类	0.01*
生乳	0.03*
* 该限量为临时限量。	

4.117.5 检测方法:谷物参照 GB/T 20769 规定的方法检测;蔬菜、水果按照 GB/T 20769 规定的方法检测;干制水果参照 GB/T 20769 规定的方法检测。

4.118 噁唑酰草胺(metamifop)

4.118.1 主要用途:除草剂。

4.118.2 ADI:0.017 mg/kg bw。

4.118.3 残留物:噁唑酰草胺。

4.118.4 最大残留限量:应符合表 118 的规定。

表 118

食品类别/名称	最大残留限量,mg/kg
谷物	
稻谷	0.05*
糙米	0.05*
* 该限量为临时限量。	

4.119 二苯胺(diphenylamine)

4.119.1 主要用途:杀菌剂。

4.119.2 ADI:0.08 mg/kg bw。

4.119.3 残留物:二苯胺。

4.119.4 最大残留限量:应符合表119的规定。

表 119

食品类别/名称	最大残留限量,mg/kg
水果	
苹果	5
梨	5
哺乳动物肉类(海洋哺乳动物除外)	
牛肉	0.01
哺乳动物内脏(海洋哺乳动物除外)	
牛肝	0.05
牛肾	0.01
生乳	0.01

4.119.5 检测方法:水果按照 GB 23200.8、GB 23200.113 规定的方法测定;动物源性食品参照 GB/T 19650 规定的方法测定。

4.120 二甲戊灵(pendimethalin)

4.120.1 主要用途:除草剂。

4.120.2 ADI:0.1 mg/kg bw。

4.120.3 残留物:二甲戊灵。

4.120.4 最大残留限量:应符合表120的规定。

表 120

食品类别/名称	最大残留限量,mg/kg
谷物	
稻谷	0.2
糙米	0.1
玉米	0.1
油料和油脂	
棉籽	0.1
花生仁	0.1
蔬菜	
大蒜	0.1
韭菜	0.2
结球甘蓝	0.2
普通白菜	0.2
叶用莴苣	0.1
菠菜	0.2
芹菜	0.2
大白菜	0.2
马铃薯	0.3

4.120.5 检测方法:谷物按照 GB 23200.9、GB 23200.24、GB 23200.113 规定的方法测定;油料和油脂按照 GB 23200.113 规定的方法测定;蔬菜按照 GB 23200.8、GB 23200.113、NY/T 1379 规定的方法测定。

4.121 二氯吡啶酸(clopyralid)

4.121.1 主要用途:除草剂。

4.121.2 ADI:0.15 mg/kg bw。

4.121.3 残留物:二氯吡啶酸。

4.121.4 最大残留限量:应符合表 121 的规定。

表 121

食品类别/名称	最大残留限量,mg/kg
谷物	
小麦	2
玉米	1
油料和油脂	
油菜籽	2
糖料	
甜菜	2

4.121.5 检测方法:谷物、油料和油脂按照 GB 23200.109 规定的方法测定;糖料参照 GB 23200.109、NY/T 1434 规定的方法测定。

4.122 二氯喹啉酸(quinclorac)

4.122.1 主要用途:除草剂。

4.122.2 ADI:0.4 mg/kg bw。

4.122.3 残留物:二氯喹啉酸。

4.122.4 最大残留限量:应符合表 122 的规定。

表 122

食品类别/名称	最大残留限量,mg/kg
谷物	
糙米	1
高粱	0.1

4.122.5 检测方法:谷物按照 GB 23200.43 规定的方法测定。

4.123 二嗪磷(diazinon)

4.123.1 主要用途:杀虫剂。

4.123.2 ADI:0.005 mg/kg bw。

4.123.3 残留物:二嗪磷。

4.123.4 最大残留限量:应符合表 123 的规定。

表 123

食品类别/名称	最大残留限量,mg/kg
谷物	
稻谷	0.1
小麦	0.1
玉米	0.02
油料和油脂	
棉籽	0.2
花生仁	0.5
蔬菜	
洋葱	0.05
葱	1
结球甘蓝	0.5
球茎甘蓝	0.2
羽衣甘蓝	0.05

表 123（续）

食品类别/名称	最大残留限量，mg/kg
蔬菜	
花椰菜	1
青花菜	0.5
菠菜	0.5
普通白菜	0.2
叶用莴苣	0.5
结球莴苣	0.5
大白菜	0.05
番茄	0.5
甜椒	0.05
黄瓜	0.1
西葫芦	0.05
菜豆	0.2
食荚豌豆	0.2
萝卜	0.1
胡萝卜	0.5
马铃薯	0.01
玉米笋	0.02
水果	
仁果类水果	0.3
桃	0.2
樱桃	1
李子	1
哈密瓜	0.2
加仑子(黑、红、白)	0.2
黑莓	0.1
醋栗(红、黑)	0.2
越橘	0.2
波森莓	0.1
猕猴桃	0.2
草莓	0.1
菠萝	0.1
干制水果	
李子干	2
坚果	
杏仁	0.05
核桃	0.01
糖料	
甘蔗	0.1
甜菜	0.1
饮料类	
啤酒花	0.5
调味料	
干辣椒	0.5
果类调味料	0.1
种子类调味料	5
根茎类调味料	0.5
哺乳动物肉类（海洋哺乳动物除外）	
猪肉	2*
牛肉	2*
羊肉	2*

表 123（续）

食品类别/名称	最大残留限量,mg/kg
哺乳动物内脏(海洋哺乳动物除外)	
猪肝	0.03*
牛肝	0.03*
羊肝	0.03*
猪肾	0.03*
牛肾	0.03*
羊肾	0.03*
禽肉类	
鸡肉	0.02*
禽类内脏	
鸡内脏	0.02*
蛋类	
鸡蛋	0.02*
生乳	0.02*
*　该限量为临时限量。	

4.123.5 检测方法:谷物按照 GB 23200.113、GB/T 5009.107 规定的方法测定,油料和油脂按照 GB 23200.113 规定的方法测定;蔬菜按照 GB 23200.8、GB 23200.113、GB/T 20769、GB/T 5009.107 规定的方法测定;水果、干制水果按照 GB 23200.113、GB/T 20769、GB/T 5009.107、NY/T 761 规定的方法测定;坚果参照 GB 23200.113、NY/T 761 规定的方法测定;糖料参照 GB 23200.8、GB 23200.113、NY/T 761 规定的方法测定;饮料类、调味料按照 GB 23200.113 规定的方法测定。

4.124 二氰蒽醌(dithianon)

4.124.1 主要用途:杀菌剂。

4.124.2 ADI:0.01 mg/kg bw。

4.124.3 残留物:二氰蒽醌。

4.124.4 最大残留限量:应符合表 124 的规定。

表 124

食品类别/名称	最大残留限量,mg/kg
蔬菜	
辣椒	2*
山药	1*
水果	
柑	3*
橘	3*
橙	3*
柚	3*
仁果类水果(苹果、梨除外)	1*
苹果	5*
梨	2*
桃	2*
油桃	2*
杏	2*
枣(鲜)	2*
李子	2*
樱桃	2*
青梅	2*
加仑子	2*

表 124（续）

食品类别/名称	最大残留限量,mg/kg
水果	
葡萄	2*
酿酒葡萄	5*
西瓜	1*
干制水果	
葡萄干	3.5*
坚果	
杏仁	0.05*
* 该限量为临时限量。	

4.125 粉唑醇（flutriafol）

4.125.1 主要用途:杀菌剂。

4.125.2 ADI:0.01 mg/kg bw。

4.125.3 残留物:粉唑醇。

4.125.4 最大残留限量:应符合表125的规定。

表 125

食品类别/名称	最大残留限量,mg/kg
谷物	
稻谷	1
糙米	0.5
小麦	0.5
油料和油脂	
大豆	0.4
花生仁	0.15
蔬菜	
甜椒	1
水果	
仁果类水果	0.3
葡萄	0.8
草莓	1
香蕉	0.3
干制水果	
葡萄干	2
饮料类	
咖啡豆	0.15
调味料	
干辣椒	10

4.125.5 检测方法:谷物按照 GB 23200.9、GB/T 20770 规定的方法测定;油料和油脂、饮料类、调味料参照 GB/T 20769 规定的方法测定;蔬菜、水果、干制水果按照 GB/T 20769 规定的方法测定。

4.126 砜嘧磺隆（rimsulfuron）

4.126.1 主要用途:除草剂。

4.126.2 ADI:0.1 mg/kg bw。

4.126.3 残留物:砜嘧磺隆。

4.126.4 最大残留限量:应符合表126的规定。

表 126

食品类别/名称	最大残留限量,mg/kg
谷物	
玉米	0.1
蔬菜	
马铃薯	0.1

4.126.5 检测方法:谷物按照 SN/T 2325 规定的方法测定;蔬菜参照 SN/T 2325 规定的方法测定。

4.127　呋草酮(flurtamone)

4.127.1 主要用途:除草剂。

4.127.2 ADI:0.03 mg/kg bw。

4.127.3 残留物:呋草酮。

4.127.4 最大残留限量:应符合表 127 的规定。

表 127

食品类别/名称	最大残留限量,mg/kg
谷物	
小麦	0.05

4.127.5 检测方法:谷物按照 GB/T 20770 规定的方法测定。

4.128　呋虫胺(dinotefuran)

4.128.1 主要用途:杀虫剂。

4.128.2 ADI:0.2 mg/kg bw。

4.128.3 残留物:植物源性食品为呋虫胺;动物源性食品为呋虫胺与 1-甲基-3-(四氢-3-呋喃甲基)脲之和,以呋虫胺表示。

4.128.4 最大残留限量:应符合表 128 的规定。

表 128

食品类别/名称	最大残留限量,mg/kg
谷物	
稻谷	10
糙米	5
油料和油脂	
棉籽	1
蔬菜	
洋葱	0.1
葱	4
芸薹属类蔬菜	2
叶菜类蔬菜(芹菜除外)	6
芹菜	0.6
茄果类蔬菜	0.5
黄瓜	2
豆瓣菜	7
水果	
桃	0.8
油桃	0.8
越橘	0.15
葡萄	0.9
西瓜	1

表 128（续）

食品类别/名称	最大残留限量，mg/kg
干制水果	
葡萄干	3
饮料类	
茶叶	20
调味料	
干辣椒	5
哺乳动物肉类（海洋哺乳动物除外）	0.1*
哺乳动物内脏（海洋哺乳动物除外）	0.1*
禽肉类	0.02*
禽类内脏	0.02*
蛋类	0.02*
生乳	0.1*
*　该限量为临时限量。	

4.128.5 检测方法：谷物按照 GB 23200.37、GB/T 20770 规定的方法测定；油料和油脂参照 GB 23200.37、GB/T 20770 规定的方法测定；蔬菜参照 GB 23200.37、GB/T 20769 规定的方法测定；水果、干制水果参照 GB 23200.37、GB/T 20769 规定的方法测定；茶叶参照 GB/T 20770 规定的方法测定；调味料参照 GB 23200.37 规定的方法测定。

4.129　呋喃虫酰肼(furan tebufenozide)

4.129.1　主要用途：杀虫剂。

4.129.2　ADI：0.29 mg/kg bw。

4.129.3　残留物：呋喃虫酰肼。

4.129.4　最大残留限量：应符合表 129 的规定。

表 129

食品类别/名称	最大残留限量，mg/kg
蔬菜	
结球甘蓝	0.05

4.129.5　检测方法：蔬菜按照 NY/T 2820 规定的方法测定。

4.130　伏杀硫磷(phosalone)

4.130.1　主要用途：杀虫剂。

4.130.2　ADI：0.02 mg/kg bw。

4.130.3　残留物：伏杀硫磷。

4.130.4　最大残留限量：应符合表 130 的规定。

表 130

食品类别/名称	最大残留限量，mg/kg
油料和油脂	
棉籽油	0.1
蔬菜	
菠菜	1
普通白菜	1
叶用莴苣	1
大白菜	1
水果	
仁果类水果	2
核果类水果	2

表 130（续）

食品类别/名称	最大残留限量,mg/kg
坚果	
杏仁	0.1
榛子	0.05
核桃	0.05
调味料	
果类调味料	2
种子类调味料	2
根茎类调味料	3

4.130.5 检测方法:油料和油脂、调味料按照 GB 23200.113 规定的方法测定;蔬菜、水果按照 GB 23200.8、GB 23200.113、NY/T 761 规定的方法测定;坚果参照 GB 23200.9、GB 23200.113、GB/T 20770 规定的方法测定。

4.131 氟胺磺隆(triflusulfuron-methyl)

4.131.1 主要用途:除草剂。

4.131.2 ADI:0.04 mg/kg bw。

4.131.3 残留物:氟胺磺隆。

4.131.4 最大残留限量:应符合表 131 的规定。

表 131

食品类别/名称	最大残留限量,mg/kg
糖料	
甜菜	0.02*
* 该限量为临时限量。	

4.132 氟胺氰菊酯(tau-fluvalinate)

4.132.1 主要用途:杀虫剂。

4.132.2 ADI:0.005 mg/kg bw。

4.132.3 残留物:氟胺氰菊酯。

4.132.4 最大残留限量:应符合表 132 的规定。

表 132

食品类别/名称	最大残留限量,mg/kg
油料和油脂	
棉籽油	0.2
蔬菜	
韭菜	0.5
结球甘蓝	0.5
花椰菜	0.5
菠菜	0.5
普通白菜	0.5
芹菜	0.5
大白菜	0.5

4.132.5 检测方法:油料和油脂按照 GB 23200.113 规定的方法测定;蔬菜按照 GB 23200.113、NY/T 761 规定的方法测定。

4.133 氟苯虫酰胺(flubendiamide)

4.133.1 主要用途:杀虫剂。

4.133.2 ADI:0.02 mg/kg bw。

4.133.3 残留物:氟苯虫酰胺。

4.133.4 最大残留限量:应符合表133的规定。

表 133

食品类别/名称	最大残留限量,mg/kg
谷物	
稻谷	0.5*
糙米	0.2*
玉米	0.02*
杂粮类	1*
油料和油脂	
棉籽	1.5*
蔬菜	
结球甘蓝	0.2*
叶用莴苣	7*
结球莴苣	5*
芹菜	5*
大白菜	10*
番茄	2*
辣椒	0.7*
豆类蔬菜	2*
玉米笋	0.02*
水果	
仁果类水果	0.8*
核果类水果	2*
葡萄	2*
坚果	0.1*
糖料	
甘蔗	0.2*
调味料	
干辣椒	7*
哺乳动物肉类(海洋哺乳动物除外),以脂肪中的残留量表示	2
哺乳动物内脏(海洋哺乳动物除外)	1
生乳	0.1
* 该限量为临时限量。	

4.133.5 检测方法:哺乳动物肉类(海洋哺乳动物除外)、哺乳动物内脏(海洋哺乳动物除外)、生乳按照GB 23200.76规定的方法测定。

4.134 氟苯脲(teflubenzuron)

4.134.1 主要用途:杀虫剂。

4.134.2 ADI:0.01 mg/kg bw。

4.134.3 残留物:氟苯脲。

4.134.4 最大残留限量:应符合表134的规定。

表 134

食品类别/名称	最大残留限量,mg/kg
蔬菜	
韭菜	0.5
结球甘蓝	0.5

95

表 134（续）

食品类别/名称	最大残留限量,mg/kg
蔬菜	
抱子甘蓝	0.5
菠菜	0.5
普通白菜	0.5
芹菜	0.5
大白菜	0.5
马铃薯	0.05
水果	
柑	0.5
橘	0.5
橙	0.5
仁果类水果	1
李子	0.1
干制水果	
李子干	0.1

4.134.5 检测方法:蔬菜、水果、干制水果按照 NY/T 1453 规定的方法测定。

4.135 氟吡磺隆(flucetosulfuron)

4.135.1 主要用途:除草剂。

4.135.2 ADI:0.041 mg/kg bw。

4.135.3 残留物:氟吡磺隆。

4.135.4 最大残留限量:应符合表 135 的规定。

表 135

食品类别/名称	最大残留限量,mg/kg
谷物	
糙米	0.05*
* 该限量为临时限量。	

4.136 氟吡甲禾灵和高效氟吡甲禾灵(haloxyfop-methyl and haloxyfop-P-methyl)

4.136.1 主要用途:除草剂。

4.136.2 ADI:0.000 7 mg/kg bw。

4.136.3 残留物:氟吡甲禾灵、氟吡禾灵及其共轭物之和,以氟吡甲禾灵表示。

4.136.4 最大残留限量:应符合表 136 的规定。

表 136

食品类别/名称	最大残留限量,mg/kg
谷物	
杂粮类(豌豆、鹰嘴豆除外)	3*
豌豆	0.2*
鹰嘴豆	0.05*
油料和油脂	
油菜籽	3*
棉籽	0.2*
大豆	0.1*
花生仁	0.1*
葵花籽	0.05*
植物油	1*

表 136（续）

食品类别/名称	最大残留限量,mg/kg
蔬菜	
洋葱	0.2*
结球甘蓝	0.2*
豆类蔬菜[食荚豌豆、豌豆(鲜)、菜豆和菜用大豆除外]	0.5*
食荚豌豆	0.7*
豌豆(鲜)	1*
马铃薯	0.1*
水果	
柑橘类水果	0.02*
仁果类水果	0.02*
核果类水果	0.02*
葡萄	0.02*
香蕉	0.02*
西瓜	0.1*
糖料	
甜菜	0.4*
饮料类	
咖啡豆	0.02*
* 该限量为临时限量。	

4.137 氟吡菌胺(fluopicolide)

4.137.1 主要用途:杀菌剂。

4.137.2 ADI:0.08 mg/kg bw。

4.137.3 残留物:氟吡菌胺。

4.137.4 最大残留限量:应符合表 137 的规定。

表 137

食品类别/名称	最大残留限量,mg/kg
蔬菜	
洋葱	1*
结球甘蓝	7*
抱子甘蓝	0.2*
头状花序芸薹属类蔬菜	2*
叶菜类蔬菜(芹菜、大白菜除外)	30*
芹菜	20*
大白菜	0.5*
茄果类蔬菜(番茄、辣椒除外)	0.5*
番茄	2*
辣椒	0.1*
瓜类蔬菜(黄瓜除外)	1*
黄瓜	0.5*
马铃薯	0.05*
水果	
葡萄	2*
西瓜	0.1*
干制水果	
葡萄干	10*
调味料	
干辣椒	7*

表137（续）

食品类别/名称	最大残留限量,mg/kg
哺乳动物肉类(海洋哺乳动物除外),以脂肪中的残留量表示	0.01*
哺乳动物内脏(海洋哺乳动物除外)	0.01*
禽肉类	0.01*
禽类内脏	0.01*
蛋类	0.01*
生乳	0.02*
* 该限量为临时限量。	

4.138 氟吡菌酰胺(fluopyram)

4.138.1 主要用途:杀菌剂。

4.138.2 ADI:0.01 mg/kg bw。

4.138.3 残留物:氟吡菌酰胺。

4.138.4 最大残留限量:应符合表138的规定。

表 138

食品类别/名称	最大残留限量,mg/kg
谷物	
杂粮类	0.07*
油料和油脂	
油菜籽	1*
棉籽	0.01*
大豆	0.05*
花生仁	0.03*
蔬菜	
大蒜	0.07*
洋葱	0.07*
韭葱	0.15*
结球甘蓝	0.15*
抱子甘蓝	0.3*
花椰菜	0.09*
青花菜	0.3*
番茄	1*
辣椒	2*
黄瓜	0.5*
荚可食类豆类蔬菜(食荚豌豆除外)	1*
食荚豌豆	0.2*
荚不可食类豆类蔬菜	0.2*
芦笋	0.01*
胡萝卜	0.4*
马铃薯	0.03*
水果	
仁果类水果	0.5*
桃	1*
油桃	1*
杏	1*
李子	0.5*
樱桃	0.7*
黑莓	3*
覆盆子	3*

表 138（续）

食品类别/名称	最大残留限量，mg/kg
水果	
葡萄	2*
草莓	0.4*
香蕉	0.3*
干制水果	
葡萄干	5*
坚果	0.04*
糖料	
甜菜	0.04*
* 该限量为临时限量。	

4.139 氟虫腈（fipronil）

4.139.1 主要用途：杀虫剂。

4.139.2 ADI：0.000 2 mg/kg bw。

4.139.3 残留物：氟虫腈、氟甲腈、氟虫腈砜、氟虫腈硫醚之和，以氟虫腈表示。

4.139.4 最大残留限量：应符合表 139 的规定。

表 139

食品类别/名称	最大残留限量，mg/kg
谷物	
糙米	0.02
小麦	0.002
大麦	0.002
燕麦	0.002
黑麦	0.002
小黑麦	0.002
玉米	0.1
鲜食玉米	0.1
油料和油脂	
花生仁	0.02
葵花籽	0.002
蔬菜	
鳞茎类蔬菜	0.02
芸薹属类蔬菜	0.02
叶菜类蔬菜	0.02
茄果类蔬菜	0.02
瓜类蔬菜	0.02
豆类蔬菜	0.02
茎类蔬菜	0.02
根茎类和薯芋类蔬菜	0.02
水生类蔬菜	0.02
芽菜类蔬菜	0.02
其他类蔬菜	0.02
水果	
柑橘类水果	0.02
仁果类水果	0.02
核果类水果	0.02
浆果和其他小型水果	0.02
热带和亚热带水果（香蕉除外）	0.02
香蕉	0.005
瓜果类水果	0.02

表 139（续）

食品类别/名称	最大残留限量,mg/kg
糖料	
甘蔗	0.02
甜菜	0.02
食用菌	
蘑菇	0.02
哺乳动物内脏(海洋哺乳动物除外)	
牛肝	0.1*
牛肾	0.02*
禽肉类	0.01*
禽类内脏	0.02*
蛋类	0.02
生乳	
牛奶	0.02*
* 该限量为临时限量。	

4.139.5 检测方法:谷物按照GB 23200.34规定的方法测定;油料和油脂参照SN/T 1982规定的方法测定;蔬菜按照SN/T 1982规定的方法测定;水果参照GB 23200.34、NY/T 1379规定的方法测定;糖料、食用菌参照NY/T 1379规定的方法测定;蛋类按照GB 23200.115规定的方法测定。

4.140 氟虫脲(flufenoxuron)

4.140.1 主要用途:杀虫剂。

4.140.2 ADI:0.04 mg/kg bw。

4.140.3 残留物:氟虫脲。

4.140.4 最大残留限量:应符合表140的规定。

表 140

食品类别/名称	最大残留限量,mg/kg
水果	
柑	0.5
橘	0.5
橙	0.5
柠檬	0.5
柚	0.5
苹果	1
梨	1
饮料类	
茶叶	20

4.140.5 检测方法:水果按照GB/T 20769规定的方法测定;茶叶按照GB/T 23204规定的方法测定。

4.141 氟啶胺(fluazinam)

4.141.1 主要用途:杀菌剂。

4.141.2 ADI:0.01 mg/kg bw。

4.141.3 残留物:氟啶胺。

4.141.4 最大残留限量:应符合表141的规定。

表 141

食品类别/名称	最大残留限量,mg/kg
蔬菜	
大白菜	0.2
辣椒	3
黄瓜	0.3
马铃薯	0.5
水果	
苹果	2

4.141.5 检测方法:蔬菜、水果参照 GB 23200.34 规定的方法测定。

4.142 氟啶虫胺腈(sulfoxaflor)

4.142.1 主要用途:杀虫剂。

4.142.2 ADI:0.05 mg/kg bw。

4.142.3 残留物:氟啶虫胺腈。

4.142.4 最大残留限量:应符合表 142 的规定。

表 142

食品类别/名称	最大残留限量,mg/kg
谷物	
稻谷	5*
糙米	2*
小麦	0.2*
大麦	0.6*
小黑麦	0.2*
杂粮类	0.3*
油料和油脂	
油菜籽	0.15*
棉籽	0.4*
大豆	0.3*
蔬菜	
大蒜	0.01*
洋葱	0.01*
葱	0.7*
结球甘蓝	0.4*
花椰菜	0.04*
青花菜	3*
叶菜类蔬菜(芹菜除外)	6*
芹菜	1.5*
茄果类蔬菜	1.5*
瓜类蔬菜	0.5*
根茎类蔬菜(胡萝卜除外)	0.03*
胡萝卜	0.05*
水果	
柑	2*
橘	2*
橙	2*
柠檬	0.4*
柚	0.15*
仁果类水果(苹果除外)	0.3*
苹果	0.5*

101

表 142（续）

食品类别/名称	最大残留限量,mg/kg
水果	
桃	0.4*
油桃	0.4*
杏	0.4*
李子	0.5*
樱桃	1.5*
葡萄	2*
草莓	0.5*
瓜果类水果	0.5*
干制水果	
葡萄干	6*
调味料	
干辣椒	15*
哺乳动物肉类(海洋哺乳动物除外)	0.3*
哺乳动物内脏(海洋哺乳动物除外)	0.6*
哺乳动物脂肪(乳脂肪除外)	0.1*
禽肉类	0.1*
禽类内脏	0.3*
禽类脂肪	0.03*
蛋类	0.1*
生乳	0.2*
*　该限量为临时限量。	

4.143　氟啶虫酰胺(flonicamid)

4.143.1　主要用途:杀虫剂。

4.143.2　ADI:0.07 mg/kg bw。

4.143.3　残留物:氟啶虫酰胺。

4.143.4　最大残留限量:应符合表 143 的规定。

表 143

食品类别/名称	最大残留限量,mg/kg
谷物	
稻谷	0.5
糙米	0.1
玉米	0.7
蔬菜	
黄瓜	1*
马铃薯	0.2*
水果	
苹果	1
*　该限量为临时限量。	

4.143.5　检测方法:谷物、水果按照 GB 23200.75 规定的方法测定。

4.144　氟啶脲(chlorfluazuron)

4.144.1　主要用途:杀虫剂。

4.144.2　ADI:0.005 mg/kg bw。

4.144.3　残留物:氟啶脲。

4.144.4　最大残留限量:应符合表 144 的规定。

表 144

食品类别/名称	最大残留限量,mg/kg
油料和油脂	
棉籽	0.1
蔬菜	
韭菜	1
结球甘蓝	2
花椰菜	2
青花菜	7
芥蓝	7
菜薹	5
菠菜	10
普通白菜	7
茎用莴苣叶	20
球茎茴香	0.1
大白菜	2
茎用莴苣	1
萝卜	0.1
胡萝卜	0.1
芜菁	0.1
根芹菜	0.1
芋	0.1
水果	
柑	0.5
橘	0.5
橙	0.5
糖料	
甜菜	0.1

4.144.5 检测方法:油料和油脂参照 GB 23200.8 规定的方法测定;蔬菜、糖料按照 GB 23200.8、GB/T 20769、SN/T 2095 规定的方法测定;水果按照 GB 23200.8、SN/T 2095 规定的方法测定。

4.145 氟硅唑(flusilazole)

4.145.1 主要用途:杀菌剂。

4.145.2 ADI:0.007 mg/kg bw。

4.145.3 残留物:氟硅唑。

4.145.4 最大残留限量:应符合表 145 的规定。

表 145

食品类别/名称	最大残留限量,mg/kg
谷物	
稻谷	0.2
麦类	0.2
旱粮类	0.2
油料和油脂	
油菜籽	0.1
大豆	0.05
葵花籽	0.1
大豆油	0.1
蔬菜	
番茄	0.2
黄瓜	1

表 145（续）

食品类别/名称	最大残留限量，mg/kg
蔬菜	
刀豆	0.2
玉米笋	0.01
水果	
柑	2
橘	2
橙	2
仁果类水果（苹果、梨除外）	0.3
苹果	0.2
梨	0.2
桃	0.2
油桃	0.2
杏	0.2
葡萄	0.5
香蕉	1
干制水果	
葡萄干	0.3
糖料	
甜菜	0.05
哺乳动物肉类（海洋哺乳动物除外），以脂肪中的残留量表示	1
哺乳动物内脏（海洋哺乳动物除外）	2
禽肉类	0.2
禽类内脏	0.2
蛋类	0.1
生乳	0.05

4.145.5 检测方法：谷物按照 GB 23200.9、GB/T 20770 规定的方法测定；油料和油脂参照 GB 23200.9、GB/T 20770 规定的方法测定；蔬菜、水果、干制水果按照 GB 23200.8、GB 23200.53、GB/T 20769 规定的方法测定；糖料参照 GB 23200.8、GB 23200.53、GB/T 20769 规定的方法测定；哺乳动物肉类（海洋哺乳动物除外）、哺乳动物内脏（海洋哺乳动物除外）、禽肉类、禽类内脏、蛋类参照 GB/T 20772；生乳参照 GB/T 20771 规定的方法测定。

4.146 氟环唑（epoxiconazole）

4.146.1 主要用途：杀菌剂。

4.146.2 ADI：0.02 mg/kg bw。

4.146.3 残留物：氟环唑。

4.146.4 最大残留限量：应符合表 146 的规定。

表 146

食品类别/名称	最大残留限量，mg/kg
谷物	
糙米	0.5
小麦	0.05
玉米	0.1
油料和油脂	
大豆	0.3
花生仁	0.05
蔬菜	
菜用大豆	2
水果	
苹果	0.5
葡萄	0.5
香蕉	3

4.146.5 检测方法:谷物按照 GB 23200.113、GB/T 20770 规定的方法测定;油料和油脂按照 GB 23200.113 规定的方法测定;蔬菜、水果按照 GB 23200.8、GB 23200.113、GB/T 20769 规定的方法测定。

4.147 氟磺胺草醚(fomesafen)

4.147.1 主要用途:除草剂。

4.147.2 ADI:0.002 5 mg/kg bw。

4.147.3 残留物:氟磺胺草醚。

4.147.4 最大残留限量:应符合表 147 的规定。

表 147

食品类别/名称	最大残留限量,mg/kg
谷物	
绿豆	0.05
油料和油脂	
大豆	0.1
花生仁	0.2

4.147.5 检测方法:谷物、油料和油脂按照 GB/T 5009.130 规定的方法测定。

4.148 氟节胺(flumetralin)

4.148.1 主要用途:植物生长调节剂。

4.148.2 ADI:0.5 mg/kg bw。

4.148.3 残留物:氟节胺。

4.148.4 最大残留限量:应符合表 148 的规定。

表 148

食品类别/名称	最大残留限量,mg/kg
油料和油脂	
棉籽	1

4.148.5 检测方法:油料和油脂参照 GB 23200.8 规定的方法测定。

4.149 氟菌唑(triflumizole)

4.149.1 主要用途:杀菌剂。

4.149.2 ADI:0.04 mg/kg bw。

4.149.3 残留物:氟菌唑及其代谢物[4-氯-α,α,α-三氟- N-(1-氨基-2-丙氧基亚乙基)-o-甲苯胺]之和,以氟菌唑表示。

4.149.4 最大残留限量:应符合表 149 的规定。

表 149

食品类别/名称	最大残留限量,mg/kg
蔬菜	
黄瓜	0.2*
水果	
梨	0.5*
樱桃	4*
葡萄	3*
草莓	2*
番木瓜	2*
西瓜	0.2*
饮料类	
啤酒花	30*
* 该限量为临时限量。	

4.150 氟乐灵(trifluralin)

4.150.1 主要用途:除草剂。

4.150.2 ADI:0.025 mg/kg bw。

4.150.3 残留物:氟乐灵。

4.150.4 最大残留限量:应符合表 150 的规定。

表 150

食品类别/名称	最大残留限量,mg/kg
谷物	
玉米	0.05
油料和油脂	
棉籽	0.05
大豆	0.05
花生仁	0.05
大豆油	0.05
花生油	0.05
蔬菜	
辣椒	0.05

4.150.5 检测方法:谷物按照 GB 23200.9 的方法测定;油料和油脂按照 GB/T 5009.172 规定的方法测定;蔬菜按照 GB 23200.8 规定的方法测定。

4.151 氟铃脲(hexaflumuron)

4.151.1 主要用途:杀虫剂。

4.151.2 ADI:0.02 mg/kg bw。

4.151.3 残留物:氟铃脲。

4.151.4 最大残留限量值:应符合表 151 的规定。

表 151

食品类别/名称	最大残留限量,mg/kg
油料和油脂	
棉籽	0.1
蔬菜	
结球甘蓝	0.5

4.151.5 检测方法:油料和油脂参照 GB 23200.8、NY/T 1720 规定的方法测定;蔬菜按照 GB/T 20769、NY/T 1720、SN/T 2152 规定的方法测定。

4.152 氟氯氰菊酯和高效氟氯氰菊酯(cyfluthrin and beta-cyfluthrin)

4.152.1 主要用途:杀虫剂。

4.152.2 ADI:0.04 mg/kg bw。

4.152.3 残留物:氟氯氰菊酯(异构体之和)。

4.152.4 最大残留限量:应符合表 152 的规定。

表 152

食品类别/名称	最大残留限量,mg/kg
谷物	
小麦	0.5
油料和油脂	
油菜籽	0.07

表 152（续）

食品类别/名称	最大残留限量,mg/kg
油料和油脂	
棉籽	0.05
大豆	0.03
棉籽毛油	1
蔬菜	
韭菜	0.5
结球甘蓝	0.5
花椰菜	0.1
青花菜	2
芥蓝	3
菠菜	0.5
普通白菜	0.5
芹菜	0.5
大白菜	0.5
番茄	0.2
茄子	0.2
辣椒	0.2
节瓜	0.5
马铃薯	0.01
水果	
柑橘类水果	0.3
苹果	0.5
梨	0.1
枣（鲜）	0.3
干制水果	
柑橘脯	2
饮料类	
茶叶	1
食用菌	
蘑菇类（鲜）	0.3
调味料	
干辣椒	1
果类调味料	0.03
根茎类调味料	0.05
哺乳动物肉类（海洋哺乳动物除外）,以脂肪中的残留量表示	0.2*
哺乳动物内脏（海洋哺乳动物除外）	0.02*
禽肉类	0.01*
禽类内脏	0.01*
蛋类	0.01*
生乳	0.01*
* 该限量为临时限量。	

4.152.5 检测方法:谷物按照 GB 23200.113 规定的方法进行测定;油料和油脂按照 GB 23200.113 规定的方法进行测定;蔬菜、水果、干制水果、食用菌按照 GB 23200.8、GB 23200.113、GB/T 5009.146、NY/T 761 规定的方法测定;茶叶按照 GB 23200.113、GB/T 23204 规定的方法测定;调味料按照 GB 23200.113 规定的方法测定。

4.153 氟吗啉(flumorph)

4.153.1 主要用途:杀菌剂。

4.153.2 ADI:0.16 mg/kg bw。

4.153.3 残留物:氟吗啉。

4.153.4 最大残留限量:应符合表 153 的规定。

表 153

食品类别/名称	最大残留限量,mg/kg
蔬菜	
番茄	10*
黄瓜	2*
马铃薯	0.5*
水果	
葡萄	5*
荔枝	0.1*
* 该限量为临时限量。	

4.154 氟氰戊菊酯(flucythrinate)

4.154.1 主要用途:杀虫剂。

4.154.2 ADI:0.02 mg/kg bw。

4.154.3 残留物:氟氰戊菊酯。

4.154.4 最大残留限量:应符合表 154 的规定。

表 154

食品类别/名称	最大残留限量,mg/kg
谷物	
鲜食玉米	0.2
绿豆	0.05
赤豆	0.05
油料和油脂	
大豆	0.05
棉籽油	0.2
蔬菜	
结球甘蓝	0.5
花椰菜	0.5
番茄	0.2
茄子	0.2
辣椒	0.2
萝卜	0.05
胡萝卜	0.05
山药	0.05
马铃薯	0.05
水果	
苹果	0.5
梨	0.5
糖料	
甜菜	0.05
饮料类	
茶叶	20
食用菌	
蘑菇类(鲜)	0.2

4.154.5 检测方法:谷物按照 GB 23200.9、GB 23200.113 规定的方法测定;油料和油脂按照 GB 23200.113 规定的方法测定;蔬菜、水果、食用菌按照 GB 23200.113、NY/T 761 规定的方法测定;糖类参照 GB 23200.9、GB 23200.113 规定的方法测定;茶叶按照 GB/T 23200.113、GB/T 23204 规定的方法测定。

4.155 氟噻草胺(flufenacet)

4.155.1 主要用途:除草剂。

4.155.2 ADI:0.005 mg/kg bw。

4.155.3 残留物:氟噻草胺和其代谢物 N-氟苯基-N-异丙基之和,以氟噻草胺表示。

4.155.4 最大残留限量:应符合表155的规定。

表 155

食品类别/名称	最大残留限量,mg/kg
谷物	
小麦	0.5*
* 该限量为临时限量。	

4.156 氟烯草酸(flumiclorac)

4.156.1 主要用途:除草剂。

4.156.2 ADI:1 mg/kg bw。

4.156.3 残留物:氟烯草酸。

4.156.4 最大残留限量:应符合表156的规定。

表 156

食品类别/名称	最大残留限量,mg/kg
油料和油脂	
棉籽	0.05

4.156.5 检测方法:油料和油脂参照 GB 23200.62 规定的方法测定。

4.157 氟酰胺(flutolanil)

4.157.1 主要用途:杀菌剂。

4.157.2 ADI:0.09 mg/kg bw。

4.157.3 残留物:氟酰胺。

4.157.4 最大残留限量:应符合表157的规定。

表 157

食品类别/名称	最大残留限量,mg/kg
谷物	
大米	1
糙米	2
油料和油脂	
花生仁	0.5
蔬菜	
叶芥菜	0.07

4.157.5 检测方法:谷物按照 GB 23200.9、GB 23200.113 规定的方法测定;油料和油脂按照 GB 23200.113 规定的方法测定;蔬菜按照 GB 23200.8、GB 23200.113 规定的方法测定。

4.158 氟酰脲(novaluron)

4.158.1 主要用途:杀虫剂。

4.158.2 ADI:0.01 mg/kg bw。

4.158.3 残留物:氟酰脲。

4.158.4 最大残留限量:应符合表158的规定。

表 158

食品类别/名称	最大残留限量,mg/kg
谷物	
杂粮类	0.1
油料和油脂	
棉籽	0.5
蔬菜	
芸薹属类蔬菜	0.7
叶芥菜	25
茄果类蔬菜(番茄除外)	0.7
番茄	0.02
菜豆	0.7
菜用大豆	0.01
马铃薯	0.01
水果	
仁果类水果	3
核果类水果	7
蓝莓	7
草莓	0.5
干制水果	
李子干	3
糖料	
甘蔗	0.5
甜菜	15
哺乳动物肉类(海洋哺乳动物除外),以脂肪中的残留量表示	10
哺乳动物内脏(海洋哺乳动物除外)	0.7
禽肉类,以脂肪中的残留量表示	0.5
禽类内脏	0.1
蛋类	0.1
生乳	0.4

4.158.5 检测方法:谷物、油料和油脂、蔬菜、水果、干制水果、糖料参照 GB 23200.34 规定的方法测定;哺乳动物肉类(海洋哺乳动物除外)、哺乳动物内脏(海洋哺乳动物除外)、禽肉类、禽类内脏、蛋类、生乳按照 SN/T 2540 规定的方法测定。

4.159　氟唑环菌胺(sedaxane)

4.159.1　主要用途:杀菌剂。

4.159.2　ADI:0.1 mg/kg bw。

4.159.3　残留物:氟唑环菌胺

4.159.4　最大残留限量:应符合表 159 的规定。

表 159

食品类别/名称	最大残留限量,mg/kg
谷物	
稻谷	0.01*
小麦	0.01*
大麦	0.01*
燕麦	0.01*
黑麦	0.01*
小黑麦	0.01*
旱粮类	0.01*

表 159（续）

食品类别/名称	最大残留限量,mg/kg
油料和油脂	
大豆	0.01*
油菜籽	0.01*
蔬菜	
马铃薯	0.02*
玉米笋	0.01*
*　该限量为临时限量。	

4.160　氟唑磺隆(flucarbazone-sodium)

4.160.1　主要用途:除草剂。

4.160.2　ADI:0.36 mg/kg bw。

4.160.3　残留物:氟唑磺隆。

4.160.4　最大残留限量:应符合表 160 的规定。

表 160

食品类别/名称	最大残留限量,mg/kg
谷物	
小麦	0.01*
*　该限量为临时限量。	

4.161　氟唑菌酰胺(fluxapyroxad)

4.161.1　主要用途:杀菌剂。

4.161.2　ADI:0.02 mg/kg bw。

4.161.3　残留物:氟唑菌酰胺。

4.161.4　最大残留限量:应符合表 161 的规定。

表 161

食品类别/名称	最大残留限量,mg/kg
谷物	
稻谷	5*
糙米	1*
小麦	0.3*
大麦	2*
燕麦	2*
黑麦	0.3*
小黑麦	0.3*
玉米	0.01*
杂粮类(豌豆、小扁豆、鹰嘴豆除外)	0.3*
豌豆	0.4*
小扁豆	0.4*
鹰嘴豆	0.4*
油料和油脂	
油籽类(棉籽、大豆、花生仁除外)	0.8*
棉籽	0.01*
大豆	0.15*
花生仁	0.01*

表 161（续）

食品类别/名称	最大残留限量，mg/kg
蔬菜	
茄果类蔬菜（辣椒、番茄除外）	0.6*
黄瓜	0.3*
菜用大豆	0.5*
玉米笋	0.15*
水果	
仁果类水果	0.9*
核果类水果	2*
香蕉	0.5*
干制水果	
李子干	5*
糖料	
甜菜	0.15*
调味料	
干辣椒	6*
* 该限量为临时限量。	

4.162 福美双（thiram）

4.162.1 主要用途：杀菌剂。

4.162.2 ADI：0.01 mg/kg bw。

4.162.3 残留物：二硫代氨基甲酸盐（或酯），以二硫化碳表示。

4.162.4 最大残留限量：应符合表 162 的规定。

表 162

食品类别/名称	最大残留限量，mg/kg
谷物	
稻谷	2
糙米	1
小麦	1
大麦	1
燕麦	1
黑麦	1
小黑麦	1
玉米	0.1
绿豆	0.2
油料和油脂	
棉籽	0.1
大豆	0.3
葵花籽	0.2
蔬菜	
大蒜	0.5
洋葱	0.5
葱	0.5
韭葱	0.5
番茄	5
甜椒	2
黄瓜	5
西葫芦	3
南瓜	0.2

表 162（续）

食品类别/名称	最大残留限量，mg/kg
蔬菜	
笋瓜	0.1
芦笋	2
胡萝卜	5
马铃薯	0.5
玉米笋	0.1
水果	
橙	3
苹果	5
梨	5
山楂	5
枇杷	5
榅桲	5
樱桃	0.2
越橘	5
葡萄	5
草莓	5
杧果	2
香蕉	1
番木瓜	5
坚果	
杏仁	0.1
山核桃	0.1
食用菌	
蘑菇类（鲜）	5
调味料	
胡椒	0.1
豆蔻	0.1
孜然	10
小茴香籽	0.1
芫荽籽	0.1
药用植物	
人参	0.3

4.162.5 检测方法：谷物按照 SN 0139 规定的方法测定；油料和油脂参照 SN 0139 规定的方法测定；蔬菜参照 SN 0157、SN/T 0525、SN/T 1541 规定的方法测定；水果按照 SN 0157 规定的方法测定；坚果、调味料、药用植物参照 SN/T 1541 规定的方法测定；食用菌参照 SN 0157 规定的方法测定。

4.163 福美锌（ziram）

4.163.1 主要用途：杀菌剂。

4.163.2 ADI：0.003 mg/kg bw。

4.163.3 残留物：二硫代氨基甲酸盐（或酯），以二硫化碳表示。

4.163.4 最大残留限量：应符合表 163 的规定。

表 163

食品类别/名称	最大残留限量，mg/kg
油料和油脂	
棉籽	0.1
蔬菜	
番茄	5

表 163（续）

食品类别/名称	最大残留限量，mg/kg
蔬菜	
辣椒	10
黄瓜	5
水果	
橙	3
苹果	5
梨	5
山楂	5
枇杷	5
榅桲	5
樱桃	0.2
越橘	5
葡萄	5
草莓	5
杧果	2
香蕉	1
番木瓜	5
西瓜	1
调味料	
胡椒	0.1
豆蔻	0.1
孜然	10
小茴香籽	0.1
芫荽籽	0.1
药用植物	
人参	0.3

4.163.5　检测方法：油料和油脂、调味料、药用植物参照 SN/T 1541 规定的方法测定；蔬菜、水果参照 SN 0157、SN/T 1541 规定的方法测定。

4.164　腐霉利(procymidone)

4.164.1　主要用途：杀菌剂。

4.164.2　ADI：0.1 mg/kg bw。

4.164.3　残留物：腐霉利。

4.164.4　最大残留限量：应符合表 164 的规定。

表 164

食品类别/名称	最大残留限量，mg/kg
谷物	
鲜食玉米	5
油料和油脂	
油菜籽	2
植物油	0.5
蔬菜	
韭菜	0.2
番茄	2
茄子	5
辣椒	5
黄瓜	2
水果	
葡萄	5
草莓	10
食用菌	
蘑菇类(鲜)	5

4.164.5 检测方法:谷物按照 GB 23200.9、GB 23200.113 规定的方法测定;油料和油脂按照 GB 23200.113 规定的方法测定;蔬菜、水果、食用菌按照 GB 23200.8、GB 23200.113、NY/T 761 规定的方法测定。

4.165 复硝酚钠(sodium nitrophenolate)

4.165.1 主要用途:植物生长调节剂。

4.165.2 ADI:0.003 mg/kg bw。

4.165.3 残留物:5-硝基邻甲氧基苯酚钠、邻硝基苯酚钠和对硝基苯酚钠之和。

4.165.4 最大残留限量:应符合表 165 的规定。

表 165

食品类别/名称	最大残留限量/(mg/kg)
谷物	
小麦	0.2*
油料和油脂	
大豆	0.1*
蔬菜	
番茄	0.1*
马铃薯	0.1*
水果	
柑	0.1*
橘	0.1*
橙	0.1*
*　该限量为临时限量。	

4.166 咯菌腈(fludioxonil)

4.166.1 主要用途:杀菌剂。

4.166.2 ADI:0.4 mg/kg bw。

4.166.3 残留物:咯菌腈。

4.166.4 最大残留限量:应符合表 166 的规定。

表 166

食品类别/名称	最大残留限量,mg/kg
谷物	
稻谷	0.05
糙米	0.05
小麦	0.05
大麦	0.05
燕麦	0.05
黑麦	0.05
小黑麦	0.05
旱粮类	0.05
杂粮类	0.5
油料和油脂	
油菜籽	0.02
棉籽	0.05
大豆	0.05
花生仁	0.05
葵花籽	0.05
蔬菜	
洋葱	0.5

表 166（续）

食品类别/名称	最大残留限量,mg/kg
蔬菜	
结球甘蓝	2
青花菜	0.7
菠菜	30
叶用莴苣	40
结球莴苣	10
叶芥菜	10
萝卜叶	20
番茄	3
茄子	0.3
辣椒	1
黄瓜	0.5
西葫芦	0.5
菜豆	0.6
食荚豌豆	0.3
荚不可食类豆类蔬菜(菜用大豆除外)	0.03
菜用大豆	0.05
萝卜	0.3
马铃薯	0.05
甘薯	10
山药	10
豆瓣菜	10
玉米笋	0.01
水果	
柑橘类水果	10
仁果类水果	5
核果类水果	5
黑莓	5
蓝莓	2
醋栗	5
露莓	5
葡萄	2
猕猴桃	15
草莓	3
杧果	2
石榴	2
鳄梨	0.4
西瓜	0.05
坚果	
开心果	0.2
调味料	
罗勒	9
干辣椒	4

4.166.5 检测方法:谷物按照 GB 23200.9、GB 23200.113、GB/T 20770 规定的方法测定;油料和油脂按照 GB 23200.113 规定的方法测定;蔬菜、水果按照 GB 23200.8、GB 23200.113、GB/T 20769 规定的方法测定;坚果参照 GB 23200.113、GB/T 20769 规定的方法测定;调味料按照 GB 23200.113 规定的方法测定。

4.167 硅噻菌胺(silthiofam)

4.167.1 主要用途:杀菌剂。

4.167.2 ADI:0.064 mg/kg bw。

4.167.3 残留物:硅噻菌胺。

4.167.4 最大残留限量:应符合表 167 的规定。

表 167

食品类别/名称	最大残留限量,mg/kg
谷物	
小麦	0.01*
* 该限量为临时限量。	

4.168 禾草丹(thiobencarb)

4.168.1 主要用途:除草剂。

4.168.2 ADI:0.007 mg/kg bw。

4.168.3 残留物:禾草丹。

4.168.4 最大残留限量:应符合表 168 的规定。

表 168

食品类别/名称	最大残留限量,mg/kg
谷物	
糙米	0.2

4.168.5 检测方法:谷物按照 GB 23200.113 规定的方法测定。

4.169 禾草敌(molinate)

4.169.1 主要用途:除草剂。

4.169.2 ADI:0.001 mg/kg bw。

4.169.3 残留物:禾草敌。

4.169.4 最大残留限量:应符合表 169 的规定。

表 169

食品类别/名称	最大残留限量,mg/kg
谷物	
大米	0.1
糙米	0.1

4.169.5 检测方法:谷物按照 GB 23200.113、GB/T 5009.134 规定的方法测定。

4.170 禾草灵(diclofop-methyl)

4.170.1 主要用途:除草剂。

4.170.2 ADI:0.002 3 mg/kg bw。

4.170.3 残留物:禾草灵。

4.170.4 最大残留限量:应符合表 170 的规定。

表 170

食品类别/名称	最大残留限量,mg/kg
谷物	
小麦	0.1
糖料	
甜菜	0.1

4.170.5 检测方法:谷物按照 GB 23200.113 规定的方法测定;糖料参照 GB 23200.8、GB 23200.113 规

定的方法测定。

4.171　环丙嘧磺隆(cyclosulfamuron)

4.171.1　主要用途:除草剂。

4.171.2　ADI:0.015 mg/kg bw。

4.171.3　残留物:环丙嘧磺隆。

4.171.4　最大残留限量:应符合表 171 的规定。

表 171

食品类别/名称	最大残留限量,mg/kg
谷物	
糙米	0.1*
*　该限量为临时限量。	

4.171.5　检测方法:谷物按照 SN/T 2325 规定的方法测定。

4.172　环丙唑醇(cyproconazole)

4.172.1　主要用途:杀菌剂。

4.172.2　ADI:0.02 mg/kg bw。

4.172.3　残留物:环丙唑醇。

4.172.4　最大残留限量:应符合表 172 的规定。

表 172

食品类别/名称	最大残留限量,mg/kg
谷物	
稻谷	0.08
小麦	0.2
玉米	0.01
高粱	0.08
粟	0.08
杂粮类	0.02
油料和油脂	
油菜籽	0.4
大豆	0.07
大豆油	0.1
蔬菜	
食荚豌豆	0.01
糖料	
甜菜	0.05
饮料类	
咖啡豆	0.07

4.172.5　检测方法:谷物按照 GB 23200.9、GB 23200.113、GB/T 20770 规定的方法测定;油料和油脂按照 GB 23200.113 规定的方法测定;蔬菜按照 GB 23200.8、GB 23200.113 规定的方法测定;糖料参照 GB 23200.113、GB/T 20770 规定的方法测定;饮料类按照 GB 23200.113 规定的方法测定。

4.173　环嗪酮(hexazinone)

4.173.1　主要用途:除草剂。

4.173.2　ADI:0.05 mg/kg bw。

4.173.3　残留物:环嗪酮。

4.173.4　最大残留限量:应符合表 173 的规定。

表 173

食品类别/名称	最大残留限量, mg/kg
糖料	
甘蔗	0.5

4.173.5 检测方法:糖料按照 GB/T 20769 规定的方法测定。

4.174 环酰菌胺(fenhexamid)

4.174.1 主要用途:杀菌剂。

4.174.2 ADI:0.2 mg/kg bw。

4.174.3 残留物:环酰菌胺。

4.174.4 最大残留限量:应符合表 174 的规定。

表 174

食品类别/名称	最大残留限量, mg/kg
蔬菜	
叶用莴苣	30*
结球莴苣	30*
黄瓜	1*
腌制用小黄瓜	1*
番茄	2*
茄子	2*
辣椒	2*
西葫芦	1*
水果	
李子	1*
杏	10*
樱桃	7*
桃	10*
油桃	10*
越橘	5*
黑莓	15*
蓝莓	5*
加仑子(黑、红、白)	5*
悬钩子	5*
桑葚	5*
唐棣	5*
露莓(包括罗甘莓和波森莓)	15*
醋栗(红、黑)	15*
葡萄	15*
猕猴桃	15*
草莓	10*
干制水果	
李子干	1*
葡萄干	25*
坚果	
杏仁	0.02*
* 该限量为临时限量。	

4.175 环酯草醚(pyriftalid)

4.175.1 主要用途:除草剂。

4.175.2 ADI:0.005 6 mg/kg bw。

4.175.3 残留物:环酯草醚。

4.175.4 最大残留限量:应符合表175的规定。

表 175

食品类别/名称	最大残留限量,mg/kg
谷物	
稻谷	0.1
糙米	0.1

4.175.5 检测方法:谷物参照 GB 23200.9、GB/T 20770 规定的方法测定。

4.176 磺草酮(sulcotrione)

4.176.1 主要用途:除草剂。

4.176.2 ADI:0.000 4 mg/kg bw。

4.176.3 残留物:磺草酮。

4.176.4 最大残留限量:应符合表176的规定。

表 176

食品类别/名称	最大残留限量,mg/kg
谷物	
玉米	0.05*
* 该限量为临时限量。	

4.177 灰瘟素(blasticidin-S)

4.177.1 主要用途:杀菌剂。

4.177.2 ADI:0.01 mg/kg bw。

4.177.3 残留物:灰瘟素。

4.177.4 最大残留限量:应符合表177的规定。

表 177

食品类别/名称	最大残留限量,mg/kg
谷物	
糙米	0.1*
* 该限量为临时限量。	

4.178 己唑醇(hexaconazole)

4.178.1 主要用途:杀菌剂。

4.178.2 ADI:0.005 mg/kg bw。

4.178.3 残留物:己唑醇。

4.178.4 最大残留限量:应符合表178的规定。

表 178

食品类别/名称	最大残留限量,mg/kg
谷物	
糙米	0.1
小麦	0.1
蔬菜	
番茄	0.5
黄瓜	1

表 178（续）

食品类别/名称	最大残留限量,mg/kg
水果	
苹果	0.5
梨	0.5
葡萄	0.1
西瓜	0.05

4.178.5 检测方法:谷物按照 GB 23200.8、GB 23200.113、GB/T 20770 规定的方法测定;蔬菜、水果按照 GB 23200.8、GB 23200.113 规定的方法测定。

4.179 甲氨基阿维菌素苯甲酸盐(emamectin benzoate)

4.179.1 主要用途:杀虫剂。

4.179.2 ADI:0.000 5 mg/kg bw。

4.179.3 残留物:甲氨基阿维菌素 B1a。

4.179.4 最大残留限量:应符合表 179 的规定。

表 179

食品类别/名称	最大残留限量,mg/kg
谷物	
糙米	0.02
油料和油脂	
油菜籽	0.005
棉籽	0.02
大豆	0.05
蔬菜	
葱	0.1
结球甘蓝	0.1
花椰菜	0.05
青花菜	0.2
芥蓝	0.05
菜薹	0.05
菠菜	0.2
普通白菜	0.1
茎用莴苣叶	0.1
叶芥菜	0.2
萝卜叶	0.05
大白菜	0.05
茄果类蔬菜	0.02
瓜类蔬菜(黄瓜除外)	0.007
黄瓜	0.02
豆类蔬菜(菜用大豆除外)	0.015
菜用大豆	0.1
茎用莴苣	0.05
萝卜	0.02
胡萝卜	0.02
芋	0.02
茭白	0.1
水果	
柑	0.01
橘	0.01
橙	0.01

表 179（续）

食品类别/名称	最大残留限量，mg/kg
水果	
苹果	0.02
梨	0.02
山楂	0.02
枇杷	0.05
榲桲	0.02
桃	0.03
油桃	0.03
葡萄	0.03
饮料类	
茶叶	0.5
食用菌	
蘑菇类（鲜）	0.05
调味料	
干辣椒	0.2
哺乳动物肉类（海洋哺乳动物除外）	0.004*
哺乳动物内脏（海洋哺乳动物除外）	0.08*
哺乳动物脂肪（乳脂肪除外）	0.02*
生乳	0.002*
* 该限量为临时限量。	

4.179.5 检测方法：谷物、油料和油脂、茶叶、调味料参照 GB/T 20769 规定的方法测定；蔬菜、水果、食用菌按照 GB/T 20769 规定的方法测定。

4.180 甲胺磷（methamidophos）

4.180.1 主要用途：杀虫剂。

4.180.2 ADI：0.004 mg/kg bw。

4.180.3 残留物：甲胺磷。

4.180.4 最大残留限量：应符合表 180 的规定。

表 180

食品类别/名称	最大残留限量，mg/kg
谷物	
糙米	0.5
麦类	0.05
旱粮类	0.05
杂粮类	0.05
油料和油脂	
棉籽	0.1
蔬菜	
鳞茎类蔬菜	0.05
芸薹属类蔬菜	0.05
叶菜类蔬菜	0.05
茄果类蔬菜	0.05
瓜类蔬菜	0.05
豆类蔬菜	0.05
茎类蔬菜	0.05
根茎类和薯芋类蔬菜（萝卜除外）	0.05
萝卜	0.1
水生类蔬菜	0.05
芽菜类蔬菜	0.05
其他类蔬菜	0.05

表 180（续）

食品类别/名称	最大残留限量，mg/kg
水果	
柑橘类水果	0.05
仁果类水果	0.05
核果类水果	0.05
浆果和其他小型水果	0.05
热带和亚热带水果	0.05
瓜果类水果	0.05
糖料	
甜菜	0.02
饮料类	
茶叶	0.05
哺乳动物肉类（海洋哺乳动物除外）	0.01
哺乳动物内脏（海洋哺乳动物除外）	0.01
禽肉类	0.01
禽类内脏	0.01
蛋类	0.01
生乳	0.02

4.180.5 检测方法：谷物按照 GB 23200.113、GB/T 5009.103、GB/T 20770 规定的方法测定；油料和油脂按照 GB 23200.113、GB/T 5009.103 规定的方法测定；蔬菜、水果按照 GB 23200.113、GB/T 5009.103、NY/T 761 规定的方法测定；糖料参照 GB 23200.113、GB/T 20769 规定的方法测定；茶叶按照 GB 23200.113 规定的方法测定；动物源性食品参照 GB/T 20772 规定的方法测定。

4.181 甲拌磷(phorate)

4.181.1 主要用途：杀虫剂。

4.181.2 ADI：0.000 7 mg/kg bw。

4.181.3 残留物：甲拌磷及其氧类似物（亚砜、砜）之和，以甲拌磷表示。

4.181.4 最大残留限量：应符合表 181 的规定。

表 181

食品类别/名称	最大残留限量，mg/kg
谷物	
稻谷	0.05
糙米	0.05
小麦	0.02
大麦	0.02
燕麦	0.02
黑麦	0.02
小黑麦	0.02
旱粮类（玉米除外）	0.02
玉米	0.05
杂粮类	0.05
油料和油脂	
棉籽	0.05
大豆	0.05
花生仁	0.1
玉米毛油	0.1
花生油	0.05
玉米油	0.02

表 181（续）

食品类别/名称	最大残留限量,mg/kg
蔬菜	
鳞茎类蔬菜	0.01
芸薹属类蔬菜	0.01
叶菜类蔬菜	0.01
茄果类蔬菜	0.01
瓜类蔬菜	0.01
豆类蔬菜	0.01
茎类蔬菜	0.01
根茎类和薯芋类蔬菜	0.01
水生类蔬菜	0.01
芽菜类蔬菜	0.01
其他类蔬菜	0.01
水果	
柑橘类水果	0.01
仁果类水果	0.01
核果类水果	0.01
浆果和其他小型水果	0.01
热带和亚热带水果	0.01
瓜果类水果	0.01
糖料	
甘蔗	0.01
甜菜	0.05
饮料类	
茶叶	0.01
咖啡豆	0.05
调味料	
果类调味料	0.1
种子类调味料	0.5
根茎类调味料	0.1
哺乳动物肉类(海洋哺乳动物除外)	0.02
哺乳动物内脏(海洋哺乳动物除外)	0.02
禽肉类	0.05
蛋类	0.05
生乳	0.01

4.181.5 检测方法:谷物按照 GB 23200.113 规定的方法测定;油料和油脂按照 GB 23200.113 规定的方法测定;蔬菜、水果按照 GB 23200.113 规定的方法测定;糖料参照 GB 23200.113、GB/T 20769 规定的方法测定;饮料类(茶叶除外)、调味料按照 GB 23200.113 的方法测定;茶叶按照 GB 23200.113、GB/T 23204 规定的方法测定;哺乳动物肉类(海洋哺乳动物除外)、哺乳动物内脏(海洋哺乳动物除外)、禽肉类、蛋类参照 GB/T 23210 规定的方法测定;生乳按照 GB/T 23210 规定的方法测定。

4.182　甲苯氟磺胺(tolylfluanid)

4.182.1　主要用途:杀菌剂。

4.182.2　ADI:0.08 mg/kg bw。

4.182.3　残留物:甲苯氟磺胺。

4.182.4　最大残留限量:应符合表 182 的规定。

表 182

食品类别/名称	最大残留限量,mg/kg
蔬菜	
韭葱	2
结球莴苣	15
番茄	3
甜椒	2
黄瓜	1
水果	
仁果类水果	5
黑莓	5
加仑子(黑、红、白)	0.5
醋栗(红、黑)	5
葡萄	3
草莓	5
饮料类	
啤酒花	50
调味料	
干辣椒	20

4.182.5 检测方法:蔬菜、水果按照 GB 23200.8 规定的方法测定;饮料类、调味料参照 GB 23200.8 规定的方法测定。

4.183　甲草胺(alachlor)

4.183.1　主要用途:除草剂。

4.183.2　ADI:0.01 mg/kg bw。

4.183.3　残留物:甲草胺。

4.183.4　最大残留限量:应符合表 183 的规定。

表 183

食品类别/名称	最大残留限量,mg/kg
谷物	
糙米	0.05
玉米	0.2
油料和油脂	
棉籽	0.02
大豆	0.2
花生仁	0.05
蔬菜	
葱	0.05
姜	0.05

4.183.5　检测方法:谷物按照 GB 23200.9、GB 23200.113、GB/T 20770 规定的方法测定;油料和油脂按照 GB 23200.113 规定的方法测定;蔬菜按照 GB 23200.113、GB/T 20769 规定的方法测定。

4.184　甲磺草胺(sulfentrazone)

4.184.1　主要用途:除草剂。

4.184.2　ADI:0.14 mg/kg bw。

4.184.3　残留物:甲磺草胺。

4.184.4　最大残留限量:应符合表 184 的规定。

表 184

食品类别/名称	最大残留限量,mg/kg
糖料	
甘蔗	0.05*
* 该限量为临时限量。	

4.185 甲磺隆(metsulfuron-methyl)

4.185.1 主要用途:除草剂。

4.185.2 ADI:0.25 mg/kg bw。

4.185.3 残留物:甲磺隆。

4.185.4 最大残留限量:应符合表 185 的规定。

表 185

食品类别/名称	最大残留限量,mg/kg
谷物	
糙米	0.05
小麦	0.05

4.185.5 检测方法:谷物按照 SN/T 2325 规定的方法测定。

4.186 甲基碘磺隆钠盐(iodosulfuron-methyl-sodium)

4.186.1 主要用途:除草剂。

4.186.2 ADI:0.03 mg/kg bw。

4.186.3 残留物:甲基碘磺隆钠盐。

4.186.4 最大残留限量:应符合表 186 的规定。

表 186

食品类别/名称	最大残留限量,mg/kg
谷物	
小麦	0.02*
* 该限量为临时限量。	

4.187 甲基毒死蜱(chlorpyrifos-methyl)

4.187.1 主要用途:杀虫剂。

4.187.2 ADI:0.01 mg/kg bw。

4.187.3 残留物:甲基毒死蜱。

4.187.4 最大残留限量:应符合表 187 的规定。

表 187

食品类别/名称	最大残留限量,mg/kg
谷物	
稻谷	5*
麦类	5*
旱粮类	5*
杂粮类	5*
成品粮	5*
油料和油脂	
棉籽	0.02*
大豆	5*

表 187（续）

食品类别/名称	最大残留限量,mg/kg
蔬菜	
结球甘蓝	0.1*
薯类蔬菜	5*
哺乳动物肉类(海洋哺乳动物除外),以脂肪中的残留量表示	0.1
哺乳动物内脏(海洋哺乳动物除外)	0.01
禽肉类,以脂肪中残留量表示	0.01
禽类内脏	0.01
禽类脂肪	0.01
蛋类	0.01
生乳	0.01
* 　该限量为临时限量。	

4.187.5　检测方法:谷物按照 GB 23200.9、GB 23200.113 规定的方法测定;油料和油脂按照 GB 23200.113 规定的方法测定;蔬菜按照 GB 23200.8、GB 23200.113、GB/T 20769、NY/T 761 规定的方法测定;哺乳动物肉类(海洋哺乳动物除外)、禽肉类按照 GB/T 20772 规定的方法测定;哺乳动物肉类(海洋哺乳动物除外)、禽类内脏、蛋类参照 GB/T 20772 规定的方法测定;生乳按照 GB/T 23210 规定的方法测定。

4.188　甲基对硫磷(parathion-methyl)

4.188.1　主要用途:杀虫剂。

4.188.2　ADI:0.003 mg/kg bw。

4.188.3　残留物:甲基对硫磷。

4.188.4　最大残留限量:应符合表 188 的规定。

表 188

食品类别/名称	最大残留限量,mg/kg
谷物	
稻谷	0.2
麦类	0.02
旱粮类	0.02
杂粮类	0.02
油料和油脂	
棉籽油	0.02
蔬菜	
鳞茎类蔬菜	0.02
芸薹属类蔬菜	0.02
叶菜类蔬菜	0.02
茄果类蔬菜	0.02
瓜类蔬菜	0.02
豆类蔬菜	0.02
茎类蔬菜	0.02
根茎类和薯芋类蔬菜	0.02
水生类蔬菜	0.02
芽菜类蔬菜	0.02
其他类蔬菜	0.02
水果	
柑橘类水果	0.02
仁果类水果	0.01
核果类水果	0.02

表 188（续）

食品类别/名称	最大残留限量，mg/kg
水果	
浆果和其他小型水果	0.02
热带和亚热带水果	0.02
瓜果类水果	0.02
糖料	
甜菜	0.02
甘蔗	0.02
饮料类	
茶叶	0.02

4.188.5 检测方法：谷物按照 GB 23200.113、GB/T 5009.20 规定的方法测定；油料和油脂按照 GB 23200.113 规定的方法测定；蔬菜、水果按照 GB 23200.113、NY/T 761 规定的方法测定；糖料参照 GB 23200.113、NY/T 761 规定的方法测定；茶叶按照 GB 23200.113、GB/T 23204 规定的方法测定。

4.189 甲基二磺隆（mesosulfuron-methyl）

4.189.1 主要用途：除草剂。

4.189.2 ADI：1.55 mg/kg bw。

4.189.3 残留物：甲基二磺隆。

4.189.4 最大残留限量：应符合表 189 的规定。

表 189

食品类别/名称	最大残留限量，mg/kg
谷物	
小麦	0.02*
* 该限量为临时限量。	

4.190 甲基立枯磷（tolclofos-methyl）

4.190.1 主要用途：杀菌剂。

4.190.2 ADI：0.07 mg/kg bw。

4.190.3 残留物：甲基立枯磷。

4.190.4 最大残留限量：应符合表 190 的规定。

表 190

食品类别/名称	最大残留限量，mg/kg
谷物	
糙米	0.05
油料和油脂	
棉籽	0.05
蔬菜	
结球莴苣	2
叶用莴苣	2
萝卜	0.1
马铃薯	0.2

4.190.5 检测方法：谷物按照 GB 23200.9、GB 23200.113、SN/T 2324 规定的方法测定；油料和油脂按照 GB 23200.113 规定的方法测定；蔬菜按照 GB 23200.8、GB 23200.113 规定的方法测定。

4.191 甲基硫环磷（phosfolan-methyl）

4.191.1 主要用途：杀虫剂。

4.191.2 残留物：甲基硫环磷。

4.191.3 最大残留限量:应符合表191的规定。

表 191

食品类别/名称	最大残留限量,mg/kg
谷物	
稻谷	0.03*
麦类	0.03*
旱粮类	0.03*
杂粮类	0.03*
油料和油脂	
棉籽	0.03*
大豆	0.03*
蔬菜	
鳞茎类蔬菜	0.03*
芸薹属类蔬菜	0.03*
叶菜类蔬菜	0.03*
茄果类蔬菜	0.03*
瓜类蔬菜	0.03*
豆类蔬菜	0.03*
茎类蔬菜	0.03*
根茎类和薯芋类蔬菜	0.03*
水生类蔬菜	0.03*
芽菜类蔬菜	0.03*
其他类蔬菜	0.03*
水果	
柑橘类水果	0.03*
仁果类水果	0.03*
核果类水果	0.03*
浆果和其他小型水果	0.03*
热带和亚热带水果	0.03*
瓜果类水果	0.03*
糖料	
甜菜	0.03*
甘蔗	0.03*
饮料类	
茶叶	0.03*
* 该限量为临时限量。	

4.191.4 检测方法:谷物、油料和油脂、糖料、茶叶参照 NY/T 761 规定的方法测定;蔬菜、水果按照 NY/T 761 规定的方法测定。

4.192 甲基硫菌灵(thiophanate-methyl)

4.192.1 主要用途:杀菌剂。

4.192.2 ADI:0.09 mg/kg bw。

4.192.3 残留物:甲基硫菌灵和多菌灵之和,以多菌灵表示。

4.192.4 最大残留限量:应符合表192的规定。

表 192

食品类别/名称	最大残留限量,mg/kg
谷物	
糙米	1
小麦	0.5

表192（续）

食品类别/名称	最大残留限量，mg/kg
油料和油脂	
花生仁	0.1
油菜籽	0.1
蔬菜	
番茄	3
茄子	3
辣椒	2
甜椒	2
黄秋葵	2
黄瓜	2
芦笋	0.5
甘薯	0.1
水果	
柑	5
橘	5
橙	5
苹果	5
梨	3
葡萄	3
西瓜	2

4.192.5 检测方法：谷物按照 NY/T 1680 规定的方法测定；油料和油脂参照 NY/T 1680 规定的方法测定；蔬菜、水果按照 NY/T 1680 规定的方法测定。

4.193　甲基嘧啶磷（pirimiphos-methyl）

4.193.1 主要用途：杀虫剂。

4.193.2 ADI：0.03 mg/kg bw。

4.193.3 残留物：甲基嘧啶磷。

4.193.4 最大残留限量：应符合表193的规定。

表193

食品类别/名称	最大残留限量，mg/kg
谷物	
稻谷	5
糙米	2
大米	1
小麦	5
小麦粉	2
全麦粉	5
调味料	
果类调味料	0.5
种子类调味料	3
哺乳动物肉类（海洋哺乳动物除外）	0.01
哺乳动物内脏（海洋哺乳动物除外）	0.01
禽肉类	0.01
禽类内脏	0.01
蛋类	0.01
生乳	0.01

4.193.5 检测方法：谷物按照 GB 23200.113、GB/T 5009.145 规定的方法测定；调味料按照 GB 23200.113 规定的方法测定；哺乳动物肉类（海洋哺乳动物除外）、哺乳动物内脏（海洋哺乳动物除外）、禽

肉类、禽类内脏、蛋类按照 GB/T 20772 规定的方法测定;生乳按照 GB/T 23210 规定的方法测定。

4.194 甲基异柳磷(isofenphos-methyl)

4.194.1 主要用途:杀虫剂。

4.194.2 ADI:0.003 mg/kg bw。

4.194.3 残留物:甲基异柳磷。

4.194.4 最大残留限量:应符合表 194 的规定。

表 194

食品类别/名称	最大残留限量,mg/kg
谷物	
糙米	0.02*
玉米	0.02*
麦类	0.02*
旱粮类	0.02*
杂粮类	0.02*
油料和油脂	
大豆	0.02*
花生仁	0.05*
蔬菜	
鳞茎类蔬菜	0.01*
芸薹属类蔬菜	0.01*
叶菜类蔬菜	0.01*
茄果类蔬菜	0.01*
瓜类蔬菜	0.01*
豆类蔬菜	0.01*
茎类蔬菜	0.01*
根茎类和薯芋类蔬菜(甘薯除外)	0.01*
甘薯	0.05*
水生类蔬菜	0.01*
芽菜类蔬菜	0.01*
其他类蔬菜	0.01*
水果	
柑橘类水果	0.01*
仁果类水果	0.01*
核果类水果	0.01*
浆果和其他小型水果	0.01*
热带和亚热带水果	0.01*
瓜果类水果	0.01*
糖料	
甜菜	0.05*
甘蔗	0.02*
* 该限量为临时限量。	

4.194.5 检测方法:谷物、油料和油脂、蔬菜、水果按照 GB 23200.113、GB/T 5009.144 规定的方法测定;糖料参照 GB 23200.113、GB/T 5009.144 规定的方法测定。

4.195 甲硫威(methiocarb)

4.195.1 主要用途:杀软体动物剂。

4.195.2 ADI:0.02 mg/kg bw。

4.195.3 残留物:甲硫威、甲硫威砜和甲硫威亚砜之和,以甲硫威表示。

4.195.4 最大残留限量:应符合表 195 的规定。

表 195

食品类别/名称	最大残留限量,mg/kg
谷物	
小麦	0.05*
大麦	0.05*
玉米	0.05*
豌豆	0.1*
油料和油脂	
油菜籽	0.05*
葵花籽	0.05*
蔬菜	
洋葱	0.5*
韭葱	0.5*
结球甘蓝	0.1*
抱子甘蓝	0.05*
花椰菜	0.1*
结球莴苣	0.05*
甜椒	2*
食荚豌豆	0.1*
朝鲜蓟	0.05*
马铃薯	0.05*
水果	
草莓	1*
甜瓜类水果	0.2*
坚果	
榛子	0.05*
糖料	
甜菜	0.05*
调味料	
果类调味料	0.07*
根茎类调味料	0.1*
* 该限量为临时限量。	

4.196 甲咪唑烟酸(imazapic)

4.196.1 主要用途:除草剂。

4.196.2 ADI:0.7 mg/kg bw。

4.196.3 残留物:甲咪唑烟酸。

4.196.4 最大残留限量:应符合表 196 的规定。

表 196

食品类别/名称	最大残留限量,mg/kg
谷物	
稻谷	0.05
小麦	0.05
玉米	0.01
油料和油脂	
油菜籽	0.05
花生仁	0.1
糖料	
甘蔗	0.05

4.196.5 检测方法:谷物按照 GB/T 20770 规定的方法测定;油料和油脂、糖料参照 GB/T 20770 规定的

方法测定。

4.197 甲萘威(carbaryl)

4.197.1 主要用途:杀虫剂。

4.197.2 ADI:0.008 mg/kg bw。

4.197.3 残留物:甲萘威。

4.197.4 最大残留限量:应符合表197的规定。

表 197

食品类别/名称	最大残留限量,mg/kg
谷物	
玉米	0.02
鲜食玉米	0.02
大米	1
油料和油脂	
大豆	1
棉籽	1
蔬菜	
鳞茎类蔬菜	1
芸薹属类蔬菜(结球甘蓝除外)	1
结球甘蓝	2
叶菜类蔬菜(普通白菜除外)	1
普通白菜	5
茄果类蔬菜(辣椒除外)	1
辣椒	0.5
瓜类蔬菜	1
豆类蔬菜	1
茎类蔬菜	1
根茎类和薯芋类蔬菜(胡萝卜、甘薯除外)	1
胡萝卜	0.5
甘薯	0.02
水生类蔬菜	1
芽菜类蔬菜	1
其他类蔬菜(玉米笋除外)	1
玉米笋	0.1
饮料类	
茶叶	5
哺乳动物肉类(海洋哺乳动物除外)	0.05
哺乳动物内脏(海洋哺乳动物除外)	
猪肝	1
牛肝	1
羊肝	1
猪肾	3
牛肾	3
羊肾	3
生乳	0.05

4.197.5 检测方法:谷物、油料和油脂按照 GB 23200.112、GB/T 5009.21 规定的方法测定;蔬菜按照 GB 23200.112、GB/T 5009.145、GB/T 20769、NY/T 761 规定的方法测定;茶叶按照 GB 23200.13、GB 23200.112 规定的方法测定;哺乳动物肉类(海洋哺乳动物除外)、哺乳动物内脏(海洋哺乳动物除外)参照 GB/T 20772 规定的方法测定;生乳参照 GB/T 23210 规定的方法测定。

4.198 甲哌鎓(mepiquat chloride)

4.198.1 主要用途:植物生长调节剂。

4.198.2 ADI:0.195 mg/kg bw。

4.198.3 残留物:甲哌鎓阳离子,以甲哌鎓表示。

4.198.4 最大残留限量:应符合表198的规定。

表 198

食品类别/名称	最大残留限量,mg/kg
谷物	
小麦	0.5*
油料和油脂	
棉籽	1*
大豆	0.05*
蔬菜	
马铃薯	3*
甘薯	5*
* 该限量为临时限量。	

4.199 甲氰菊酯(fenpropathrin)

4.199.1 主要用途:杀虫剂。

4.199.2 ADI:0.03 mg/kg bw。

4.199.3 残留物:甲氰菊酯。

4.199.4 最大残留限量:应符合表199的规定。

表 199

食品类别/名称	最大残留限量,mg/kg
谷物	
小麦	0.1
油料和油脂	
棉籽	1
大豆	0.1
棉籽毛油	3
蔬菜	
韭菜	1
结球甘蓝	0.5
花椰菜	1
青花菜	5
芥蓝	3
菜薹	3
菠菜	1
普通白菜	1
茼蒿	7
叶用莴苣	0.5
茎用莴苣叶	7
芹菜	1
大白菜	1
番茄	1
茄子	0.2
辣椒	1
甜椒	1
腌制用小黄瓜	0.2
茎用莴苣	1
萝卜	0.5

表 199（续）

食品类别/名称	最大残留限量，mg/kg
水果	
柑	5
橘	5
橙	5
柠檬	5
柚	5
佛手柑	5
金橘	5
苹果	5
梨	5
山楂	5
枇杷	5
榅桲	5
核果类水果(李子除外)	5
李子	1
浆果和其他小型水果(草莓除外)	5
草莓	2
热带和亚热带水果	5
瓜果类水果	5
干制水果	
李子干	3
坚果	0.15
饮料类	
茶叶	5
咖啡豆	0.03
调味料	
干辣椒	10

4.199.5 检测方法：谷物、油料和油脂按照 GB 23200.9、GB 23200.113、GB/T 20770、SN/T 2233 规定的方法测定；蔬菜按照 GB 23200.8、GB 23200.113、NY/T 761、SN/T 2233 规定的方法测定；水果、干制水果按照 GB 23200.113、NY/T 761 规定的方法测定；坚果参照 GB 23200.9、GB 23200.113 规定的方法测定；饮料类(茶叶除外)按照 GB 23200.113 规定的方法测定；茶叶按照 GB 23200.113、GB/T 23376 规定的方法测定；调味料按照 GB 23200.113 规定的方法测定。

4.200 甲霜灵和精甲霜灵(metalaxyl and metalaxyl-M)

4.200.1 主要用途：杀菌剂。

4.200.2 ADI：0.08 mg/kg bw。

4.200.3 残留物：甲霜灵。

4.200.4 最大残留限量：应符合表 200 的规定。

表 200

食品类别/名称	最大残留限量，mg/kg
谷物	
糙米	0.1
麦类	0.05
旱粮类	0.05
油料和油脂	
棉籽	0.05
大豆	0.05

表 200（续）

食品类别/名称	最大残留限量，mg/kg
油料和油脂	
花生仁	0.1
葵花籽	0.05
蔬菜	
洋葱	2
结球甘蓝	0.5
抱子甘蓝	0.2
花椰菜	2
青花菜	0.5
菠菜	2
结球莴苣	2
番茄	0.5
辣椒	0.5
黄瓜	0.5
西葫芦	0.2
笋瓜	0.2
食荚豌豆	0.05
菜用大豆	0.05
芦笋	0.05
胡萝卜	0.05
马铃薯	0.05
水果	
柑橘类水果	5
仁果类水果	1
醋栗(红、黑)	0.2
葡萄	1
荔枝	0.5
鳄梨	0.2
西瓜	0.2
甜瓜类水果	0.2
糖料	
甜菜	0.05
饮料类	
可可豆	0.2
啤酒花	10
调味料	
种子类调味料	5

4.200.5 检测方法：谷物按照 GB 23200.9、GB 23200.113、GB/T 20770 规定的方法测定；油料和油脂、饮料类、调味料按照 GB 23200.113 规定的方法测定；蔬菜、水果按照 GB 23200.8、GB 23200.113、GB/T 20769 规定的方法测定；糖料参照 GB 23200.9、GB 23200.113、GB/T 20770 规定的方法测定。

4.201 甲羧除草醚(bifenox)

4.201.1 主要用途：除草剂。

4.201.2 ADI：0.3 mg/kg bw。

4.201.3 残留物：甲羧除草醚。

4.201.4 最大残留限量：应符合表 201 的规定。

表 201

食品类别/名称	最大残留限量,mg/kg
油料和油脂	
大豆	0.05
蔬菜	
菜用大豆	0.1

4.201.5 检测方法:油料和油脂、蔬菜按照 GB 23200.113 规定的方法测定。

4.202 甲氧虫酰肼(methoxyfenozide)

4.202.1 主要用途:杀虫剂。

4.202.2 ADI:0.1 mg/kg bw。

4.202.3 残留物:甲氧虫酰肼。

4.202.4 最大残留限量:应符合表 202 的规定。

表 202

食品类别/名称	最大残留限量,mg/kg
谷物	
稻谷	0.2
糙米	0.1
玉米	0.02
豌豆	5
豇豆	5
油料和油脂	
棉籽	7
大豆	0.5
花生仁	0.03
花生油	0.1
蔬菜	
结球甘蓝	2
青花菜	3
萝卜叶	7
芹菜	15
茄果类蔬菜(番茄、辣椒除外)	0.3
番茄	2
辣椒	2
豆类蔬菜(食荚豌豆除外)	0.3
食荚豌豆	2
萝卜	0.4
胡萝卜	0.5
甘薯	0.02
玉米笋	0.02
水果	
柑橘类水果	2
仁果类水果(苹果除外)	2
苹果	3
核果类水果	2
蓝莓	4
越橘	0.7
葡萄	1
草莓	2
鳄梨	0.7
番木瓜	1

表 202（续）

食品类别/名称	最大残留限量,mg/kg
干制水果	
李子干	2
葡萄干	2
坚果	0.1
糖料	
甜菜	0.3

4.202.5 检测方法:谷物按照 GB/T 20770 规定的方法测定;油料和油脂、坚果、糖料参照 GB/T 20769 规定的方法测定;蔬菜、水果、干制水果按照 GB/T 20769 规定的方法测定。

4.203 甲氧咪草烟(imazamox)

4.203.1 主要用途:除草剂。

4.203.2 ADI:3 mg/kg bw。

4.203.3 残留物:甲氧咪草烟。

4.203.4 最大残留限量:应符合表 203 的规定。

表 203

食品类别/名称	最大残留限量,mg/kg
谷物	
稻谷	0.01*
小麦	0.05*
杂粮类(小扁豆除外)	0.05*
小扁豆	0.2*
麦胚	0.1*
油料和油脂	
油菜籽	0.05*
大豆	0.1*
花生仁	0.01*
葵花籽	0.3*
蔬菜	
荚可食类豆类蔬菜	0.05*
* 该限量为临时限量。	

4.204 腈苯唑(fenbuconazole)

4.204.1 主要用途:杀菌剂。

4.204.2 ADI:0.03 mg/kg bw。

4.204.3 残留物:腈苯唑。

4.204.4 最大残留限量:应符合表 204 的规定。

表 204

食品类别/名称	最大残留限量,mg/kg
谷物	
糙米	0.1
小麦	0.1
大麦	0.2
黑麦	0.1

表 204（续）

食品类别/名称	最大残留限量,mg/kg
油料和油脂	
油菜籽	0.05
花生仁	0.1
葵花籽	0.05
蔬菜	
辣椒	0.6
黄瓜	0.2
西葫芦	0.05
水果	
柑橘类水果(柠檬除外)	0.5
柠檬	1
仁果类水果	0.1
桃	0.5
杏	0.5
李子	0.3
樱桃	1
蓝莓	0.5
越橘	1
葡萄	1
香蕉	0.05
甜瓜类水果	0.2
干制水果	
柑橘脯	4
坚果	0.01
调味料	
干辣椒	2

4.204.5 检测方法:谷物按照 GB 23200.9、GB 23200.113、GB/T 20770 规定的方法测定;油料和油脂、调味料按照 GB 23200.113 规定的方法测定;蔬菜、水果按照 GB 23200.8、GB 23200.113、GB/T 20769 规定的方法测定;坚果参照 GB 23200.9、GB 23200.113 规定的方法测定;干制水果按照 GB 23200.113、GB/T 20769 规定的方法测定。

4.205 腈菌唑(myclobutanil)

4.205.1 主要用途:杀菌剂。

4.205.2 ADI:0.03 mg/kg bw。

4.205.3 残留物:腈菌唑。

4.205.4 最大残留限量:应符合表 205 的规定。

表 205

食品类别/名称	最大残留限量,mg/kg
谷物	
麦类	0.1
玉米	0.02
粟	0.02
高粱	0.02
蔬菜	
鳞茎类蔬菜	0.06
叶菜类蔬菜	0.05
茄果类蔬菜(番茄、辣椒除外)	0.2

表 205（续）

食品类别/名称	最大残留限量,mg/kg
蔬菜	
番茄	1
辣椒	3
黄瓜	1
荚可食类豆类蔬菜(豇豆除外)	0.8
豇豆	2
根茎类蔬菜	0.06
水果	
柑	5
橘	5
橙	5
苹果	0.5
梨	0.5
山楂	0.5
枇杷	0.5
榅桲	0.5
核果类水果(桃、油桃、杏、李子除外)	2
桃	3
油桃	3
杏	3
李子	0.2
樱桃	3
加仑子	0.9
醋栗	0.5
葡萄	1
草莓	1
荔枝	0.5
香蕉	2
干制水果	
李子干	0.5
葡萄干	6
饮料类	
啤酒花	2
调味料	
干辣椒	20

4.205.5 检测方法:谷物按照 GB 23200.113、GB/T 20770 规定的方法测定;蔬菜、水果、干制水果按照 GB 23200.8、GB 23200.113、GB/T 20769、NY/T 1455 规定的方法测定;饮料类按照 GB 23200.113 规定的方法测定;调味料按照 GB 23200.113 规定的方法测定。

4.206 精噁唑禾草灵(fenoxaprop-P-ethyl)

4.206.1 主要用途:除草剂。

4.206.2 ADI:0.002 5 mg/kg bw。

4.206.3 残留物:噁唑禾草灵。

4.206.4 最大残留限量:应符合表 206 的规定。

表 206

食品类别/名称		最大残留限量,mg/kg
谷物		
	糙米	0.1
	麦类(小麦、大麦除外)	0.1
	小麦	0.05
	大麦	0.2
油料和油脂		
	油菜籽	0.5
	棉籽	0.02
	花生仁	0.1
蔬菜		
	花椰菜	0.1
	青花菜	0.1

4.206.5 检测方法:谷物、油料和油脂参照 NY/T 1379 规定的方法测定;蔬菜按照 NY/T 1379 规定的方法测定。

4.207 精二甲吩草胺(dimethenamid-P)

4.207.1 主要用途:除草剂。

4.207.2 ADI:0.07 mg/kg bw。

4.207.3 残留物:精二甲吩草胺及其对映体之和。

4.207.4 最大残留限量:应符合表 207 的规定。

表 207

食品类别/名称		最大残留限量,mg/kg
谷物		
	玉米	0.01
	高粱	0.01
	杂粮类	0.01
油料和油脂		
	花生仁	0.01
	大豆	0.01
蔬菜		
	大蒜	0.01
	洋葱	0.01
	葱	0.01
	马铃薯	0.01
	甘薯	0.01
	根甜菜	0.01
	玉米笋	0.01
糖料		
	甜菜	0.01

4.207.5 检测方法:谷物、油料和油脂、糖料参照 GB 23200.9、GB/T 20770 规定的方法测定;蔬菜按照 GB 23200.8、GB/T 20769、NY/T 1379 规定的方法测定。

4.208 井冈霉素(jiangangmycin)

4.208.1 主要用途:杀菌剂。

4.208.2 ADI:0.1 mg/kg bw。

4.208.3 残留物:井冈霉素。

4.208.4 最大残留限量:应符合表208的规定。

表208

食品类别/名称	最大残留限量,mg/kg
谷物	
稻谷	0.5
糙米	0.5
小麦	0.5
水果	
苹果	1
饮料类	
菊花(鲜)	1
菊花(干)	2
药用植物	
白术	0.5
石斛(鲜)	0.1
石斛(干)	1

4.208.5 检测方法:谷物、水果、饮料类按照 GB 23200.74 规定的方法测定;药用植物参照 GB 23200.74 规定的方法测定。

4.209 久效磷(monocrotophos)

4.209.1 主要用途:杀虫剂。

4.209.2 ADI:0.000 6 mg/kg bw。

4.209.3 残留物:久效磷。

4.209.4 最大残留限量:应符合表209的规定。

表209

食品类别/名称	最大残留限量,mg/kg
谷物	
稻谷	0.02
麦类	0.02
旱粮类	0.02
杂粮类	0.02
油料和油脂	
大豆	0.03
棉籽油	0.05
蔬菜	
鳞茎类蔬菜	0.03
芸薹属类蔬菜	0.03
叶菜类蔬菜	0.03
茄果类蔬菜	0.03
瓜类蔬菜	0.03
豆类蔬菜	0.03
茎类蔬菜	0.03
根茎类和薯芋类蔬菜	0.03
水生类蔬菜	0.03
芽菜类蔬菜	0.03
其他类蔬菜	0.03

表 209（续）

食品类别/名称	最大残留限量,mg/kg
水果	
柑橘类水果	0.03
仁果类水果	0.03
核果类水果	0.03
浆果和其他小型水果	0.03
热带和亚热带水果	0.03
瓜果类水果	0.03
糖料	
甜菜	0.02
甘蔗	0.02

4.209.5 检测方法:谷物、油料和油脂按照 GB 23200.113、GB/T 5009.20 规定的方法测定;蔬菜、水果按照 GB 23200.113、NY/T 761 规定的方法测定;糖料参照 GB 23200.113、NY/T 761 规定的方法测定。

4.210 抗倒酯(trinexapac-ethyl)

4.210.1 主要用途:植物生长调节剂。

4.210.2 ADI:0.3 mg/kg bw。

4.210.3 残留物:抗倒酸。

4.210.4 最大残留限量:应符合表 210 的规定。

表 210

食品类别/名称	最大残留限量,mg/kg
谷物	
小麦	0.05*
大麦	3*
燕麦	3*
小黑麦	3*
油料和油脂	
油菜籽	1.5
糖料	
甘蔗	0.5
* 该限量为临时限量。	

4.211 抗蚜威(pirimicarb)

4.211.1 主要用途:杀虫剂。

4.211.2 ADI:0.02 mg/kg bw。

4.211.3 残留物:抗蚜威。

4.211.4 最大残留限量:应符合表 211 的规定。

表 211

食品类别/名称	最大残留限量,mg/kg
谷物	
稻谷	0.05
小麦	0.05
大麦	0.05
燕麦	0.05
黑麦	0.05
旱粮类	0.05
杂粮类	0.2

表 211（续）

食品类别/名称	最大残留限量，mg/kg
油料和油脂	
油菜籽	0.2
大豆	0.05
葵花籽	0.1
蔬菜	
大蒜	0.1
洋葱	0.1
芸薹属类蔬菜（羽衣甘蓝、结球甘蓝、花椰菜除外）	0.5
羽衣甘蓝	0.3
结球甘蓝	1
花椰菜	1
普通白菜	5
叶用莴苣	5
结球莴苣	5
大白菜	1
茄果类蔬菜	0.5
瓜类蔬菜	1
豆类蔬菜	0.7
芦笋	0.01
朝鲜蓟	5
根茎类和薯芋类蔬菜	0.05
水果	
柑橘类水果	3
仁果类水果	1
桃	0.5
油桃	0.5
李子	0.5
杏	0.5
樱桃	0.5
枣（鲜）	0.5
浆果及其他小型水果	1
瓜果类水果（甜瓜类水果除外）	1
甜瓜类水果	0.2
调味料	
干辣椒	20
种子类调味料	5

4.211.5 检测方法：谷物按照 GB 23200.9、GB 23200.113、GB/T 20770、SN/T 0134 规定的方法测定；油料和油脂按照 GB 23200.113 规定的方法测定；蔬菜按照 GB 23200.8、GB 23200.113、GB/T 20769、SN/T 0134 规定的方法测定；水果按照 GB 23200.8、GB 23200.113、NY/T 1379、SN/T 0134 规定的方法测定；调味料按照 GB 23200.113 规定的方法测定。

4.212　克百威（carbofuran）

4.212.1 主要用途：杀虫剂。

4.212.2 ADI：0.001 mg/kg bw。

4.212.3 残留物：克百威及 3-羟基克百威之和，以克百威表示。

4.212.4 最大残留限量：应符合表 212 的规定。

表 212

食品类别/名称	最大残留限量,mg/kg
谷物	
糙米	0.1
麦类	0.05
旱粮类	0.05
杂粮类	0.05
油料和油脂	
油菜籽	0.05
棉籽	0.1
大豆	0.2
花生仁	0.2
葵花籽	0.1
蔬菜	
鳞茎类蔬菜	0.02
芸薹属类蔬菜	0.02
叶菜类蔬菜	0.02
茄果类蔬菜	0.02
瓜类蔬菜	0.02
豆类蔬菜	0.02
茎类蔬菜	0.02
根茎类和薯芋类蔬菜(马铃薯除外)	0.02
马铃薯	0.1
水生类蔬菜	0.02
芽菜类蔬菜	0.02
其他类蔬菜	0.02
水果	
柑橘类水果	0.02
仁果类水果	0.02
核果类水果	0.02
浆果和其他小型水果	0.02
热带和亚热带水果	0.02
瓜果类水果	0.02
糖料	
甘蔗	0.1
甜菜	0.1
饮料类	
茶叶	0.05
调味料	
根茎类调味料	0.1
哺乳动物肉类(海洋哺乳动物除外)	
猪肉	0.05*
牛肉	0.05*
羊肉	0.05*
马肉	0.05*
哺乳动物内脏(海洋哺乳动物除外)	
猪内脏	0.05*
牛内脏	0.05*
羊内脏	0.05*
马内脏	0.05*
哺乳动物脂肪	
猪脂肪	0.05*
牛脂肪	0.05*
羊脂肪	0.05*
马脂肪	0.05*
* 该限量为临时限量。	

4.212.5 检测方法:谷物、油料和油脂、调味料按照 GB 23200.112 的方法测定;蔬菜、水果按照 GB 23200.112、NY/T 761 规定的方法测定;糖料参照 GB 23200.112、NY/T 761 规定的方法测定;茶叶按照 GB 23200.112 规定的方法测定。

4.213 克菌丹(captan)

4.213.1 主要用途:杀菌剂。

4.213.2 ADI:0.1 mg/kg bw。

4.213.3 残留物:克菌丹。

4.213.4 最大残留限量:应符合表 213 的规定。

表 213

食品类别/名称		最大残留限量,mg/kg
谷物		
	玉米	0.05
	鲜食玉米	0.05
蔬菜		
	番茄	5
	辣椒	5
	黄瓜	5
	马铃薯	0.05
水果		
	柑	5
	橘	5
	橙	5
	苹果	15
	梨	15
	山楂	15
	枇杷	15
	榅桲	15
	桃	20
	油桃	3
	李子	10
	樱桃	25
	蓝莓	20
	醋栗(红、黑)	20
	葡萄	5
	草莓	15
	甜瓜类水果	10
干制水果		
	李子干	10
	葡萄干	2
坚果		
	杏仁	0.3
调味料		
	根茎类调味料	0.05

4.213.5 检测方法:谷物、调味料参照 GB 23200.8 规定的方法测定;蔬菜、水果、干制水果按照 GB 23200.8、SN 0654 规定的方法测定;坚果参照 GB 23200.8、SN 0654 规定的方法测定。

4.214 苦参碱(matrine)

4.214.1 主要用途:杀虫剂。

4.214.2 ADI:0.1 mg/kg bw。

4.214.3 残留物:苦参碱。

4.214.4 最大残留限量:应符合表 214 的规定。

表 214

食品类别/名称	最大残留限量,mg/kg
蔬菜	
结球甘蓝	5*
黄瓜	5*
水果	
柑	1*
橘	1*
橙	1*
梨	5*
* 该限量为临时限量。	

4.215 喹禾糠酯(quizalofop-P-tefuryl)

4.215.1 主要用途:除草剂。

4.215.2 ADI:0.013 mg/kg bw。

4.215.3 残留物:喹禾糠酯和喹禾灵酸之和,以喹禾灵酸计。

4.215.4 最大残留限量:应符合表 215 的规定。

表 215

食品类别/名称	最大残留限量,mg/kg
油料和油脂	
大豆	0.1*
蔬菜	
菜用大豆	0.1*
* 该限量为临时限量。	

4.216 喹禾灵和精喹禾灵(quizalofop and quizalofop-P-ethyl)

4.216.1 主要用途:除草剂。

4.216.2 ADI:0.000 9 mg/kg bw。

4.216.3 残留物:喹禾灵。

4.216.4 最大残留限量:应符合表 216 的规定。

表 216

食品类别/名称	最大残留限量,mg/kg
谷物	
赤豆	0.1
油料和油脂	
油菜籽	0.1
芝麻	0.1
棉籽	0.05
大豆	0.1
花生仁	0.1
蔬菜	
大白菜	0.5
菜用大豆	0.2
马铃薯	0.05
水果	
西瓜	0.2
糖料	
甜菜	0.1

4.216.5 检测方法:谷物按照 GB/T 20770 规定的方法测定;油料和油脂、糖料参照 GB/T 20770、SN/T 2228 规定的方法测定;蔬菜、水果按照 GB/T 20769 规定的方法测定。

4.217 喹啉铜(oxine-copper)

4.217.1 主要用途:杀菌剂。

4.217.2 ADI:0.02 mg/kg bw。

4.217.3 残留物:喹啉铜。

4.217.4 最大残留限量:应符合表 217 的规定。

表 217

食品类别/名称		最大残留限量,mg/kg
蔬菜		
	番茄	2*
	黄瓜	2*
水果		
	苹果	2*
	葡萄	3*
	杨梅	5*
	荔枝	5*
坚果		
	山核桃	0.5*
药用植物		
	石斛(鲜)	3*
	石斛(干)	3*
* 该限量为临时限量。		

4.218 喹硫磷(quinalphos)

4.218.1 主要用途:杀虫剂。

4.218.2 ADI:0.000 5 mg/kg bw。

4.218.3 残留物:喹硫磷。

4.218.4 最大残留限量:应符合表 218 的规定。

表 218

食品类别/名称		最大残留限量,mg/kg
谷物		
	稻谷	2*
	糙米	1*
	大米	0.2*
油料和油脂		
	棉籽	0.05*
水果		
	柑	0.5*
	橘	0.5*
	橙	0.5*
* 该限量为临时限量。		

4.218.5 检测方法:谷物按照 GB 23200.9、GB 23200.113、GB/T 5009.20 规定的方法测定;油料和油脂按照 GB 23200.113 规定的方法测定;水果按照 GB 23200.113、NY/T 761 规定的方法测定。

4.219 喹螨醚(fenazaquin)

4.219.1 主要用途:杀螨剂。

4.219.2 ADI:0.05 mg/kg bw。

4.219.3 残留物:喹螨醚。

4.219.4 最大残留限量:应符合表219的规定。

表219

食品类别/名称	最大残留限量,mg/kg
饮料类	
茶叶	15

4.219.5 检测方法:茶叶按照 GB 23200.13、GB/T 23204 规定的方法测定。

4.220 喹氧灵(quinoxyfen)

4.220.1 主要用途:杀菌剂。

4.220.2 ADI:0.2 mg/kg bw。

4.220.3 残留物:喹氧灵。

4.220.4 最大残留限量:应符合表220的规定。

表220

食品类别/名称	最大残留限量,mg/kg
谷物	
小麦	0.01
大麦	0.01
蔬菜	
结球莴苣	8
叶用莴苣	20
辣椒	1
水果	
樱桃	0.4
加仑子(黑)	1
葡萄	2
草莓	1
甜瓜类水果	0.1
糖料	
甜菜	0.03
调味料	
干辣椒	10
饮料类	
啤酒花	1
哺乳动物肉类(海洋哺乳动物除外),以脂肪中的残留量表示	0.2
哺乳动物内脏(海洋哺乳动物除外)	0.01
禽肉类,以脂肪中残留量表示	0.02
禽类脂肪	0.02
蛋类	0.01
生乳	0.01

4.220.5 检测方法:谷物、蔬菜、水果、调味料、饮料类按照 GB 23200.113 规定的方法测定;糖料参照 GB 23200.113 规定的方法测定;动物源性食品参照 GB 23200.56 规定的方法测定。

4.221 乐果(dimethoate)

4.221.1 主要用途:杀虫剂。

4.221.2 ADI:0.002 mg/kg bw。

4.221.3 残留物:乐果。

4.221.4 最大残留限量:应符合表 221 的规定。

表 221

食品类别/名称	最大残留限量,mg/kg
谷物	
稻谷	0.05*
小麦	0.05*
鲜食玉米	0.5*
油料和油脂	
大豆	0.05*
植物油	0.05*
蔬菜	
大蒜	0.2*
洋葱	0.2*
韭菜	0.2*
葱	0.2*
百合	0.2*
结球甘蓝	1*
抱子甘蓝	0.2*
皱叶甘蓝	0.05*
花椰菜	1*
芥蓝	2*
菜薹	3*
菠菜	1*
普通白菜	1*
叶用莴苣	1*
大白菜	1*
番茄	0.5*
茄子	0.5*
辣椒	0.5*
西葫芦	2*
苦瓜	3*
豌豆	0.5*
菜豆	0.5*
蚕豆	0.5*
扁豆	0.5*
豇豆	0.5*
食荚豌豆	0.5*
芹菜	0.5*
芦笋	0.5*
朝鲜蓟	0.5*
萝卜	0.5*
胡萝卜	0.5*
芜菁	2*
马铃薯	0.5*
甘薯	0.05*
山药	0.5*
水果	
柑	2*
橘	2*
橙	2*
柠檬	2*
柚	2*

表 221（续）

食品类别/名称	最大残留限量，mg/kg
水果	
苹果	1*
梨	1*
桃	2*
油桃	2*
李子	2*
杏	2*
樱桃	2*
枣（鲜）	2*
橄榄	0.5*
杧果	1*
糖料	
甜菜	0.5*
食用菌	
蘑菇类（鲜）	0.5*
调味料	
干辣椒	3*
果类调味料	0.5*
种子类调味料	5*
根茎类调味料	0.1*
哺乳动物肉类（海洋哺乳动物除外）	
猪肉	0.05*
牛肉	0.05*
羊肉	0.05*
马肉	0.05*
哺乳动物内脏（海洋哺乳动物除外）	
牛内脏	0.05*
羊内脏	0.05*
哺乳动物脂肪（乳脂肪除外）	0.05*
禽肉类	0.05*
禽类内脏	0.05*
禽类脂肪	0.05*
蛋类	0.05*
生乳	
牛奶	0.05*
羊奶	0.05*
* 该限量为临时限量。	

4.221.5 检测方法：谷物、油料和油脂按照 GB 23200.113、GB/T 5009.20 规定的方法测定；蔬菜、水果、食用菌按照 GB 23200.113、GB/T 5009.145、GB/T 20769、NY/T 761 规定的方法测定；糖料参照 GB 23200.113、NY/T 761 规定的方法测定；调味料按照 GB 23200.113 规定的方法测定；哺乳动物肉类（海洋哺乳动物除外）按照 GB/T 20772 规定的方法测定；哺乳动物内脏（海洋哺乳动物除外）、哺乳动物类脂肪（乳脂肪除外）、禽肉类、禽类脂肪、禽类内脏、蛋类、生乳参照 GB/T 20772 规定的方法测定。

4.222 联苯肼酯（bifenazate）

4.222.1 主要用途：杀螨剂。

4.222.2 ADI：0.01 mg/kg bw。

4.222.3 残留物：植物源性食品为联苯肼酯；动物源性食品为联苯肼酯和联苯肼酯-二氮烯｛二氮烯羧酸，2-[4-甲氧基-(1,1′-联苯基) 3 基] 1-甲基乙酯｝之和，以联苯肼酯表示。

4.222.4 最大残留限量：应符合表 222 的规定。

表 222

食品类别/名称	最大残留限量，mg/kg
谷物	
杂粮类	0.3
油料和油脂	
棉籽	0.3
蔬菜	
番茄	0.5
辣椒	3
甜椒	2
瓜类蔬菜	0.5
豆类蔬菜	7
水果	
柑	0.7
橘	0.7
橙	0.7
仁果类水果(苹果除外)	0.7
苹果	0.2
核果类水果	2
黑莓	7
露莓(包括波森莓和罗甘莓)	7
醋栗(红、黑)	7
葡萄	0.7
草莓	2
番木瓜	1
瓜果类水果	0.5
干制水果	
葡萄干	2
坚果	0.2
饮料类	
啤酒花	20
调味料	
薄荷	40
哺乳动物肉类(海洋哺乳动物除外)，以脂肪中的残留量表示	0.05*
哺乳动物内脏(海洋哺乳动物除外)	0.01*
禽肉类，以脂肪中的残留量表示	0.01*
禽类内脏	0.01*
蛋类	0.01*
生乳	0.01*
乳脂肪	0.05*
*　该限量为临时限量。	

4.222.5　检测方法：谷物、油料和油脂、坚果、饮料类、调味料参照 GB 23200.34 标准规定的方法测定；蔬菜、水果、干制水果按照 GB 23200.8 规定的方法测定。

4.223　联苯菊酯(bifenthrin)

4.223.1　主要用途：杀虫/杀螨剂。

4.223.2　ADI：0.01 mg/kg bw。

4.223.3　残留物：联苯菊酯(异构体之和)。

4.223.4 最大残留限量:应符合表223的规定。

表 223

食品类别/名称	最大残留限量,mg/kg
谷物	
小麦	0.5
大麦	0.05
玉米	0.05
杂粮类	0.3
油料和油脂	
棉籽	0.5
大豆	0.3
油菜籽	0.05
食用菜籽油	0.1
蔬菜	
芸薹属类蔬菜(结球甘蓝除外)	0.4
结球甘蓝	0.2
叶芥菜	4
萝卜叶	4
番茄	0.5
茄子	0.3
辣椒	0.5
黄瓜	0.5
根茎类和薯芋类蔬菜	0.05
水果	
柑	0.05
橘	0.05
橙	0.05
柠檬	0.05
柚	0.05
苹果	0.5
梨	0.5
黑莓	1
露莓(包括波森莓和罗甘莓)	1
醋栗(红、黑)	1
草莓	1
香蕉	0.1
坚果	0.05
糖料	
甘蔗	0.05
饮料类	
茶叶	5
啤酒花	20
调味料	
干辣椒	5
果类调味料	0.03
根茎类调味料	0.05
哺乳动物肉类(海洋哺乳动物除外),以脂肪中残留量表示	3
哺乳动物内脏(海洋哺乳动物除外)	0.2
生乳	0.2
乳脂肪	3

4.223.5 检测方法:谷物按照 GB 23200.113、SN/T 2151 规定的方法测定;油料和油脂按照 GB

23200.113 规定的方法测定；蔬菜、水果按照 GB 23200.113、GB/T 5009.146、NY/T 761、SN/T 1969 规定的方法测定；坚果参照 GB 23200.113、NY/T 761 标准规定的方法测定；糖料参照 GB 23200.8、GB 23200.113、NY/T 761 规定的方法测定；饮料类按照 GB 23200.113、SN/T 1969 规定的方法测定；调味料按照 GB 23200.113 规定的方法测定；哺乳动物肉类（海洋哺乳动物除外）、哺乳动物内脏（海洋哺乳动物除外）按照 SN/T 1969 规定的方法测定；生乳、乳脂肪参照 SN/T 1969 规定的方法测定。

4.224 联苯三唑醇(bitertanol)

4.224.1 主要用途:杀菌剂。

4.224.2 ADI:0.01 mg/kg bw。

4.224.3 残留物:联苯三唑醇。

4.224.4 最大残留限量:应符合表 224 的规定。

表 224

食品类别/名称	最大残留限量,mg/kg
谷物	
小麦	0.05
大麦	0.05
燕麦	0.05
黑麦	0.05
小黑麦	0.05
油料和油脂	
花生仁	0.1
蔬菜	
番茄	3
黄瓜	0.5
水果	
仁果类水果	2
桃	1
油桃	1
杏	1
李子	2
樱桃	1
香蕉	0.5
干制水果	
李子干	2
哺乳动物肉类（海洋哺乳动物除外）,以脂肪中残留量表示	0.05
哺乳动物内脏（海洋哺乳动物除外）	0.05
禽肉类	0.01
禽类内脏	0.01
蛋类	0.01
生乳	0.05

4.224.5 检测方法:谷物按照 GB 23200.9、GB/T 20770 规定的方法测定；油料和油脂参照 GB 23200.9、GB/T 207710 规定的方法测定；蔬菜、水果、干制水果按照 GB 23200.8、GB/T 20769 规定的方法测定；哺乳动物肉类（海洋哺乳动物除外）、禽肉类按照 GB/T 20772 规定的方法测定；哺乳动物内脏（海洋哺乳动物除外）、禽类内脏参照 GB/T 20772 规定的方法测定；蛋类参照 GB/T 23211 规定的方法测定；生乳按照 GB/T 23211 规定的方法测定。

4.225 邻苯基苯酚(2-phenylphenol)

4.225.1 主要用途:杀菌剂。

4.225.2 ADI:0.4 mg/kg bw。

4.225.3 残留物:邻苯基苯酚和邻苯基苯酚钠之和,以邻苯基苯酚表示。

4.225.4 最大残留限量:应符合表225的规定。

表 225

食品类别/名称	最大残留限量,mg/kg
水果	
柑橘类水果	10
梨	20
干制水果	
柑橘脯	60
饮料类	
橙汁	0.5

4.225.5 检测方法:水果、干制水果、饮料类按照 GB 23200.8 规定的方法测定。

4.226 磷胺(phosphamidon)

4.226.1 主要用途:杀虫剂。

4.226.2 ADI:0.000 5 mg/kg bw。

4.226.3 残留物:磷胺。

4.226.4 最大残留限量:应符合表226的规定。

表 226

食品类别/名称	最大残留限量,mg/kg
谷物	
稻谷	0.02
蔬菜	
鳞茎类蔬菜	0.05
芸薹属类蔬菜	0.05
叶菜类蔬菜	0.05
茄果类蔬菜	0.05
瓜类蔬菜	0.05
豆类蔬菜	0.05
茎类蔬菜	0.05
根茎类和薯芋类蔬菜	0.05
水生类蔬菜	0.05
芽菜类蔬菜	0.05
其他类蔬菜	0.05
水果	
柑橘类水果	0.05
仁果类水果	0.05
核果类水果	0.05
浆果和其他小型水果	0.05
热带和亚热带水果	0.05
瓜果类水果	0.05

4.226.5 检测方法:谷物按照 GB 23200.113、SN 0701 规定的方法测定;蔬菜、水果按照 GB 23200.113、NY/T 761 规定的方法测定。

4.227 磷化铝(aluminium phosphide)

4.227.1 主要用途:杀虫剂。

4.227.2 ADI:0.011 mg/kg bw。

4.227.3 残留物:磷化氢。

4.227.4 最大残留限量:应符合表 227 的规定。

表 227

食品类别/名称	最大残留限量,mg/kg
谷物	
稻谷	0.05
麦类	0.05
旱粮类	0.05
杂粮类	0.05
成品粮	0.05
油料和油脂	
大豆	0.05
蔬菜	
薯类蔬菜	0.05

4.227.5 检测方法:谷物、油料和油脂按照 GB/T 5009.36、GB/T 25222 规定的方法测定;蔬菜参照 GB/T 5009.36 规定的方法测定。

4.228 磷化镁(megnesium phosphide)

4.228.1 主要用途:杀虫剂。

4.228.2 ADI:0.011 mg/kg bw。

4.228.3 残留物:磷化氢。

4.228.4 最大残留限量:应符合表 228 的规定。

表 228

食品类别/名称	最大残留限量,mg/kg
谷物	
稻谷	0.05

4.228.5 检测方法:谷物按照 GB/T 5009.36、GB/T 25222 规定的方法测定。

4.229 磷化氢(hydrogen phosphide)

4.229.1 主要用途:杀虫剂。

4.229.2 ADI:0.011 mg/kg bw。

4.229.3 残留物:磷化氢。

4.229.4 最大残留限量:应符合表 229 的规定。

表 229

食品类别/名称	最大残留限量,mg/kg
干制蔬菜	0.01
干制水果	0.01
坚果	0.01
饮料类	
可可豆	0.01
调味料	0.01

4.229.5 检测方法:干制蔬菜、干制水果、坚果、饮料类和调味料参照 GB/T 5009.36 规定的方法测定。

4.230 硫丹(endosulfan)

4.230.1 主要用途:杀虫剂。

4.230.2 ADI:0.006 mg/kg bw。

4.230.3 残留物:α-硫丹和 β-硫丹及硫丹硫酸酯之和。

4.230.4 最大残留限量:应符合表 230 的规定。

表 230

食品类别/名称	最大残留限量,mg/kg
油料和油脂	
棉籽	0.05
大豆	0.05
大豆毛油	0.05
蔬菜	
黄瓜	0.05*
甘薯	0.05*
芋	0.05*
马铃薯	0.05*
水果	
苹果	0.05*
梨	0.05*
荔枝	0.05*
瓜果类水果	0.05*
坚果	
榛子	0.02
澳洲坚果	0.02
糖料	
甘蔗	0.05
饮料类	
茶叶	10
咖啡豆	0.2
可可豆	0.2
调味料	
果类调味料	5
种子类调味料	1
根茎类调味料	0.5
哺乳动物肉类(海洋哺乳动物除外),以脂肪中残留量表示	0.2
哺乳动物内脏(海洋哺乳动物除外)	
猪肝	0.1
牛肝	0.1
羊肝	0.1
猪肾	0.03
牛肾	0.03
羊肾	0.03
禽肉类	0.03
禽类内脏	0.03
蛋类	0.03
生乳	0.01
* 该限量为临时限量。	

4.230.5 检测方法:油料和油脂、坚果、糖料、饮料类、调味料参照 GB/T 5009.19 规定的方法测定;动物源性食品按照 GB/T 5009.19、GB/T 5009.162 规定的方法测定。

4.231 硫环磷(phosfolan)

4.231.1 主要用途:杀虫剂。

4.231.2 ADI:0.005 mg/kg bw。

4.231.3 残留物:硫环磷。

4.231.4 最大残留限量:应符合表 231 的规定。

表 231

食品类别/名称	最大残留限量,mg/kg
谷物	
小麦	0.03
油料和油脂	
大豆	0.03
蔬菜	
鳞茎类蔬菜	0.03
芸薹属类蔬菜	0.03
叶菜类蔬菜	0.03
茄果类蔬菜	0.03
瓜类蔬菜	0.03
豆类蔬菜	0.03
茎类蔬菜	0.03
根茎类和薯芋类蔬菜	0.03
水生类蔬菜	0.03
芽菜类蔬菜	0.03
其他类蔬菜	0.03
水果	
柑橘类水果	0.03
仁果类水果	0.03
核果类水果	0.03
浆果和其他小型水果	0.03
热带和亚热带水果	0.03
瓜果类水果	0.03
饮料类	
茶叶	0.03

4.231.5 检测方法:谷物按照 GB 23200.113、GB/T 20770 规定的方法测定;油料和油脂按照 GB 23200.113 规定的方法测定;蔬菜、水果按照 GB 23200.113、NY/T 761 规定的方法测定;茶叶按照 GB 23200.13、GB 23200.113 规定的方法测定。

4.232 硫双威(thiodicarb)

4.232.1 主要用途:杀虫剂。

4.232.2 ADI:0.03 mg/kg bw。

4.232.3 残留物:硫双威。

4.232.4 最大残留限量:应符合表 232 的规定。

表 232

食品类别/名称	最大残留限量,mg/kg
油料和油脂	
棉籽油	0.1
蔬菜	
结球甘蓝	1

4.232.5 检测方法:油料和油脂、蔬菜参照 GB/T 20770 规定的方法测定。

4.233 硫酸链霉素(streptomycin sesquissulfate)

4.233.1 主要用途:杀菌剂。

4.233.2 ADI:0.05 mg/kg bw。

4.233.3 残留物:链霉素和双氢链霉素的总和,以链霉素表示。

4.233.4 最大残留限量:应符合表 233 的规定。

表 233

食品类别/名称	最大残留限量,mg/kg
蔬菜	
大白菜	1*

* 该限量为临时限量。

4.234　硫酰氟(sulfuryl fluoride)

4.234.1　主要用途:杀虫剂。

4.234.2　ADI:0.01 mg/kg bw。

4.234.3　残留物:硫酰氟。

4.234.4　最大残留限量:应符合表234的规定。

表 234

食品类别/名称	最大残留限量,mg/kg
谷物	
稻谷	0.05*
糙米	0.1*
大米	0.1*
小麦	0.1*
旱粮类	0.05*
黑麦粉	0.1*
黑麦全粉	0.1*
小麦粉	0.1*
全麦粉	0.1*
玉米粉	0.1*
玉米糁	0.1*
麦胚	0.1*
蔬菜	
黄瓜	0.05*
干制水果	0.06*
坚果	3*

* 该限量为临时限量。

4.235　硫线磷(cadusafos)

4.235.1　主要用途:杀虫剂。

4.235.2　ADI:0.000 5 mg/kg bw。

4.235.3　残留物:硫线磷。

4.235.4　最大残留限量:应符合表235的规定。

表 235

食品类别/名称	最大残留限量,mg/kg
谷物	
稻谷	0.02
麦类	0.02
旱粮类	0.02
杂粮类	0.02
油料和油脂	
大豆	0.02
花生仁	0.02

表 235（续）

食品类别/名称	最大残留限量,mg/kg
蔬菜	
鳞茎类蔬菜	0.02
芸薹属类蔬菜	0.02
叶菜类蔬菜	0.02
茄果类蔬菜	0.02
瓜类蔬菜	0.02
豆类蔬菜	0.02
茎类蔬菜	0.02
根茎类和薯芋类蔬菜	0.02
水生类蔬菜	0.02
芽菜类蔬菜	0.02
其他类蔬菜	0.02
水果	
柑橘类水果	0.005
仁果类水果	0.02
核果类水果	0.02
浆果和其他小型水果	0.02
热带和亚热带水果	0.02
糖料	
甘蔗	0.005

4.235.5 检测方法:谷物按照 GB/T 20770 规定的方法测定;油料和油脂参照 GB/T 20770 规定的方法测定;蔬菜、水果按照 GB/T 20769 规定的方法测定;糖料参照 SN/T 2147 规定的方法测定。

4.236 螺虫乙酯(spirotetramat)

4.236.1 主要用途:杀虫剂。

4.236.2 ADI:0.05 mg/kg bw。

4.236.3 残留物:螺虫乙酯及其烯醇类代谢产物之和,以螺虫乙酯表示。

4.236.4 最大残留限量:应符合表 236 的规定。

表 236

食品类别/名称	最大残留限量,mg/kg
谷物	
杂粮类	2*
油料和油脂	
棉籽	0.4*
大豆	4*
蔬菜	
洋葱	0.4*
结球甘蓝	2*
花椰菜	1*
叶菜类蔬菜(芹菜除外)	7*
芹菜	4*
茄果类蔬菜(辣椒除外)	1*
辣椒	2*
瓜类蔬菜(黄瓜除外)	0.2*
黄瓜	1*
豆类蔬菜	1.5*
朝鲜蓟	1*
马铃薯	0.8*

表 236（续）

食品类别/名称	最大残留限量，mg/kg
水果	
柑橘类水果（柑、橘、橙除外）	0.5*
柑	1*
橘	1*
橙	1*
仁果类水果（苹果除外）	0.7*
苹果	1*
核果类水果	3*
浆果和其他小型水果（越橘、葡萄、猕猴桃除外）	1.5*
越橘	0.2*
葡萄	2*
猕猴桃	0.02*
荔枝	15*
杧果	0.3*
番木瓜	0.4*
瓜果类水果	0.2*
干制水果	
李子干	5*
葡萄干	4*
坚果	0.5*
饮料类	
啤酒花	15*
调味料	
干辣椒	15*
哺乳动物肉类（海洋哺乳动物除外）	0.05*
哺乳动物内脏（海洋哺乳动物除外）	1*
禽肉类	0.01*
禽类内脏	0.01*
蛋类	0.01*
生乳	0.005*
* 该限量为临时限量。	

4.237 螺螨酯（spirodiclofen）

4.237.1 主要用途：杀螨剂。

4.237.2 ADI：0.01 mg/kg bw。

4.237.3 残留物：螺螨酯。

4.237.4 最大残留限量：应符合表 237 的规定。

表 237

食品类别/名称	最大残留限量，mg/kg
油料和油脂	
棉籽	0.02
蔬菜	
番茄	0.5
甜椒	0.2
黄瓜	0.07
腌制用小黄瓜	0.07
水果	
柑橘类水果（柑、橘、橙除外）	0.4

表 237（续）

食品类别/名称	最大残留限量,mg/kg
水果	
柑	0.5
橘	0.5
橙	0.5
仁果类水果(苹果除外)	0.8
苹果	0.5
桃	2
油桃	2
杏	2
枣(鲜)	2
李子	2
樱桃	2
青梅	2
蓝莓	4
醋栗	1
葡萄	0.2
草莓	2
鳄梨	0.9
番木瓜	0.03
干制水果	
葡萄干	0.3
坚果	0.05
饮料类	
咖啡豆	0.03
啤酒花	40
哺乳动物肉类(海洋哺乳动物除外),以脂肪中残留量表示	0.01
哺乳动物内脏(海洋哺乳动物除外)	0.05
生乳	0.004

4.237.5 检测方法:油料和油脂参照 GB 23200.9 规定的方法测定;蔬菜、干制水果按照 GB/T 20769 规定的方法测定;水果按照 GB 23200.8、GB/T 20769 规定的方法测定;坚果、饮料类参照 GB/T 20769 规定的方法测定;哺乳动物肉类(海洋哺乳动物除外)按照 GB/T 20772 规定的方法测定;哺乳动物内脏(海洋哺乳动物除外)参照 GB/T 20772 规定的方法测定;生乳按照 GB/T 23211 规定的方法测定。

4.238 绿麦隆(chlortoluron)

4.238.1 主要用途:除草剂。

4.238.2 ADI:0.04 mg/kg bw。

4.238.3 残留物:绿麦隆。

4.238.4 最大残留限量:应符合表 238 的规定。

表 238

食品类别/名称	最大残留限量,mg/kg
谷物	
麦类	0.1
玉米	0.1
油料和油脂	
大豆	0.1

4.238.5 检测方法:谷物、油料和油脂按照 GB/T 5009.133 规定的方法测定。

4.239 氯氨吡啶酸(aminopyralid)

4.239.1 主要用途:除草剂。

4.239.2 ADI:0.9 mg/kg bw。

4.239.3 残留物:氯氨吡啶酸及其能被水解的共轭物,以氯氨吡啶酸表示。

4.239.4 最大残留限量:应符合表 239 的规定。

表 239

食品类别/名称	最大残留限量,mg/kg
谷物	
小麦	0.1*
大麦	0.1*
燕麦	0.1*
小黑麦	0.1*
哺乳动物肉类(海洋哺乳动物除外)	0.1*
哺乳动物内脏(海洋哺乳动物除外)	
哺乳动物内脏(猪肾、牛肾、羊肾除外)	0.05*
猪肾	1*
牛肾	1*
羊肾	1*
禽肉类	0.01*
禽类内脏	0.01*
蛋类	0.01*
生乳	0.02*
* 该限量为临时限量。	

4.240 氯苯胺灵(chlorpropham)

4.240.1 主要用途:植物生长调节剂。

4.240.2 ADI:0.05 mg/kg bw。

4.240.3 残留物:氯苯胺灵。

4.240.4 最大残留限量:应符合表 240 的规定。

表 240

食品类别/名称	最大残留限量,mg/kg
蔬菜	
马铃薯	30
哺乳动物肉类(海洋哺乳动物除外)	
牛肉	0.1
哺乳动物内脏(海洋哺乳动物除外)	
牛内脏	0.01*
生乳	0.01
乳脂肪	0.02
* 该限量为临时限量。	

4.240.5 检测方法:蔬菜按照 GB 23200.9、GB 23200.113 规定的方法测定;哺乳动物肉类(海洋哺乳动物除外)按照 GB/T 19650 规定的方法测定;生乳按照 GB/T 23210 规定的方法测定;乳脂肪参照 GB/T 23210 规定的方法测定。

4.241 氯苯嘧啶醇(fenarimol)

4.241.1 主要用途:杀菌剂。

4.241.2 ADI:0.01 mg/kg bw。

4.241.3 残留物:氯苯嘧啶醇。

4.241.4 最大残留限量:应符合表 241 的规定。

表 241

食品类别/名称	最大残留限量,mg/kg
蔬菜	
甜椒	0.5
朝鲜蓟	0.1
水果	
苹果	0.3
梨	0.3
山楂	0.3
枇杷	0.3
榅桲	0.3
桃	0.5
樱桃	1
葡萄	0.3
草莓	1
香蕉	0.2
甜瓜类水果	0.05
干制水果	
葡萄干	0.2
饮料类	
啤酒花	5
坚果	
山核桃	0.02
调味料	
干辣椒	5
哺乳动物肉类(海洋哺乳动物除外)	
牛肉	0.02
哺乳动物内脏(海洋哺乳动物除外)	
牛肝	0.05*
牛肾	0.02*
* 该限量为临时限量。	

4.241.5 检测方法:蔬菜、水果、干制水果、饮料类按照 GB 23200.8、GB 23200.113、GB/T 20769 规定的方法测定;坚果参照 GB 23200.8、GB 23200.113、GB/T 20769 规定的方法测定;调味料按照 GB 23200.113 规定的方法测定;哺乳动物肉类(海洋哺乳动物除外)按照 GB/T 20772 规定的方法测定。

4.242 氯吡嘧磺隆(halosulfuron-methyl)

4.242.1 主要用途:除草剂。

4.242.2 ADI:0.1 mg/kg bw。

4.242.3 残留物:氯吡嘧磺隆。

4.242.4 最大残留限量:应符合表 242 的规定。

表 242

食品类别/名称	最大残留限量,mg/kg
谷物	
玉米	0.05
高粱	0.02
蔬菜	
番茄	0.05

4.242.5 检测方法:谷物按照 SN/T 2325 规定的方法测定;蔬菜参照 SN/T 2325 规定的方法测定。

4.243 氯吡脲(forchlorfenuron)

4.243.1 主要用途:植物生长调节剂。

4.243.2 ADI:0.07 mg/kg bw。

4.243.3 残留物:氯吡脲。

4.243.4 最大残留限量:应符合表243的规定。

表 243

食品类别/名称	最大残留限量,mg/kg
蔬菜	
黄瓜	0.1
水果	
橙	0.05
枇杷	0.05
猕猴桃	0.05
葡萄	0.05
西瓜	0.1
甜瓜类水果	0.1

4.243.5 检测方法:蔬菜、水果按照 GB 23200.110 规定的方法测定。

4.244 氯丙嘧啶酸(aminocyclopyrachlor)

4.244.1 主要用途:除草剂。

4.244.2 ADI:3 mg/kg bw。

4.244.3 残留物:氯丙嘧啶酸。

4.244.4 最大残留限量:应符合表244的规定。

表 244

食品类别/名称	最大残留限量,mg/kg
哺乳动物肉类(海洋哺乳动物除外)	0.01*
哺乳动物内脏(海洋哺乳动物除外)	0.3*
哺乳动物脂肪(乳脂肪除外)	0.03*
生乳	0.02*
*　该限量为临时限量。	

4.245 氯虫苯甲酰胺(chlorantraniliprole)

4.245.1 主要用途:杀虫剂。

4.245.2 ADI:2 mg/kg bw。

4.245.3 残留物:氯虫苯甲酰胺。

4.245.4 最大残留限量:应符合表245的规定。

表 245

食品类别/名称	最大残留限量,mg/kg
谷物	
稻谷	0.5*
麦类	0.02*
旱粮类	0.02*
杂粮类	0.02*
成品粮(糙米、大米除外)	0.02*
糙米	0.5*
大米	0.04*

表 245（续）

食品类别/名称	最大残留限量,mg/kg
油料和油脂	
油菜籽	2*
棉籽	0.3*
大豆	0.05*
葵花籽	2*
蔬菜	
芸薹属类蔬菜	2*
叶菜类蔬菜(萝卜叶、芹菜除外)	20*
萝卜叶	40*
芹菜	7*
茄果类蔬菜	0.6*
瓜类蔬菜	0.3*
荚可食类豆类蔬菜(豇豆、食荚豌豆除外)	0.8*
豇豆	1*
食荚豌豆	0.05*
菜用大豆	2*
朝鲜蓟	2*
根茎类和薯芋类蔬菜(萝卜、胡萝卜除外)	0.02*
萝卜	0.5*
胡萝卜	0.08*
玉米笋	0.01*
水果	
柑橘类水果	0.5*
仁果类水果(苹果除外)	0.4*
苹果	2*
核果类水果	1*
浆果及其他小型水果	1*
石榴	0.4*
瓜果类水果	0.3*
坚果	0.02*
糖料	
甘蔗	0.05*
饮料类	
咖啡豆	0.05*
啤酒花	40*
调味料	
薄荷	15*
干辣椒	5*
哺乳动物肉类(海洋哺乳动物除外),以脂肪中残留量表示	0.2*
哺乳动物内脏(海洋哺乳动物除外)	0.01*
哺乳动物脂肪(乳脂肪除外)	0.2*
禽肉类,以脂肪中残留量表示	0.01*
禽类内脏	0.01*
禽类脂肪	0.01*
蛋类	0.2*
生乳	0.05*
乳脂肪	0.2*
* 该限量为临时限量。	

4.246 氯啶菌酯(triclopyricarb)

4.246.1 主要用途:杀菌剂。

4.246.2 ADI:0.05 mg/kg bw。

4.246.3 残留物:氯啶菌酯。

4.246.4 最大残留限量:应符合表 246 的规定。

表 246

食品类别/名称	最大残留限量,mg/kg
谷物	
稻谷	5*
糙米	2*
小麦	0.2*
油料和油脂	
油菜籽	0.5*
* 该限量为临时限量。	

4.247 氯氟吡氧乙酸和氯氟吡氧乙酸异辛酯(fluroxypyr and fluroxypyr-meptyl)

4.247.1 主要用途:除草剂。

4.247.2 ADI:1 mg/kg bw。

4.247.3 残留物:氯氟吡氧乙酸。

4.247.4 最大残留限量:应符合表 247 的规定。

表 247

食品类别/名称	最大残留限量,mg/kg
谷物	
稻谷	0.2
小麦	0.2
玉米	0.5

4.247.5 检测方法:谷物按照 GB/T 22243 规定的方法测定。

4.248 氯氟氰菊酯和高效氯氟氰菊酯(cyhalothrin and lambda-cyhalothrin)

4.248.1 主要用途:杀虫剂。

4.248.2 ADI:0.02 mg/kg bw。

4.248.3 残留物:氯氟氰菊酯(异构体之和)。

4.248.4 最大残留限量:应符合表 248 的规定。

表 248

食品类别/名称	最大残留限量,mg/kg
谷物	
糙米	1
小麦	0.05
大麦	0.5
燕麦	0.05
黑麦	0.05
小黑麦	0.05
玉米	0.02
鲜食玉米	0.2
杂粮类	0.05
油料和油脂	
含油种子(大豆、棉籽除外)	0.2
棉籽	0.05

表 248（续）

食品类别/名称	最大残留限量，mg/kg
油料和油脂	
大豆	0.02
棉籽油	0.02
蔬菜	
韭菜	0.5
鳞茎类蔬菜	0.2
结球甘蓝	1
头状花序芸薹属类蔬菜(青花菜除外)	0.5
青花菜	2
芥蓝	2
菜薹	1
菠菜	2
普通白菜	2
苋菜	5
茼蒿	5
叶用莴苣	2
茎用莴苣叶	2
油麦菜	2
芹菜	0.5
大白菜	1
茄果类蔬菜(番茄、茄子、辣椒除外)	0.3
番茄	0.2
茄子	0.2
辣椒	0.2
瓜类蔬菜(黄瓜除外)	0.05
黄瓜	1
豆类蔬菜	0.2
芦笋	0.02
茎用莴苣	0.2
根茎类和薯芋类蔬菜(马铃薯除外)	0.01
马铃薯	0.02
水果	
柑	0.2
橘	0.2
橙	0.2
柠檬	0.2
柚	0.2
佛手柑	0.2
金橘	0.2
苹果	0.2
梨	0.2
山楂	0.2
枇杷	0.2
榅桲	0.2
桃	0.5
油桃	0.5
杏	0.5
李子	0.2
樱桃	0.3
浆果及其他小型水果[枸杞(鲜)除外]	0.2
枸杞(鲜)	0.5

表 248（续）

食品类别/名称	最大残留限量，mg/kg
水果	
橄榄	1
荔枝	0.1
杧果	0.2
瓜果类水果	0.05
干制水果	
李子干	0.2
葡萄干	0.3
枸杞（干）	0.1
坚果	0.01
糖料	
甘蔗	0.05
饮料类	
茶叶	15
食用菌	
蘑菇类（鲜）	0.5
调味料	
干辣椒	3
哺乳动物肉类（海洋哺乳动物除外），以脂肪中残留量表示	0.05
哺乳动物内脏（海洋哺乳动物除外）	
猪肾	0.2
牛肾	0.2
绵羊肾	0.2
山羊肾	0.2
猪肝	0.05
牛肝	0.05
绵羊肝	0.05
山羊肝	0.05
生乳	0.2

4.248.5 检测方法：谷物按照 GB 23200.9、GB 23200.113、GB/T 5009.146、SN/T 2151 规定的方法测定；油料和油脂、调味料按照 GB 23200.113 规定的方法测定；蔬菜、水果、干制水果按照 GB 23200.8、GB 23200.113、GB/T 5009.146、NY/T 761 规定的方法测定；坚果、糖料参照 GB 23200.9、GB 23200.113、GB/T 5009.146、SN/T 2151 规定的方法测定；茶叶按照 GB 23200.113 规定的方法测定；食用菌按照 GB 23200.113、GB/T 5009.146、NY/T 761 规定的方法测定；哺乳动物肉类（海洋哺乳动物除外）、哺乳动物内脏（海洋哺乳动物除外）参照 GB/T 23210 规定的方法测定；生乳按照 GB/T 23210 规定的方法测定。

4.249　氯化苦（chloropicrin）

4.249.1　主要用途：熏蒸剂。

4.249.2　ADI：0.001 mg/kg bw。

4.249.3　残留物：氯化苦。

4.249.4　最大残留限量：应符合表 249 的规定。

表 249

食品类别/名称	最大残留限量，mg/kg
谷物	
稻谷	0.1
麦类	0.1
旱粮类	0.1
杂粮类	0.1

表 249（续）

食品类别/名称	最大残留限量，mg/kg
油料和油脂	
大豆	0.1
花生仁	0.05
蔬菜	
茄子	0.05*
姜	0.05*
其他薯芋类蔬菜	0.1
水果	
草莓	0.05*
甜瓜类水果	0.05*
*　该限量为临时限量。	

4.249.5　检测方法：谷物按照 GB/T 5009.36 规定的方法测定；油料和油脂、蔬菜、水果参照 GB/T 5009.36 规定的方法测定。

4.250　氯磺隆（chlorsulfuron）

4.250.1　主要用途：除草剂。

4.250.2　ADI：0.2 mg/kg bw。

4.250.3　残留物：氯磺隆。

4.250.4　最大残留限量：应符合表 250 的规定。

表 250

食品类别/名称	最大残留限量，mg/kg
谷物	
小麦	0.1

4.250.5　检测方法：谷物按照 GB/T 20770 规定的方法测定。

4.251　氯菊酯（permethrin）

4.251.1　主要用途：杀虫剂。

4.251.2　ADI：0.05 mg/kg bw。

4.251.3　残留物：氯菊酯（异构体之和）。

4.251.4　最大残留限量：应符合表 251 的规定。

表 251

食品类别/名称	最大残留限量，mg/kg
谷物	
稻谷	2
麦类	2
旱粮类	2
杂粮类	2
小麦粉	0.5
麦胚	2
全麦粉	2
油料和油脂	
油菜籽	0.05
棉籽	0.5
大豆	2
花生仁	0.1

表 251（续）

食品类别/名称	最大残留限量，mg/kg
油料和油脂	
葵花籽	1
大豆毛油	0.1
葵花籽毛油	1
棉籽油	0.1
蔬菜	
鳞茎类蔬菜（韭葱、葱除外）	1
韭葱	0.5
葱	0.5
芸薹属类蔬菜（单列的除外）	1
结球甘蓝	5
球茎甘蓝	0.1
羽衣甘蓝	5
花椰菜	0.5
青花菜	2
芥蓝	5
菜薹	0.5
叶菜类蔬菜（菠菜、结球莴苣、芹菜、大白菜除外）	1
菠菜	2
结球莴苣	2
芹菜	2
大白菜	5
茄果类蔬菜	1
瓜类蔬菜（黄瓜、腌制用小黄瓜、西葫芦、笋瓜除外）	1
黄瓜	0.5
腌制用小黄瓜	0.5
西葫芦	0.5
笋瓜	0.5
豆类蔬菜（食荚豌豆除外）	1
食荚豌豆	0.1
茎类蔬菜	1
根茎类和薯芋类蔬菜（萝卜、胡萝卜、马铃薯除外）	1
萝卜	0.1
胡萝卜	0.1
马铃薯	0.05
水生类蔬菜	1
芽菜类蔬菜	1
其他类蔬菜（玉米笋除外）	1
玉米笋	0.1
水果	
柑橘类水果	2
仁果类水果	2
核果类水果	2
浆果和其他小型水果（单列的除外）	2
黑莓	1
醋栗（红、黑）	1
露莓（包括波森莓和罗甘莓）	1
草莓	1
热带和亚热带水果（柿子、橄榄除外）	2
柿子	1
橄榄	1
瓜果类水果	2

表 251(续)

食品类别/名称	最大残留限量,mg/kg
坚果	
杏仁	0.1
开心果	0.05
糖料	
甜菜	0.05
饮料类	
茶叶	20
咖啡豆	0.05
啤酒花	50
食用菌	
蘑菇类(鲜)	0.1
调味料	
调味料(干辣椒、山葵除外)	0.05
干辣椒	10
山葵	0.5
哺乳动物肉类(海洋哺乳动物除外),以脂肪中残留量表示	1
哺乳动物内脏(海洋哺乳动物除外)	0.1
禽肉类	0.1
蛋类	0.1

4.251.5 检测方法:谷物按照 GB 23200.113、GB/T 5009.146、SN/T 2151 规定的方法测定;油料和油脂按照 GB 23200.113 规定的方法测定;蔬菜、水果按照 GB 23200.8、GB 23200.113、NY/T 761 规定的方法测定;坚果、糖料参照 GB 23200.113、GB/T 5009.146、SN/T 2151 规定的方法测定;饮料类(茶叶除外)、调味料、食用菌按照 GB 23200.113 规定的方法测定;茶叶按照 GB 23200.113、GB/T 23204 规定的方法测定;哺乳动物肉类(海洋哺乳动物除外)、禽肉类、蛋类按照 GB/T 5009.162 规定的方法测定;哺乳动物内脏(海洋哺乳动物除外)参照 GB/T 5009.162 规定的方法测定。

4.252 氯嘧磺隆(chlorimuron-ethyl)

4.252.1 主要用途:除草剂。

4.252.2 ADI:0.09 mg/kg bw。

4.252.3 残留物:氯嘧磺隆。

4.252.4 最大残留限量:应符合表 252 的规定。

表 252

食品类别/名称	最大残留限量,mg/kg
油料和油脂	
大豆	0.02

4.252.5 检测方法:油料和油脂参照 GB/T 20770 规定的方法测定。

4.253 氯氰菊酯和高效氯氰菊酯(cypermethrin and beta-cypermethrin)

4.253.1 主要用途:杀虫剂。

4.253.2 ADI:0.02 mg/kg bw。

4.253.3 残留物:氯氰菊酯(异构体之和)。

4.253.4 最大残留限量：应符合表 253 的规定。

表 253

食品类别/名称	最大残留限量，mg/kg
谷物	
谷物（单列的除外）	0.3
稻谷	2
小麦	0.2
大麦	2
黑麦	2
燕麦	2
玉米	0.05
鲜食玉米	0.5
杂粮类	0.05
油料和油脂	
小型油籽类	0.1
棉籽	0.2
大型油籽类（大豆除外）	0.1
大豆	0.05
初榨橄榄油	0.5
精炼橄榄油	0.5
蔬菜	
洋葱	0.01
韭菜	1
葱	2
韭葱	0.05
芸薹属类蔬菜（结球甘蓝、菜薹除外）	1
结球甘蓝	5
菜薹	5
叶菜类蔬菜（单列的除外）	0.7
菠菜	2
普通白菜	2
苋菜	3
茼蒿	7
叶用莴苣	2
茎用莴苣叶	5
油麦菜	7
芹菜	1
大白菜	2
番茄	0.5
樱桃番茄	2
茄子	0.5
辣椒	0.5
甜椒	2
黄秋葵	0.5
瓜类蔬菜（黄瓜除外）	0.07
黄瓜	0.2
豆类蔬菜（单列的除外）	0.7
豇豆	0.5
菜豆	0.5
食荚豌豆	0.5

表 253（续）

食品类别/名称	最大残留限量，mg/kg
蔬菜	
扁豆	0.5
蚕豆	0.5
豌豆	0.5
芦笋	0.4
朝鲜蓟	0.1
茎用莴苣	0.3
根茎类和薯芋类蔬菜	0.01
玉米笋	0.05
水果	
柑橘类水果（柑、橘、橙、柠檬、柚除外）	0.3
柑	1
橘	1
橙	2
柠檬	2
柚	2
仁果类水果（苹果、梨除外）	0.7
苹果	2
梨	2
核果类水果（桃除外）	2
桃	1
葡萄	0.2
草莓	0.07
橄榄	0.05
杨桃	0.2
荔枝	0.5
龙眼	0.5
杧果	0.7
番木瓜	0.5
榴莲	1
瓜果类水果	0.07
干制水果	
葡萄干	0.5
枸杞（干）	2
坚果	0.05
糖料	
甘蔗	0.2
甜菜	0.1
饮料类	
茶叶	20
咖啡豆	0.05
食用菌	
蘑菇类（鲜）	0.5
调味料	
干辣椒	10

表 253（续）

食品类别/名称	最大残留限量，mg/kg
调味料	
果类调味料	0.1
根茎类调味料	0.2
哺乳动物肉类（海洋哺乳动物除外），以脂肪中残留量表示	2
哺乳动物内脏（海洋哺乳动物除外）	0.05
禽肉类，以脂肪中残留量表示	0.1
禽类内脏	0.05
禽类脂肪	0.1
蛋类	0.01
生乳	0.05
乳脂肪	0.5

4.253.5 检测方法：谷物按照 GB 23200.9、GB 23200.113、GB/T 5009.110 规定的方法测定；油料和油脂、调味料按照 GB 23200.113 规定的方法测定；蔬菜、水果、干制水果、食用菌按照 GB 23200.8、GB 23200.113、GB/T 5009.146、NY/T 761 规定的方法测定；坚果、糖料参照 GB 23200.9、GB 23200.113、GB/T 5009.110、GB/T 5009.146 规定的方法测定；饮料类按照 GB 23200.113、GB/T 23204 规定的方法测定；哺乳动物肉类（海洋哺乳动物除外）、禽肉类、蛋类按照 GB/T 5009.162 规定的方法测定；哺乳动物内脏（海洋哺乳动物除外）、禽类内脏、禽类脂肪参照 GB/T 5009.162 规定的方法测定；生乳、乳脂肪参照 GB/T 23210 规定的方法测定。

4.254 氯噻啉（imidaclothiz）

4.254.1 主要用途：杀虫剂。

4.254.2 ADI：0.025 mg/kg bw。

4.254.3 残留物：氯噻啉。

4.254.4 最大残留限量：应符合表 254 的规定。

表 254

食品类别/名称	最大残留限量，mg/kg
谷物	
稻谷	0.1*
糙米	0.1*
小麦	0.2*
蔬菜	
结球甘蓝	0.5*
番茄	0.2*
水果	
柑	0.2*
橘	0.2*
橙	0.2*
饮料类	
茶叶	3*
* 该限量为临时限量。	

4.255 氯硝胺（dicloran）

4.255.1 主要用途：杀菌剂。

4.255.2 ADI：0.01 mg/kg bw。

4.255.3 残留物：氯硝胺。

4.255.4 最大残留限量：应符合表 255 的规定。

表 255

食品类别/名称	最大残留限量,mg/kg
蔬菜	
洋葱	0.2
胡萝卜	15
水果	
桃	7
油桃	7
葡萄	7

4.255.5 检测方法:蔬菜按照 GB 23200.8、GB 23200.113、GB/T 20769、NY/T 1379 规定的方法测定;水果按照 GB 23200.8、GB 23200.113、GB/T 20769 规定的方法测定。

4.256 氯溴异氰尿酸(chloroisobromine cyanuric acid)

4.256.1 主要用途:杀菌剂。

4.256.2 ADI:0.007 mg/kg bw。

4.256.3 残留物:氯溴异氰尿酸,以氰尿酸计。

4.256.4 最大残留限量:应符合表 256 的规定。

表 256

食品类别/名称	最大残留限量,mg/kg
谷物	
稻谷	0.2*
糙米	0.2*
蔬菜	
大白菜	0.2*
辣椒	5*
*　该限量为临时限量。	

4.257 氯唑磷(isazofos)

4.257.1 主要用途:杀虫剂。

4.257.2 ADI:0.000 05 mg/kg bw。

4.257.3 残留物:氯唑磷。

4.257.4 最大残留限量:应符合表 257 的规定。

表 257

食品类别/名称	最大残留限量,mg/kg
谷物	
糙米	0.05
蔬菜	
鳞茎类蔬菜	0.01
芸薹属类蔬菜	0.01
叶菜类蔬菜	0.01
茄果类蔬菜	0.01
瓜类蔬菜	0.01
豆类蔬菜	0.01
茎类蔬菜	0.01
根茎类和薯芋类蔬菜	0.01
水生类蔬菜	0.01
芽菜类蔬菜	0.01
其他类蔬菜	0.01

表 257（续）

食品类别/名称	最大残留限量，mg/kg
水果	
柑橘类水果	0.01
仁果类水果	0.01
核果类水果	0.01
浆果和其他小型水果	0.01
热带和亚热带水果	0.01
瓜果类水果	0.01
饮料类	
茶叶	0.01

4.257.5 检测方法：谷物按照 GB 23200.9、GB 23200.113 规定的方法测定；蔬菜、水果按照 GB 23200.113、GB/T 20769 规定的方法测定；茶叶按照 GB 23200.113、GB/T 23204 规定的方法测定。

4.258 马拉硫磷(malathion)

4.258.1 主要用途：杀虫剂。

4.258.2 ADI：0.3 mg/kg bw。

4.258.3 残留物：马拉硫磷。

4.258.4 最大残留限量：应符合表 258 的规定。

表 258

食品类别/名称	最大残留限量，mg/kg
谷物	
稻谷	8
糙米	1
大米	0.1
麦类	8
旱粮类(鲜食玉米、高粱除外)	8
鲜食玉米	0.5
高粱	3
杂粮类	8
油料和油脂	
棉籽	0.05
大豆	8
花生仁	0.05
棉籽毛油	13
棉籽油	13
蔬菜	
大蒜	0.5
洋葱	1
葱	5
结球甘蓝	0.5
花椰菜	0.5
青花菜	1
芥蓝	5
菜薹	7
菠菜	2
普通白菜	8
叶用莴苣	8
茎用莴苣叶	8

表 258（续）

食品类别/名称	最大残留限量,mg/kg
蔬菜	
叶芥菜	2
芜菁叶	5
芹菜	1
大白菜	8
番茄	0.5
樱桃番茄	1
茄子	0.5
辣椒	0.5
黄瓜	0.2
西葫芦	0.1
豇豆	2
菜豆	2
食荚豌豆	2
扁豆	2
蚕豆	2
豌豆	2
芦笋	1
茎用莴苣	1
芜菁	0.2
萝卜	0.5
胡萝卜	0.5
山药	0.5
马铃薯	0.5
甘薯	8
芋	8
玉米笋	0.02
水果	
柑	2
橘	2
橙	4
柠檬	4
柚	4
苹果	2
梨	2
桃	6
油桃	6
杏	6
枣(鲜)	6
李子	6
樱桃	6
蓝莓	10
越橘	1
桑葚	1
葡萄	8
草莓	1
无花果	0.2
荔枝	0.5
干制水果	
干制无花果	1

表 258（续）

食品类别/名称	最大残留限量，mg/kg
糖料	
甜菜	0.5
食用菌	
蘑菇类(鲜)	0.5
饮料类	
番茄汁	0.01
调味料	
干辣椒	1
果类调味料	1
种子类调味料	2
根茎类调味料	0.5

4.258.5 检测方法：谷物按照 GB 23200.9、GB 23200.113、GB/T 5009.145 规定的方法测定；油料和油脂按照 GB 23200.113、GB/T 5009.145 规定的方法测定；蔬菜、水果、干制水果、食用菌、饮料类按照 GB 23200.8、GB 23200.113、GB/T 20769、NY/T 761 规定的方法测定；糖料参照 GB 23200.113、NY/T 761 规定的方法测定；调味料按照 GB 23200.113 规定的方法测定。

4.259 麦草畏(dicamba)

4.259.1 主要用途：除草剂。

4.259.2 ADI：0.3 mg/kg bw。

4.259.3 残留物：植物源性食品为麦草畏；动物源性食品为麦草畏和 3,6-二氯水杨酸之和，以麦草畏表示。

4.259.4 最大残留限量：应符合表 259 的规定。

表 259

食品类别/名称	最大残留限量，mg/kg
谷物	
小麦	0.5
大麦	7
玉米	0.5
高粱	4
油料和油脂	
棉籽	0.04
大豆	10
蔬菜	
芦笋	5
玉米笋	0.02
糖料	
甘蔗	1
哺乳动物肉类(海洋哺乳动物除外)	0.03*
哺乳动物内脏(海洋哺乳动物除外)	0.7*
哺乳动物脂肪(乳脂肪除外)	0.07*
禽肉类	0.02*
禽类脂肪	0.04*
禽类内脏	0.07*
蛋类	0.01*
生乳	0.2*
* 该限量为临时限量。	

4.259.5 检测方法：谷物按照 SN/T 1606、SN/T 2228 规定的方法测定；油料和油脂按照 SN/T 1606 规

定的方法测定;蔬菜、糖料参照 SN/T 1606 规定的方法测定。

4.260 咪鲜胺和咪鲜胺锰盐(prochloraz and prochloraz-manganese chloride complex)

4.260.1 主要用途:杀菌剂。

4.260.2 ADI:0.01 mg/kg bw。

4.260.3 残留物:咪鲜胺及其含有 2,4,6-三氯苯酚部分的代谢产物之和,以咪鲜胺表示。

4.260.4 最大残留限量:应符合表 260 的规定。

表 260

食品类别/名称	最大残留限量,mg/kg
谷物	
稻谷	0.5
麦类(小麦除外)	2
小麦	0.5
旱粮类	2
油料和油脂	
油菜籽	0.5
亚麻籽	0.05
葵花籽	0.5
葵花籽毛油	1
蔬菜	
大蒜	0.1
蒜薹	2
菜薹	2
辣椒	2
黄瓜	1
茭白	0.5
水果	
柑橘类水果(柑、橘、橙除外)	10
柑	5
橘	5
橙	5
苹果	2
梨	0.2
枣(鲜)	3
葡萄	2
皮不可食热带和亚热带水果(单列的除外)	7
荔枝	2
龙眼	5
杧果	2
香蕉	5
西瓜	0.1
食用菌	
蘑菇类(鲜)	2
调味料	
胡椒(黑、白)	10
药用植物	
石斛(鲜)	15*
石斛(干)	20*
哺乳动物肉类(海洋哺乳动物除外),以脂肪中的残留量表示	0.5*
哺乳动物内脏(海洋哺乳动物除外)	10*

表 260（续）

食品类别/名称	最大残留限量,mg/kg
禽肉类	0.05*
禽类内脏	0.2*
蛋类	0.1*
生乳	0.05*
* 该限量为临时限量。	

4.260.5 检测方法:谷物、油料和油脂、调味料参照 NY/T 1456 规定的方法测定;蔬菜、水果按照 NY/T 1456 规定的方法测定;食用菌按照 NY/T 1456 规定的方法测定。

4.261 咪唑菌酮(fenamidone)

4.261.1 主要用途:杀菌剂。

4.261.2 ADI:0.03 mg/kg bw。

4.261.3 残留物:咪唑菌酮。

4.261.4 最大残留限量:应符合表 261 的规定。

表 261

食品类别/名称	最大残留限量,mg/kg
油料和油脂	
棉籽	0.02
葵花籽	0.02
蔬菜	
大蒜	0.15
洋葱	0.15
葱	3
韭葱	0.3
结球甘蓝	0.9
花椰菜	4
叶用莴苣	0.9
结球莴苣	20
菊苣	0.01
芹菜	40
茄果类蔬菜(辣椒除外)	1.5
辣椒	4
荚可食类豆类蔬菜	0.8
胡萝卜	0.2
马铃薯	0.02
水果	
葡萄	0.6
草莓	0.04
调味料	
干辣椒	30
哺乳动物肉类(海洋哺乳动物除外),以脂肪中残留量表示	0.01*
哺乳动物内脏(海洋哺乳动物除外)	0.01*
禽肉类,以脂肪中残留量表示	0.01*
禽类内脏	0.01*
禽类脂肪	0.01*

表 261（续）

食品类别/名称	最大残留限量,mg/kg
蛋类	0.01*
生乳	0.01
乳脂肪	0.02
* 该限量为临时限量。	

4.261.5　检测方法:油料和油脂按照 GB 23200.113 规定的方法测定;蔬菜、水果按照 GB 23200.8、GB 23200.113 规定的方法测定;调味料按照 GB 23200.113 规定的方法测定;生乳、乳脂肪按照 GB/T 23210 规定的方法测定。

4.262　咪唑喹啉酸(imazaquin)

4.262.1　主要用途:除草剂。

4.262.2　ADI:0.25 mg/kg bw。

4.262.3　残留物:咪唑喹啉酸。

4.262.4　最大残留限量:应符合表 262 的规定。

表 262

食品类别/名称	最大残留限量,mg/kg
油料和油脂	
大豆	0.05

4.262.5　检测方法:油料和油脂按照 GB/T 23818 规定的方法测定。

4.263　咪唑烟酸(imazapyr)

4.263.1　主要用途:除草剂。

4.263.2　ADI:3 mg/kg bw。

4.263.3　残留物:咪唑烟酸。

4.263.4　最大残留限量:应符合表 263 的规定。

表 263

食品类别/名称	最大残留限量,mg/kg
谷物	
小麦	0.05
玉米	0.05
小扁豆	0.3
油料和油脂	
油菜籽	0.05
葵花籽	0.08
哺乳动物肉类(海洋哺乳动物除外)	0.05*
哺乳动物内脏(海洋哺乳动物除外)	0.2*
哺乳动物脂肪(乳脂肪除外)	0.05*
禽肉类	0.01*
禽类内脏	0.01*
禽类脂肪	0.01*
蛋类	0.01*
生乳	0.01*
* 该限量为临时限量。	

4.263.5　检测方法:谷物参照 GB/T 23818 规定的方法测定;油料和油脂按照 GB/T 23818 规定的方法测定。

4.264 咪唑乙烟酸(imazethapyr)

4.264.1 主要用途:除草剂。

4.264.2 ADI:0.6 mg/kg bw。

4.264.3 残留物:咪唑乙烟酸。

4.264.4 最大残留限量:应符合表264的规定。

表264

食品类别/名称	最大残留限量,mg/kg
油料和油脂	
大豆	0.1

4.264.5 检测方法:油料和油脂按照GB/T 23818规定的方法测定。

4.265 醚苯磺隆(triasulfuron)

4.265.1 主要用途:除草剂。

4.265.2 ADI:0.01 mg/kg bw。

4.265.3 残留物:醚苯磺隆。

4.265.4 最大残留限量:应符合表265的规定。

表265

食品类别/名称	最大残留限量,mg/kg
谷物	
小麦	0.05

4.265.5 检测方法:谷物按照SN/T 2325规定的方法测定。

4.266 醚磺隆(cinosulfuron)

4.266.1 主要用途:除草剂。

4.266.2 ADI:0.077 mg/kg bw。

4.266.3 残留物:醚磺隆。

4.266.4 最大残留限量:应符合表266的规定。

表266

食品类别/名称	最大残留限量,mg/kg
谷物	
糙米	0.1

4.266.5 检测方法:谷物按照SN/T 2325规定的方法测定。

4.267 醚菊酯(etofenprox)

4.267.1 主要用途:杀虫剂。

4.267.2 ADI:0.03 mg/kg bw。

4.267.3 残留物:醚菊酯。

4.267.4 最大残留限量:应符合表267的规定。

表267

食品类别/名称	最大残留限量,mg/kg
谷物	
糙米	0.01
玉米	0.05
杂粮类	0.05

表267（续）

食品类别/名称	最大残留限量,mg/kg
油料和油脂	
油菜籽	0.01
水果	
苹果	0.6
梨	0.6
桃	0.6
油桃	0.6
葡萄	4
干制水果	
葡萄干	8
蔬菜	
韭菜	1
结球甘蓝	0.5
菠菜	1
普通白菜	1
萝卜叶	5
芹菜	1
大白菜	1
萝卜	1
饮料类	
茶叶	50
哺乳动物肉类(海洋哺乳动物除外),以脂肪中残留量表示	0.5*
哺乳动物内脏(海洋哺乳动物除外)	0.05*
禽肉类	0.01*
禽类内脏	0.01*
蛋类	0.01*
生乳	0.02*
*　该限量为临时限量。	

4.267.5　检测方法:谷物按照 GB 23200.9、SN/T 2151 规定的方法测定;油料和油脂参照 GB 23200.9 规定的方法测定;蔬菜参照 GB 23200.8、SN/T 2151 规定的方法测定;水果、干制水果按照 GB 23200.8 规定的方法测定;茶叶按照 GB 23200.13 规定的方法测定。

4.268　醚菌酯(kresoxim-methyl)

4.268.1　主要用途:杀菌剂。

4.268.2　ADI:0.4 mg/kg bw。

4.268.3　残留物:植物源性食品为醚菌酯;动物源性食品为 E-甲基-2-甲氧基亚氨基-2-[2-(o-甲苯氧基)苯基]醋酸盐,以醚菌酯表示。

4.268.4　最大残留限量:应符合表 268 的规定。

表 268

食品类别/名称	最大残留限量,mg/kg
谷物	
稻谷	1
糙米	0.1
小麦	0.05
大麦	0.1
黑麦	0.05

表 268（续）

食品类别/名称	最大残留限量，mg/kg
油料和油脂	
初榨橄榄油	0.7
蔬菜	
葱	0.2
黄瓜	0.5
水果	
橙	0.5
柚	0.5
苹果	0.2
梨	0.2
山楂	0.2
枇杷	0.2
榅桲	0.2
枣（鲜）	1
葡萄	1
草莓	2
橄榄	0.2
西瓜	0.02
甜瓜类水果	1
干制水果	
葡萄干	2
药用植物	
人参（鲜）	0.1
人参（干）	0.1
哺乳动物肉类（海洋哺乳动物除外）	0.05*
哺乳动物内脏（海洋哺乳动物除外）	0.05*
哺乳动物脂肪（乳脂肪除外）	0.05*
禽肉类	0.05*
生乳	0.01*
*　该限量为临时限量。	

4.268.5 检测方法：谷物按照 GB 23200.9、GB/T 20770 规定的方法测定；油料和油脂参照 GB 23200.9 规定的方法测定；蔬菜按照 GB 23200.8、GB/T 20769 规定的方法测定；水果按照 GB 23200.8、GB/T 20769 规定的方法测定；干制水果按照 GB/T 20769 规定的方法测定；药用植物参照 GB/T 20769 规定的方法测定。

4.269 嘧苯胺磺隆（orthosulfamuron）

4.269.1 主要用途：除草剂。

4.269.2 ADI：0.05 mg/kg bw。

4.269.3 残留物：嘧苯胺磺隆。

4.269.4 最大残留限量：应符合表 269 的规定。

表 269

食品类别/名称	最大残留限量，mg/kg
谷物	
稻谷	0.05*
糙米	0.05*
*　该限量为临时限量。	

4.270 嘧草醚（pyriminobac-methyl）

4.270.1　主要用途:除草剂。

4.270.2　ADI:0.02 mg/kg bw。

4.270.3　残留物:嘧草醚。

4.270.4　最大残留限量:应符合表270的规定。

表 270

食品类别/名称	最大残留限量,mg/kg
谷物	
稻谷	0.2*
糙米	0.1*
*　该限量为临时限量。	

4.271　嘧啶肟草醚(pyribenzoxim)

4.271.1　主要用途:除草剂。

4.271.2　ADI:2.5 mg/kg bw。

4.271.3　残留物:嘧啶肟草醚。

4.271.4　最大残留限量:应符合表271的规定。

表 271

食品类别/名称	最大残留限量,mg/kg
谷物	
稻谷	0.05*
糙米	0.05*
*　该限量为临时限量。	

4.272　嘧菌环胺(cyprodinil)

4.272.1　主要用途:杀菌剂。

4.272.2　ADI:0.03 mg/kg bw。

4.272.3　残留物:嘧菌环胺。

4.272.4　最大残留限量:应符合表272的规定。

表 272

食品类别/名称	最大残留限量,mg/kg
谷物	
稻谷	0.2
糙米	0.2
小麦	0.5
大麦	3
杂粮类	0.2
蔬菜	
洋葱	0.3
结球甘蓝	0.7
青花菜	2
结球莴苣	10
叶用莴苣	10
叶芥菜	15
茄果类蔬菜(番茄、茄子、甜椒除外)	2

表 272（续）

食品类别/名称	最大残留限量，mg/kg
蔬菜	
番茄	0.5
茄子	0.2
甜椒	0.5
黄瓜	0.2
西葫芦	0.2
豆类蔬菜（荚可食类豆类蔬菜除外）	0.5
荚可食类豆类蔬菜	0.7
萝卜	0.3
胡萝卜	0.7
水果	
苹果	2
梨	1
山楂	2
枇杷	2
榅桲	2
核果类水果	2
浆果和其他小型水果［醋栗（红、黑）、葡萄、草莓除外］	10
醋栗（红、黑）	0.5
葡萄	20
草莓	2
杧果	2
鳄梨	1
干制水果	
李子干	5
葡萄干	5
坚果	
杏仁	0.02
调味料	
罗勒	40
干辣椒	9
哺乳动物肉类（海洋哺乳动物除外），以脂肪中残留量表示	0.01*
哺乳动物内脏（海洋哺乳动物除外）	0.01*
禽肉类，以脂肪中残留量表示	0.01*
禽类内脏	0.01*
蛋类	0.01*
生乳	0.000 4*
*　该限量为临时限量。	

4.272.5 检测方法：谷物按照 GB 23200.9、GB 23200.113、GB/T 20770 规定的方法测定；蔬菜按照 GB 23200.8、GB 23200.113、GB/T 20769、NY/T 1379 规定的方法测定；水果、干制水果按照 GB 23200.8、GB 23200.113、GB/T 20769 规定的方法测定；坚果参照 GB 23200.9、GB 23200.113、GB/T 20769 规定的方法测定；调味料按照 GB 23200.113 规定的方法测定。

4.273　嘧菌酯（azoxystrobin）

4.273.1 主要用途：杀菌剂。

4.273.2 ADI：0.2 mg/kg bw。

4.273.3 残留物：嘧菌酯。

4.273.4 最大残留限量：应符合表 273 的规定。

表 273

食品类别/名称	最大残留限量,mg/kg
谷物	
稻谷	1
糙米	0.5
小麦	0.5
大麦	1.5
燕麦	1.5
黑麦	0.2
小黑麦	0.2
玉米	0.02
油料和油脂	
棉籽	0.05
大豆	0.5
花生仁	0.5
葵花籽	0.5
玉米油	0.1
蔬菜	
鳞茎类蔬菜	1
芸薹属类蔬菜(花椰菜除外)	5
花椰菜	1
蕹菜	10
叶用莴苣	3
菊苣	0.3
芹菜	5
茄果类蔬菜(辣椒除外)	3
辣椒	2
瓜类蔬菜(黄瓜、丝瓜除外)	1
黄瓜	0.5
丝瓜	2
豆类蔬菜	3
芦笋	0.01
朝鲜蓟	5
根茎类蔬菜	1
马铃薯	0.1
芋	0.2
莲子(鲜)	0.05
莲藕	0.05
水果	
柑	1
橘	1
橙	1
枇杷	2
桃	2
油桃	2
杏	2

表 273（续）

食品类别/名称	最大残留限量，mg/kg
水果	
枣（鲜）	2
李子	2
樱桃	2
青梅	2
浆果和其他小型水果（越橘、草莓除外）	5
越橘	0.5
草莓	10
杨桃	0.1
荔枝	0.5
杧果	1
香蕉	2
番木瓜	0.3
西瓜	1
坚果	
坚果（开心果除外）	0.01
开心果	1
饮料类	
咖啡豆	0.03
啤酒花	30
调味料	
干辣椒	30
药用植物	
人参	1
哺乳动物肉类（海洋哺乳动物除外），以脂肪中残留量表示	0.05
哺乳动物内脏（海洋哺乳动物除外）	0.07*
禽肉类	0.01
禽类内脏	0.01*
蛋类	0.01*
生乳	0.01*
乳脂肪	0.03*
* 该限量为临时限量。	

4.273.5 检测方法：谷物按照 GB/T 20770 规定的方法测定；油料和油脂、药用植物参照 GB 23200.46、GB/T 20770、NY/T 1453 规定的方法测定；蔬菜、水果按照 GB 23200.54、NY/T 1453、SN/T 1976 规定的方法测定；坚果、调味料参照 GB 23200.11 规定的方法测定；饮料类参照 GB 23200.14 规定的方法测定；哺乳动物肉类（海洋哺乳动物除外）、禽肉类按照 GB 23200.46 规定的方法测定。

4.274　嘧霉胺（pyrimethanil）

4.274.1 主要用途：杀菌剂。

4.274.2 ADI：0.2 mg/kg bw。

4.274.3 残留物：植物源性食品为嘧霉胺；动物源性食品为嘧霉胺和 2-苯胺基-4,6-二甲基嘧啶-5-羟基之和，以嘧霉胺表示（生乳）；嘧霉胺和 2-(4-羟基苯胺)-4,6-二甲基嘧啶之和，以嘧霉胺表示（哺乳动物肉类、内脏）。

4.274.4 最大残留限量：应符合表 274 的规定。

189

表 274

食品类别/名称	最大残留限量,mg/kg
谷物	
豌豆	0.5
蔬菜	
洋葱	0.2
葱	3
结球莴苣	3
番茄	1
黄瓜	2
菜豆	3
胡萝卜	1
马铃薯	0.05
水果	
柑橘类水果	7
仁果类水果(梨除外)	7
梨	1
桃	4
油桃	4
杏	3
李子	2
樱桃	4
浆果和其他小型水果(葡萄、草莓除外)	3
葡萄	4
草莓	7
香蕉	0.1
干制水果	
李子干	2
葡萄干	5
坚果	
杏仁	0.2
药用植物	
人参	1.5
哺乳动物肉类(海洋哺乳动物除外)	0.05
哺乳动物内脏(海洋哺乳动物除外)	0.1*
生乳	0.01*
* 该限量为临时限量。	

4.274.5 检测方法:谷物按照 GB 23200.9、GB 23200.113、GB/T 20770 规定的方法测定;蔬菜、水果、干制水果按照 GB 23200.8、GB 23200.113、GB/T 20769 规定的方法测定;坚果参照 GB 23200.9、GB 23200.113、GB/T 20770 规定的方法测定;药用植物参照 GB 23200.113、GB/T 20769 规定的方法测定。

4.275 棉隆(dazomet)

4.275.1 主要用途:杀线虫剂。

4.275.2 ADI:0.01 mg/kg bw(棉隆)、0.004 mg/kg bw(异硫氰酸甲酯)。

4.275.3 残留物:棉隆及其代谢物异硫氰酸甲酯之和,以异硫氰酸甲酯表示。

4.275.4 最大残留限量:应符合表 275 的规定。

表 275

食品类别/名称	最大残留限量,mg/kg
蔬菜	
番茄	0.02*
姜	2*
* 该限量为临时限量。	

4.276 灭草松(bentazone)

4.276.1 主要用途:除草剂。

4.276.2 ADI:0.09 mg/kg bw。

4.276.3 残留物:植物源性食品为灭草松,6-羟基灭草松及8-羟基灭草松之和,以灭草松表示;动物源性食品为灭草松。

4.276.4 最大残留限量:应符合表276的规定。

表 276

食品类别/名称	最大残留限量,mg/kg
谷物	
稻谷	0.1*
麦类	0.1*
玉米	0.2*
高粱	0.1*
粟	0.01*
杂粮类	0.05*
油料和油脂	
亚麻籽	0.1*
大豆	0.05*
花生仁	0.05*
蔬菜	
洋葱	0.1*
葱	0.08*
荚可食豆类蔬菜(菜豆除外)	0.01*
菜豆	0.2
荚不可食豆类蔬菜[利马豆、豌豆(鲜)除外]	0.01*
利马豆	0.05*
豌豆(鲜)	0.2*
马铃薯	0.1*
玉米笋	0.01*
调味料	
薄荷	0.1*
禽肉类,以脂肪中残留量表示	0.03*
禽类内脏	0.07*
蛋类	0.01*
生乳	0.01*
* 该限量为临时限量。	

4.277 灭多威(methomyl)

4.277.1 主要用途:杀虫剂。

4.277.2 ADI:0.02 mg/kg bw。

4.277.3 残留物:灭多威。

4.277.4 最大残留限量:应符合表277的规定。

表 277

食品类别/名称	最大残留限量,mg/kg
谷物	
麦类(大麦、燕麦除外)	0.2
大麦	2
燕麦	0.02
旱粮类	0.05
杂粮类	0.2
油料和油脂	
油菜籽	0.05
棉籽	0.5
大豆	0.2
大豆毛油	0.2
大豆油	0.2
棉籽油	0.04
玉米油	0.02
蔬菜	
鳞茎类蔬菜	0.2
芸薹属类蔬菜	0.2
叶菜类蔬菜	0.2
茄果类蔬菜	0.2
瓜类蔬菜	0.2
豆类蔬菜	0.2
茎类蔬菜	0.2
根茎类和薯芋类蔬菜	0.2
水生类蔬菜	0.2
芽菜类蔬菜	0.2
其他类蔬菜	0.2
水果	
仁果类水果	0.2
柑橘类水果	0.2
核果类水果	0.2
浆果和其他小型水果	0.2
热带和亚热带水果	0.2
瓜果类水果	0.2
糖料	
甜菜	0.2
甘蔗	0.2
饮料类	
茶叶	0.2
调味料	
薄荷	0.5
果类调味料	0.07
哺乳动物肉类(海洋哺乳动物除外)	0.02*
哺乳动物内脏(海洋哺乳动物除外)	0.02*
禽肉类	0.02*
禽类内脏	0.02*
蛋类	0.02*
生乳	0.02*
* 该限量为临时限量。	

4.277.5 检测方法:谷物、油料和油脂按照 GB 23200.112、SN/T 0134 规定的方法测定;蔬菜、水果按照

GB 23200.112、NY/T 761 规定的方法测定;糖料参照 GB 23200.112、NY/T 761 规定的方法测定;茶叶按照 GB 23200.112 规定的方法测定;调味料按照 GB 23200.112 规定的方法测定。

4.278 灭菌丹(folpet)

4.278.1 主要用途:杀菌剂。

4.278.2 ADI:0.1 mg/kg bw。

4.278.3 残留物:灭菌丹。

4.278.4 最大残留限量:应符合表 278 的规定。

表 278

食品类别/名称	最大残留限量,mg/kg
蔬菜	
洋葱	1
结球莴苣	50
番茄	3
黄瓜	1
马铃薯	0.1
水果	
苹果	10
葡萄	10
草莓	5
甜瓜类水果	3
干制水果	
葡萄干	40

4.278.5 检测方法:蔬菜、水果、干制水果按照 GB/T 20769、SN/T 2320 规定的方法测定。

4.279 灭线磷(ethoprophos)

4.279.1 主要用途:杀线虫剂。

4.279.2 ADI:0.000 4 mg/kg bw。

4.279.3 残留物:灭线磷。

4.279.4 最大残留限量:应符合表 279 的规定。

表 279

食品类别/名称	最大残留限量,mg/kg
谷物	
糙米	0.02
麦类	0.05
旱粮类	0.05
杂粮类	0.05
油料和油脂	
大豆	0.05
花生仁	0.02
蔬菜	
鳞茎类蔬菜	0.02
芸薹属类蔬菜	0.02
叶菜类蔬菜	0.02
茄果类蔬菜	0.02
瓜类蔬菜	0.02
豆类蔬菜	0.02
茎类蔬菜	0.02
根茎类和薯芋类蔬菜	0.02

表 279（续）

食品类别/名称	最大残留限量,mg/kg
蔬菜	
水生类蔬菜	0.02
芽菜类蔬菜	0.02
其他类蔬菜	0.02
水果	
柑橘类水果	0.02
仁果类水果	0.02
核果类水果	0.02
浆果和其他小型水果	0.02
热带和亚热带水果	0.02
瓜果类水果	0.02
糖料	
甘蔗	0.02
饮料类	
茶叶	0.05
哺乳动物肉类(海洋哺乳动物除外)	0.01
哺乳动物内脏(海洋哺乳动物除外)	0.01
生乳	0.01

4.279.5 检测方法:谷物按照 GB 23200.113 规定的方法测定;油料和油脂按照 GB 23200.113、SN/T 3768 规定的方法测定;蔬菜、水果按照 GB 23200.113、NY/T 761 规定的方法测定;糖类参照 GB 23200.113、NY/T 761 规定的方法测定;茶叶按照 GB 23200.13、GB/T 23204 规定的方法测定;哺乳动物肉类(海洋哺乳动物除外)按照 GB/T 20772 规定的方法测定;哺乳动物内脏(海洋哺乳动物除外)参照 GB/T 20772 规定的方法测定;生乳按照 GB/T 23211 规定的方法测定。

4.280 灭锈胺(mepronil)

4.280.1 主要用途:杀菌剂。

4.280.2 ADI:0.05 mg/kg bw。

4.280.3 残留物:灭锈胺。

4.280.4 最大残留限量:应符合表 280 的规定。

表 280

食品类别/名称	最大残留限量,mg/kg
谷物	
糙米	0.2*

4.280.5 检测方法:谷物按照 GB 23200.9 规定的方法测定。

4.281 灭蝇胺(cyromazine)

4.281.1 主要用途:杀虫剂。

4.281.2 ADI:0.06 mg/kg bw。

4.281.3 残留物:灭蝇胺。

4.281.4 最大残留限量:应符合表 281 的规定。

表 281

食品类别/名称	最大残留限量,mg/kg
谷物	
杂粮类	3

表281（续）

食品类别/名称	最大残留限量,mg/kg
蔬菜	
洋葱	0.1
葱	3
青花菜	1
叶用莴苣	4
结球莴苣	4
叶芥菜	10
芹菜	4
黄瓜	1
西葫芦	2
豇豆	0.5
菜豆	0.5
食荚豌豆	0.5
扁豆	0.5
蚕豆	0.5
豌豆	0.5
朝鲜蓟	3
水果	
柠果	0.5
瓜果类水果(西瓜除外)	0.5
食用菌	
蘑菇类(鲜)(平菇除外)	7
平菇	1
调味料	
干辣椒	10
哺乳动物肉类(海洋哺乳动物除外)	0.3*
哺乳动物内脏(海洋哺乳动物除外)	0.3*
禽肉类	0.1*
禽类内脏	0.2*
蛋类	0.3*
生乳	0.01
＊　该限量为临时限量。	

4.281.5　检测方法:谷物、水果、调味料参照 NY/T 1725 规定的方法测定;蔬菜按照 NY/T 1725 规定的方法测定;食用菌按照 GB/T 20769 规定的方法测定;生乳按照 GB/T 23211 规定的方法测定。

4.282　灭幼脲(chlorbenzuron)

4.282.1　主要用途:杀虫剂。

4.282.2　ADI:1.25 mg/kg bw。

4.282.3　残留物:灭幼脲。

4.282.4　最大残留限量:应符合表282的规定。

表282

食品类别/名称	最大残留限量,mg/kg
谷物	
小麦	3
粟	3
蔬菜	
结球甘蓝	3
花椰菜	3

表 282（续）

食品类别/名称	最大残留限量,mg/kg
蔬菜	
青花菜	15
芥蓝	30
菜薹	30
菠菜	30
普通白菜	30
萝卜	5
水果	
苹果	2

4.282.5 检测方法:谷物按照 GB/T 5009.135 规定的方法测定;蔬菜按照 GB/T 5009.135、GB/T 20769 规定的方法测定;水果按照 GB/T 20769 规定的方法测定。

4.283 萘乙酸和萘乙酸钠(1-naphthylacetic acid and sodium 1-naphthalacitic acid)

4.283.1 主要用途:植物生长调节剂。

4.283.2 ADI:0.15 mg/kg bw。

4.283.3 残留物:萘乙酸。

4.283.4 最大残留限量:应符合表 283 的规定。

表 283

食品类别/名称	最大残留限量,mg/kg
谷物	
糙米	0.1
小麦	0.05
玉米	0.05
鲜食玉米	0.05
油料和油脂	
棉籽	0.05
大豆	0.05
花生仁	0.05
蔬菜	
大蒜	0.05
蒜薹	0.05
番茄	0.1
黄瓜	0.1
姜	0.05
马铃薯	0.05
甘薯	0.05
水果	
柑	0.05
橘	0.05
橙	0.05
苹果	0.1
葡萄	0.1
荔枝	0.05

4.283.5 检测方法:谷物按照 SN/T 2228 规定的方法测定;油料和油脂参照 SN/T 2228 规定的方法测定;蔬菜、水果参照 SN/T 2228 规定的方法测定。

4.284 内吸磷(demeton)

4.284.1 主要用途:杀虫/杀螨剂。

4.284.2 ADI:0.000 04 mg/kg bw。

4.284.3 残留物:内吸磷。

4.284.4 最大残留限量:应符合表 284 的规定。

表 284

食品类别/名称	最大残留限量,mg/kg
油料和油脂	
棉籽	0.02
花生仁	0.02
蔬菜	
鳞茎类蔬菜	0.02
芸薹属类蔬菜	0.02
叶菜类蔬菜	0.02
茄果类蔬菜	0.02
瓜类蔬菜	0.02
豆类蔬菜	0.02
茎类蔬菜	0.02
根茎类和薯芋类蔬菜	0.02
水生类蔬菜	0.02
芽菜类蔬菜	0.02
其他类蔬菜	0.02
水果	
柑橘类水果	0.02
仁果类水果	0.02
核果类水果	0.02
浆果和其他小型水果	0.02
热带和亚热带水果	0.02
瓜果类水果	0.02
饮料类	
茶叶	0.05

4.284.5 检测方法:油料和油脂参照 GB/T 20770 规定的方法测定;蔬菜、水果按照 GB/T 20769 规定的方法测定;茶叶按照 GB 23200.13、GB/T 23204 规定的方法测定。

4.285 宁南霉素(ningnanmycin)

4.285.1 主要用途:杀菌剂。

4.285.2 ADI:0.24 mg/kg bw。

4.285.3 残留物:宁南霉素。

4.285.4 最大残留限量:应符合表 285 的规定。

表 285

食品类别/名称	最大残留限量,mg/kg
谷物	
稻谷	0.2*
糙米	0.2*
蔬菜	
番茄	1*
黄瓜	1*
水果	
苹果	1*
香蕉	0.5*
* 该限量为临时限量。	

4.286 哌草丹(dimepiperate)

4.286.1 主要用途:除草剂。

4.286.2 ADI:0.001 mg/kg bw。

4.286.3 残留物:哌草丹。

4.286.4 最大残留限量:应符合表 286 的规定。

表 286

食品类别/名称	最大残留限量,mg/kg
谷物	
糙米	0.05*
* 该限量为临时限量。	

4.286.5 检测方法:谷物参照 NY/T 1379 规定的方法测定。

4.287 扑草净(prometryn)

4.287.1 主要用途:除草剂。

4.287.2 ADI:0.04 mg/kg bw。

4.287.3 残留物:扑草净。

4.287.4 最大残留限量:应符合表 287 的规定。

表 287

食品类别/名称	最大残留限量,mg/kg
谷物	
稻谷	0.05
糙米	0.05
玉米	0.02
鲜食玉米	0.02
粟	0.05
油料和油脂	
棉籽	0.05
大豆	0.05
花生仁	0.1
蔬菜	
大蒜	0.05
南瓜	0.1
菜用大豆	0.05

4.287.5 检测方法:谷物按照 GB 23200.9、GB 23200.113、GB/T 20770、SN/T 1968 规定的方法测定;油料和油脂按照 GB 23200.113、SN/T 1968 规定的方法测定;蔬菜按照 GB 23200.113、GB/T 20769、SN/T 1968 规定的方法测定。

4.288 嗪氨灵(triforine)

4.288.1 主要用途:杀菌剂。

4.288.2 ADI:0.03 mg/kg bw。

4.288.3 残留物:嗪氨灵和三氯乙醛之和,以嗪氨灵表示。

4.288.4 最大残留限量:应符合表 288 的规定。

表 288

食品类别/名称	最大残留限量，mg/kg
谷物	
稻谷	0.1*
麦类	0.1*
旱粮类	0.1*
蔬菜	
抱子甘蓝	0.2*
番茄	0.5*
茄子	1*
瓜类蔬菜	0.5*
菜豆	1*
水果	
苹果	2*
桃	5*
樱桃	2*
李子	2*
蓝莓	1*
加仑子(黑、红、白)	1*
悬钩子	1*
草莓	1*
瓜果类水果	0.5*
干制水果	
李子干	2*
哺乳动物肉类(海洋哺乳动物除外)	0.01*
哺乳动物内脏(海洋哺乳动物除外)	0.01*
哺乳动物脂肪(乳脂肪除外)	0.01*
生乳	0.01*
*　该限量为临时限量。	

4.289　嗪吡嘧磺隆(metazosulfuron)

4.289.1　主要用途:除草剂。

4.289.2　ADI:0.027 mg/kg bw。

4.289.3　残留物:嗪吡嘧磺隆。

4.289.4　最大残留限量:应符合表 289 的规定。

表 289

食品类别/名称	最大残留限量，mg/kg
谷物	
稻谷	0.05*
糙米	0.05*
*　该限量为临时限量。	

4.290　嗪草酸甲酯(fluthiacet-methyl)

4.290.1　主要用途:除草剂。

4.290.2　ADI:0.001 mg/kg bw。

4.290.3　残留物:嗪草酸甲酯。

4.290.4 最大残留限量:应符合表 290 的规定。

表 290

食品类别/名称	最大残留限量,mg/kg
谷物	
玉米	0.05*
鲜食玉米	0.05*
* 该限量为临时限量。	

4.291 嗪草酮(metribuzin)

4.291.1 主要用途:除草剂。

4.291.2 ADI:0.013 mg/kg bw。

4.291.3 残留物:嗪草酮。

4.291.4 最大残留限量:应符合表 291 的规定。

表 291

食品类别/名称	最大残留限量,mg/kg
谷物	
玉米	0.05
油料和油脂	
大豆	0.05
蔬菜	
马铃薯	0.2

4.291.5 检测方法:谷物按照 GB 23200.9、GB 23200.113 规定的方法测定;油料和油脂按照 GB 23200.113 规定的方法测定;蔬菜按照 GB 23200.8、GB 23200.113 规定的方法测定。

4.292 氰草津(cyanazine)

4.292.1 主要用途:除草剂。

4.292.2 ADI:0.002 mg/kg bw。

4.292.3 残留物:氰草津。

4.292.4 最大残留限量:应符合表 292 的规定。

表 292

食品类别/名称	最大残留限量,mg/kg
谷物	
玉米	0.05
糖料	
甘蔗	0.05

4.292.5 检测方法:谷物、糖料参照 SN/T 1605 规定的方法测定。

4.293 氰氟草酯(cyhalofop-butyl)

4.293.1 主要用途:除草剂。

4.293.2 ADI:0.01 mg/kg bw。

4.293.3 残留物:氰氟草酯及氰氟草酸之和。

4.293.4 最大残留限量:应符合表 293 的规定。

表 293

食品类别/名称	最大残留限量,mg/kg
谷物	
糙米	0.1*
* 该限量为临时限量。	

4.294 氰氟虫腙(metaflumizone)

4.294.1 主要用途:杀虫剂。

4.294.2 ADI:0.1 mg/kg bw。

4.294.3 残留物:氰氟虫腙,E-异构体和 Z-异构体之和。

4.294.4 最大残留限量:应符合表 294 的规定。

表 294

食品类别/名称	最大残留限量,mg/kg
谷物	
稻谷	0.5*
糙米	0.1*
蔬菜	
结球甘蓝	2
抱子甘蓝	0.8
白菜	6
结球莴苣	7
番茄	0.6
茄子	0.6
辣椒	0.6
马铃薯	0.02
调味料	
干辣椒	6*
哺乳动物肉类(海洋哺乳动物除外),以脂肪中残留量表示	0.02*
哺乳动物内脏(海洋哺乳动物除外)	0.02*
生乳	0.01
* 该限量为临时限量。	

4.294.5 检测方法:蔬菜、生乳参照 SN/T 3852 规定的方法测定。

4.295 氰霜唑(cyazofamid)

4.295.1 主要用途:杀菌剂。

4.295.2 ADI:0.2 mg/kg bw。

4.295.3 残留物:氰霜唑及其代谢物 4-氯-5-(4-甲苯基)-1H-咪唑-2-腈之和。

4.295.4 最大残留限量:应符合表 295 的规定。

表 295

食品类别/名称	最大残留限量,mg/kg
蔬菜	
番茄	2*
黄瓜	0.5*
马铃薯	0.02*
水果	
葡萄	1*

表 295（续）

食品类别/名称	最大残留限量,mg/kg
水果	
荔枝	0.02*
西瓜	0.5*
* 该限量为临时限量。	

4.296 氰戊菊酯和 S-氰戊菊酯(fenvalerate and esfenvalerate)

4.296.1 主要用途:杀虫剂。

4.296.2 ADI:0.02 mg/kg bw。

4.296.3 残留物:氰戊菊酯(异构体之和)。

4.296.4 最大残留限量:应符合表 296 的规定。

表 296

食品类别/名称	最大残留限量,mg/kg
谷物	
小麦	2
玉米	0.02
鲜食玉米	0.2
小麦粉	0.2
全麦粉	2
油料和油脂	
棉籽	0.2
大豆	0.1
花生仁	0.1
棉籽油	0.1
蔬菜	
洋葱	0.5
葱	2
结球甘蓝	0.5
花椰菜	0.5
青花菜	5
芥蓝	7
菜薹	10
菠菜	1
普通白菜	1
苋菜	5
茼蒿	10
叶用莴苣	1
茎用莴苣叶	7
甘薯叶	7
大白菜	3
番茄	0.2
樱桃番茄	1
茄子	0.2
辣椒	0.2
黄瓜	0.2
西葫芦	0.2
丝瓜	0.2
南瓜	0.2
菜豆	3
菜用大豆	2

表 296（续）

食品类别/名称	最大残留限量，mg/kg
蔬菜	
茎用莴苣	1
萝卜	0.05
胡萝卜	0.05
马铃薯	0.05
甘薯	0.05
山药	0.05
水果	
柑橘类水果（柑、橘、橙除外）	0.2
柑	1
橘	1
橙	1
仁果类水果（苹果、梨除外）	0.2
苹果	1
梨	1
核果类水果（桃除外）	0.2
桃	1
浆果和其他小型水果	0.2
热带和亚热带水果（杧果除外）	0.2
杧果	1.5
瓜果类水果	0.2
糖料	
甜菜	0.05
饮料类	
茶叶	0.1
食用菌	
蘑菇类（鲜）	0.2
调味料	
果类调味料	0.03
根茎类调味料	0.05
哺乳动物肉类（海洋哺乳动物除外），以脂肪中残留量表示	1
哺乳动物内脏（海洋哺乳动物除外）	0.02
禽肉类，以脂肪中残留量表示	0.01
禽类内脏	0.01
蛋类	0.01
生乳	0.1

4.296.5 检测方法：谷物按照 GB 23200.113、GB/T 5009.110 规定的方法测定；油料和油脂、食用菌按照 GB 23200.113 规定的方法测定；蔬菜、水果按照 GB 23200.8、GB 23200.113、NY/T 761 规定的方法测定；糖料参照 GB 23200.113、GB/T 5009.110 规定的方法测定；茶叶按照 GB 23200.113、GB/T 23204 规定的方法测定；调味料按照 GB 23200.113 规定的方法测定；哺乳动物肉类（海洋哺乳动物除外）、哺乳动物内脏（海洋哺乳动物除外）、禽肉类、禽类内脏、蛋类、生乳按照 GB/T 5009.162 规定的方法测定。

4.297　氰烯菌酯（phenamacril）

4.297.1　主要用途：杀菌剂。

4.297.2　ADI：0.28 mg/kg bw。

4.297.3　残留物：氰烯菌酯。

4.297.4　最大残留限量：应符合表 297 的规定。

表 297

食品类别/名称	最大残留限量,mg/kg
谷物	
小麦	0.05*
* 该限量为临时限量。	

4.298 炔苯酰草胺(propyzamide)

4.298.1 主要用途:除草剂。

4.298.2 ADI:0.02 mg/kg bw。

4.298.3 残留物:炔苯酰草胺。

4.298.4 最大残留限量:应符合表 298 的规定。

表 298

食品类别/名称	最大残留限量,mg/kg
蔬菜	
叶用莴苣	0.05
姜	0.2

4.298.5 检测方法:蔬菜按照 GB 23200.113、GB/T 20769 规定的方法测定。

4.299 炔草酯(clodinafop-propargyl)

4.299.1 主要用途:除草剂。

4.299.2 ADI:0.000 3 mg/kg bw。

4.299.3 残留物:炔草酯及炔草酸之和。

4.299.4 最大残留限量:应符合表 299 的规定。

表 299

食品类别/名称	最大残留限量,mg/kg
谷物	
小麦	0.1*
* 该限量为临时限量。	

4.300 炔螨特(propargite)

4.300.1 主要用途:杀螨剂。

4.300.2 ADI:0.01 mg/kg bw。

4.300.3 残留物:炔螨特。

4.300.4 最大残留限量:应符合表 300 的规定。

表 300

食品类别/名称	最大残留限量,mg/kg
油料和油脂	
棉籽	0.1
棉籽油	0.1
蔬菜	
菠菜	2
普通白菜	2

表 300（续）

食品类别/名称	最大残留限量,mg/kg
蔬菜	
叶用莴苣	2
大白菜	2
水果	
柑	5
橘	5
橙	5
柠檬	5
柚	5
苹果	5
梨	5
桑葚	10
哺乳动物肉类（海洋哺乳动物除外）,以脂肪中残留量表示	0.1
哺乳动物内脏（海洋哺乳动物除外）	0.1
禽肉类,以脂肪中残留量表示	0.1
禽类内脏	0.1
蛋类	0.1
生乳	0.1

4.300.5　检测方法:油料和油脂参照 GB 23200.9、NY/T 1652;蔬菜按照 NY/T 1652 规定的方法测定;水果按照 GB 23200.8;NY/T 1652 规定的方法测定;哺乳动物肉类（海洋哺乳动物除外）、哺乳动物内脏（海洋哺乳动物除外）、禽肉类、禽类内脏、蛋类参照 GB/T 23211 规定的方法测定;生乳按照 GB/T 23211规定的方法测定。

4.301　乳氟禾草灵(lactofen)

4.301.1　主要用途:除草剂。

4.301.2　ADI:0.008 mg/kg bw。

4.301.3　残留物:乳氟禾草灵。

4.301.4　最大残留限量:应符合表 301 的规定。

表 301

食品类别/名称	最大残留限量,mg/kg
油料和油脂	
大豆	0.05
花生仁	0.05

4.301.5　检测方法:油料和油脂参照 GB/T 20769 规定的方法测定。

4.302　噻苯隆(thidiazuron)

4.302.1　主要用途:植物生长调节剂。

4.302.2　ADI:0.04 mg/kg bw。

4.302.3　残留物:噻苯隆。

4.302.4　最大残留限量:应符合表 302 的规定。

表 302

食品类别/名称	最大残留限量,mg/kg
油料和油脂	
棉籽	1
蔬菜	
黄瓜	0.05
水果	
苹果	0.05
葡萄	0.05
甜瓜类水果	0.05

4.302.5 检测方法:油料和油脂、蔬菜、水果按照 SN/T 4586 规定的方法测定。

4.303 噻草酮(cycloxydim)

4.303.1 主要用途:除草剂。

4.303.2 ADI:0.07 mg/kg bw。

4.303.3 残留物:噻草酮及其可以被氧化成 3-(3-磺酰基-四氢噻喃基)-戊二酸-S-二氧化物和 3-羟基-3-(3-磺酰基-四氢噻喃基)-戊二酸-S-二氧化物的代谢物和降解产物,以噻草酮表示。

4.303.4 最大残留限量:应符合表 303 的规定。

表 303

食品类别/名称	最大残留限量,mg/kg
谷物	
稻谷	0.09*
玉米	0.2*
油料和油脂	
油菜籽	7*
亚麻籽	7*
葵花籽	6*
蔬菜	
洋葱	3*
韭葱	4*
芸薹属类蔬菜(羽衣甘蓝除外)	9*
羽衣甘蓝	3*
叶用莴苣	1.5*
结球莴苣	1.5*
番茄	1.5*
菜豆	1*
胡萝卜	5*
根芹菜	1*
芜菁	0.2*
马铃薯	3*
水果	
仁果类水果	0.09*
核果类水果	0.09*
葡萄	0.3*
草莓	3*
糖料	
甜菜	0.2*
哺乳动物肉类(海洋哺乳动物除外)	0.06

表 303（续）

食品类别/名称	最大残留限量，mg/kg
哺乳动物内脏（海洋哺乳动物除外）	0.5
哺乳动物脂肪（乳脂肪除外）	0.1
禽肉类	0.03
禽类内脏	0.02
禽类脂肪	0.03
蛋类	0.15
生乳	0.02
* 该限量为临时限量。	

4.303.5 检测方法：谷物、蔬菜、水果参照 GB 23200.38 规定的方法测定；油料和油脂、糖料参照 GB 23200.3 规定的方法测定；哺乳动物肉类（海洋哺乳动物除外）、哺乳动物内脏（海洋哺乳动物除外）、哺乳动物脂肪（乳脂肪除外）、禽肉类、禽类内脏、禽类脂肪、蛋类参照 GB/T 23211 规定的方法测定；生乳按照 GB/T 23211 规定的方法测定。

4.304 噻虫胺（clothianidin）

4.304.1 主要用途：杀虫剂。

4.304.2 ADI：0.1 mg/kg bw。

4.304.3 残留物：噻虫胺。

4.304.4 最大残留限量：应符合表 304 的规定。

表 304

食品类别/名称	最大残留限量，mg/kg
谷物	
稻谷	0.5
糙米	0.2
小麦	0.02
大麦	0.04
玉米	0.02
高粱	0.01
杂粮类	0.02
油料和油脂	
油籽类	0.02
蔬菜	
芸薹属类蔬菜（结球甘蓝除外）	0.2
结球甘蓝	0.5
叶菜类蔬菜（芹菜除外）	2
芹菜	0.04
茄果类蔬菜（番茄除外）	0.05
番茄	1
豆类蔬菜	0.01
朝鲜蓟	0.05
根茎类蔬菜	0.2
玉米笋	0.01
水果	
柑橘类水果（柑、橘、橙除外）	0.07
柑	0.5
橘	0.5
橙	0.5
仁果类水果	0.4

表 304（续）

食品类别/名称	最大残留限量，mg/kg
水果	
核果类水果	0.2
浆果和其他小型水果（葡萄除外）	0.07
葡萄	0.7
杧果	0.04
鳄梨	0.03
香蕉	0.02
番木瓜	0.01
菠萝	0.01
干制水果	
李子干	0.2
葡萄干	1
坚果	
山核桃	0.01
糖料	
甘蔗	0.05
饮料类	
茶叶	10
咖啡豆	0.05
可可豆	0.02
啤酒花	0.07
葡萄汁	0.2
调味料	
薄荷	0.3
干辣椒	0.5
哺乳动物肉类（海洋哺乳动物除外）	0.02
哺乳动物内脏（海洋哺乳动物除外）	
猪肝	0.2
牛肝	0.2
绵羊肝	0.2
山羊肝	0.2
哺乳动物脂肪（乳脂肪除外）	0.02
禽肉类	0.01
禽类内脏	0.1
禽类脂肪	0.01
蛋类	0.01
生乳	0.02

4.304.5 检测方法：谷物按照 GB 23200.39、GB/T 20770 中规定的方法测定；油料和油脂、干制水果、饮料类、调味料、哺乳动物内脏（海洋哺乳动物除外）、哺乳动物脂肪（乳脂肪除外）、禽肉类、蛋类、哺乳动物肉类（海洋哺乳动物除外）、禽类内脏、生乳按照 GB 23200.39 规定的方法测定；蔬菜、水果按照 GB 23200.39、GB/T 20769 规定的方法测定；坚果参照 GB 23200.39 规定的方法测定；糖料参照 GB 23200.39、GB/T 20769 规定的方法测定。

4.305 噻虫啉(thiacloprid)

4.305.1 主要用途：杀虫剂。

4.305.2 ADI：0.01 mg/kg bw。

4.305.3 残留物：噻虫啉。

4.305.4 最大残留限量：应符合表 305 的规定。

表 305

食品类别/名称	最大残留限量,mg/kg
谷物	
稻谷	10
糙米	0.2
小麦	0.1
油料和油脂	
油菜籽	0.5
芥菜籽	0.5
棉籽	0.02
蔬菜	
结球甘蓝	0.5
番茄	0.5
茄子	0.7
甜椒	1
黄瓜	1
西葫芦	0.3
笋瓜	0.2
马铃薯	0.02
水果	
仁果类水果	0.7
核果类水果	0.5
浆果及其他小型水果(猕猴桃除外)	1
猕猴桃	0.2
西瓜	0.2
甜瓜类水果	0.2
坚果	0.02
饮料类	
茶叶	10
哺乳动物肉类(海洋哺乳动物除外)	0.1*
哺乳动物内脏(海洋哺乳动物除外)	0.5*
禽肉类	0.02*
禽类内脏	0.02*
蛋类	0.02*
生乳	0.05*
* 　该限量为临时限量。	

4.305.5　检测方法:谷物按照 GB/T 20770 规定的方法测定;油料和油脂、坚果参照 GB/T 20770 规定的方法测定;蔬菜、水果按照 GB/T 20769 规定的方法测定;茶叶按照 GB 23200.13 规定的方法测定。

4.306　噻虫嗪(thiamethoxam)

4.306.1　主要用途:杀虫剂。

4.306.2　ADI:0.08 mg/kg bw。

4.306.3　残留物:噻虫嗪。

4.306.4　最大残留限量:应符合表 306 的规定。

表 306

食品类别/名称	最大残留限量,mg/kg
谷物	
糙米	0.1
小麦	0.1
大麦	0.4

表 306（续）

食品类别/名称	最大残留限量，mg/kg
谷物	
玉米	0.05
鲜食玉米	0.05
油料和油脂	
油籽类（油菜籽、花生仁除外）	0.02
油菜籽	0.05
花生仁	0.05
蔬菜	
芸薹属类蔬菜（结球甘蓝除外）	5
结球甘蓝	0.2
叶菜类蔬菜（菠菜、芹菜除外）	3
菠菜	5
芹菜	1
茄果类蔬菜（番茄、茄子、辣椒除外）	0.7
番茄	1
茄子	0.5
辣椒	1
黄瓜	0.5
节瓜	1
丝瓜	0.2
荚可食类豆类蔬菜	0.3
荚不可食类豆类蔬菜	0.01
朝鲜蓟	0.5
根茎类蔬菜	0.3
马铃薯	0.2
玉米笋	0.01
水果	
柑橘类水果（柑、橘、橙除外）	0.5
苹果	0.3
梨	0.3
山楂	0.3
枇杷	0.3
榅桲	0.3
核果类水果	1
浆果和其他小型水果（葡萄除外）	0.5
鳄梨	0.5
香蕉	0.02
番木瓜	0.01
菠萝	0.01
西瓜	0.2
坚果	
山核桃	0.01
糖料	
甘蔗	0.1
饮料类	
茶叶	10
咖啡豆	0.2
可可豆	0.02
啤酒花	0.09
调味料	
薄荷	1.5
干辣椒	7

表 306（续）

食品类别/名称	最大残留限量,mg/kg
哺乳动物肉类(海洋哺乳动物除外)	0.02
哺乳动物内脏(海洋哺乳动物除外)	0.01
禽肉类	0.01
禽类内脏	0.01
蛋类	0.01
生乳	0.05

4.306.5 检测方法:谷物按照 GB 23200.9、GB/T 20770 规定的方法测定;油料和油脂、哺乳动物肉类(海洋哺乳动物除外)、禽类内脏、生乳按照 GB 23200.39 规定的方法测定;蔬菜按照 GB 23200.8、GB 23200.39、GB/T 20769 规定的方法测定;水果按照 GB 23200.8、GB/T 20769 规定的方法测定;坚果、饮料类(茶叶除外)、调味料参照 GB 23200.11 规定的方法测定;糖料参照 GB 23200.9 规定的方法测定;茶叶参照 GB 23200.11、GB/T 20770 规定的方法测定;哺乳动物内脏(海洋哺乳动物除外)、禽肉类、蛋类参照 GB 23200.39 规定的方法测定。

4.307   噻吩磺隆(thifensulfuron-methyl)

4.307.1   主要用途:除草剂。

4.307.2   ADI:0.07 mg/kg bw。

4.307.3   残留物:噻吩磺隆。

4.307.4   最大残留限量:应符合表 307 的规定。

表 307

食品类别/名称	最大残留限量,mg/kg
谷物	
小麦	0.05
玉米	0.05
油料和油脂	
大豆	0.05
花生仁	0.05

4.307.5   检测方法:谷物按照 GB/T 20770 规定的方法测定;油料和油脂参照 GB/T 20770 规定的方法测定。

4.308   噻呋酰胺(thifluzamide)

4.308.1   主要用途:杀菌剂。

4.308.2   ADI:0.014 mg/kg bw。

4.308.3   残留物:噻呋酰胺。

4.308.4   最大残留限量:应符合表 308 的规定。

表 308

食品类别/名称	最大残留限量,mg/kg
谷物	
稻谷	7
糙米	3
油料和油脂	
花生仁	0.3

表 308（续）

食品类别/名称	最大残留限量,mg/kg
蔬菜	
马铃薯	2
药用植物	
石斛(鲜)	2
石斛(干)	10

4.308.5 检测方法:谷物按照 GB 23200.9 规定的方法测定;油料和油脂、蔬菜、药用植物参照 GB 23200.9 规定的方法测定。

4.309 噻节因(dimethipin)

4.309.1 主要用途:植物生长调节剂。

4.309.2 ADI:0.02 mg/kg bw。

4.309.3 残留物:噻节因。

4.309.4 最大残留限量:应符合表 309 的规定。

表 309

食品类别/名称	最大残留限量,mg/kg
油料和油脂	
油菜籽	0.2
棉籽	1
葵花籽	1
棉籽毛油	0.1
食用棉籽油	0.1
蔬菜	
马铃薯	0.05
哺乳动物肉类(海洋哺乳动物除外)	0.01
哺乳动物内脏(海洋哺乳动物除外)	0.01
禽肉类	0.01
禽类内脏	0.01
蛋类	0.01
生乳	0.01

4.309.5 检测方法:油料和油脂按照 GB/T 23210 规定的方法测定;蔬菜按照 NY/T 1379 规定的方法测定;哺乳动物肉类(海洋哺乳动物除外)、哺乳动物内脏(海洋哺乳动物除外)、禽肉类、禽类内脏、蛋类、生乳参照 GB/T 20771 规定的方法测定。

4.310 噻菌灵(thiabendazole)

4.310.1 主要用途:杀菌剂。

4.310.2 ADI:0.1 mg/kg bw。

4.310.3 残留物:植物源性食品为噻菌灵;动物源性食品为噻菌灵与 5-羟基噻菌灵之和。

4.310.4 最大残留限量:应符合表 310 的规定。

表 310

食品类别/名称	最大残留限量,mg/kg
蔬菜	
菊苣	0.05
马铃薯	15

表 310（续）

食品类别/名称	最大残留限量,mg/kg
水果	
柑	10
橘	10
橙	10
柠檬	10
柚	10
仁果类水果	3
葡萄	5
杧果	5
鳄梨	15
番木瓜	10
香蕉	5
食用菌	
蘑菇类（鲜）	5
哺乳动物肉类（海洋哺乳动物除外）	
牛肉	0.1
哺乳动物内脏（海洋哺乳动物除外）	
牛肾	1
牛肝	0.3
禽肉类	0.05
蛋类	0.1
生乳	
牛奶	0.2

4.310.5 检测方法:蔬菜、水果按照 GB/T 20769、NY/T 1453、NY/T 1680 规定的方法测定;食用菌按照 GB/T 20769、NY/T 1453、NY/T 1680 规定的方法测定;哺乳动物肉类（海洋哺乳动物除外）、禽肉类按照 GB/T 20772 规定的方法测定;哺乳动物内脏（海洋哺乳动物除外）、蛋类参照 GB/T 20772 规定的方法测定;生乳按照 GB/T 23211 规定的方法测定。

4.311 噻菌铜(thiediazole copper)

4.311.1 主要用途:杀菌剂。

4.311.2 ADI:0.000 78 mg/kg bw。

4.311.3 残留物:2-氨基-5-巯基-1,3,4-噻二唑,以噻菌铜表示。

4.311.4 最大残留限量:应符合表 311 的规定。

表 311

食品类别/名称	最大残留限量,mg/kg
蔬菜	
大白菜	0.1*
番茄	0.5*
* 该限量为临时限量。	

4.312 噻螨酮(hexythiazox)

4.312.1 主要用途:杀螨剂。

4.312.2 ADI:0.03 mg/kg bw。

4.312.3 残留物:植物源性食品为噻螨酮;动物源性食品为噻螨酮和反式-5-(4-氯苯基)-4-甲基-2-四氢噻

唑-3-氨基脲、反式-5-(4-氯苯基)-4-甲基-2-四氢噻唑、反式-5-(4-氯苯基 l)-N-(顺式-3-羟基环己基)-4-甲基-2-四氢噻唑-3-氨基脲、反式-5-(4-氯苯基)-N-(反式-3-羟基环己基 l)-4-甲基-2-四氢噻唑-3-氨基脲、反式-5-(4-氯苯基)-N-(顺式-4-羟基环己基)-4-甲基 l-2-四氢噻唑-3-氨基脲、反式-5-(4-氯苯基)-N-(反式-4-羟基环己基)-4-甲基 l-2-四氢噻唑-3-氨基脲、反式-5-(4-氯苯基)-4-甲基-N-(4-环己酮基)-2-四氢噻唑-3-氨基脲、反式-5-(4-氯苯基)-N-(3,4-二羟环己基 l)-4-甲基 l-2-四氢噻唑-3-胺脲基之和,以噻螨酮表示。

4.312.4 最大残留限量:应符合表 312 的规定。

表 312

食品类别/名称	最大残留限量,mg/kg
油料和油脂	
棉籽	0.05
蔬菜	
番茄	0.1
茄子	0.1
瓜类蔬菜	0.05
水果	
柑	0.5
橘	0.5
橙	0.5
柠檬	0.5
柚	0.5
仁果类水果(苹果、梨除外)	0.4
苹果	0.5
梨	0.5
核果类水果(枣除外)	0.3
枣(鲜)	2
葡萄	1
草莓	0.5
瓜果类水果	0.05
干制水果	
李子干	1
葡萄干	1
坚果	0.05
饮料类	
啤酒花	3
茶叶	15
哺乳动物肉类(海洋哺乳动物除外),以脂肪中残留量表示	0.05*
哺乳动物内脏(海洋哺乳动物除外)	0.05*
哺乳动物脂肪(乳脂肪除外)	0.05*
禽肉类,以脂肪中残留量表示	0.05*
禽类内脏	0.05*
蛋类	0.05*
生乳	0.05*
乳脂肪	0.05*
*　该限量为临时限量。	

4.312.5 检测方法:油料和油脂参照 GB/T 20770 规定的方法测定;蔬菜、水果、干制水果按照 GB 23200.8、GB/T 20769 规定的方法测定;坚果、饮料类参照 GB 23200.8、GB/T 20769 规定的方法测定。

4.313　噻霉酮(benziothiazolinone)

4.313.1　主要用途:杀菌剂。

4.313.2　ADI:0.017 mg/kg bw。

4.313.3 残留物:噻霉酮。

4.313.4 最大残留限量:应符合表313的规定。

表313

食品类别/名称	最大残留限量,mg/kg
谷物	
稻谷	1*
糙米	0.5*
小麦	0.2*
蔬菜	
黄瓜	0.1*
水果	
苹果	0.05*
* 该限量为临时限量。	

4.314 噻嗪酮(buprofezin)

4.314.1 主要用途:杀虫剂。

4.314.2 ADI:0.009 mg/kg bw。

4.314.3 残留物:噻嗪酮。

4.314.4 最大残留限量:应符合表314的规定。

表314

食品类别/名称	最大残留限量,mg/kg
谷物	
稻谷	0.3
糙米	0.3
蔬菜	
番茄	2
辣椒	2
瓜类蔬菜	0.7
水果	
柑	0.5
橘	0.5
橙	0.5
柠檬	0.5
柚	0.5
苹果	3
梨	6
桃	9
油桃	9
李子	2
樱桃	2
葡萄	1
草莓	3
橄榄	5
杧果	0.1
香蕉	0.3
干制水果	
柑橘脯	2
李子干	2
葡萄干	2

表 314（续）

食品类别/名称	最大残留限量,mg/kg
坚果	
杏仁	0.05
饮料类	
茶叶	10
咖啡豆	0.4
调味料	
干辣椒	10
哺乳动物肉类（海洋哺乳动物除外）	0.05
哺乳动物内脏（海洋哺乳动物除外）	0.05
生乳	0.01

4.314.5 检测方法：谷物按照 GB 23200.34、GB/T 5009.184 规定的方法测定；蔬菜、水果、干制水果按照 GB 23200.8、GB/T 20769 规定的方法测定；坚果、调味料参照 GB/T 20769 规定的方法测定；饮料类（茶叶除外）参照 GB/T 23376 规定的方法测定；茶叶按照 GB/T 23376 规定的方法测定；哺乳动物肉类（海洋哺乳动物除外）按照 GB/T 20772 规定的方法测定；哺乳动物内脏（海洋哺乳动物除外）参照 GB/T 20772 规定的方法测定；生乳按照 GB/T 23211 规定的方法测定。

4.315　噻酮磺隆（thiencarbazone-methyl）

4.315.1 主要用途：除草剂。

4.315.2 ADI：0.23 mg/kg bw。

4.315.3 残留物：噻酮磺隆。

4.315.4 最大残留限量：应符合表 315 的规定。

表 315

食品类别/名称	最大残留限量,mg/kg
谷物	
玉米	0.05*
鲜食玉米	0.05*
*　该限量为临时限量。	

4.316　噻唑磷（fosthiazate）

4.316.1 主要用途：杀线虫剂。

4.316.2 ADI：0.004 mg/kg bw。

4.316.3 残留物：噻唑磷。

4.316.4 最大残留限量：应符合表 316 的规定。

表 316

食品类别/名称	最大残留限量,mg/kg
蔬菜	
番茄	0.05
黄瓜	0.2
马铃薯	0.1
水果	
香蕉	0.05
西瓜	0.1
糖料	
甘蔗	0.05

4.316.5　检测方法:蔬菜、水果按照 GB 23200.113、GB/T 20769 规定的方法测定;糖料参照 GB 23200.113、GB/T 20769 规定的方法测定。

4.317　噻唑锌(zinc thiazole)

4.317.1　主要用途:杀菌剂。

4.317.2　ADI:0.01 mg/kg bw。

4.317.3　残留物:2-氨基-5-巯基-1,3,4-噻二唑。

4.317.4　最大残留限量:应符合表 317 的规定。

表 317

食品类别/名称	最大残留限量,mg/kg
谷物	
稻谷	0.2*
糙米	0.2*
蔬菜	
黄瓜	0.5*
芋	0.2*
水果	
柑	0.5*
橘	0.5*
橙	0.5*
桃	1*
*　该限量为临时限量。	

4.318　三苯基氢氧化锡(fentin hydroxide)

4.318.1　主要用途:杀菌剂。

4.318.2　ADI:0.000 5 mg/kg bw。

4.318.3　残留物:三苯基氢氧化锡。

4.318.4　最大残留限量:应符合表 318 的规定。

表 318

食品类别/名称	最大残留限量,mg/kg
蔬菜	
马铃薯	0.1*
*　该限量为临时限量。	

4.319　三苯基乙酸锡(fentin acetate)

4.319.1　主要用途:杀菌剂。

4.319.2　ADI:0.000 5 mg/kg bw。

4.319.3　残留物:三苯基乙酸锡。

4.319.4　最大残留限量:应符合表 319 的规定。

表 319

食品类别/名称	最大残留限量,mg/kg
谷物	
稻谷	5*
糙米	0.05*
糖料	
甜菜	0.1*
*　该限量为临时限量。	

4.320 三氟甲吡醚(pyridalyl)

4.320.1 主要用途:杀虫剂。

4.320.2 ADI:0.03 mg/kg bw。

4.320.3 残留物:三氟甲吡醚。

4.320.4 最大残留限量:应符合表320的规定。

表 320

食品类别/名称	最大残留限量,mg/kg
蔬菜	
结球甘蓝	3*
* 该限量为临时限量。	

4.321 三氟羧草醚(acifluorfen)

4.321.1 主要用途:除草剂。

4.321.2 ADI:0.013 mg/kg bw。

4.321.3 残留物:三氟羧草醚。

4.321.4 最大残留限量:应符合表321的规定。

表 321

食品类别/名称	最大残留限量,mg/kg
油料和油脂	
花生仁	0.1
大豆	0.1

4.321.5 检测方法:油料和油脂参照 GB 23200.70、SN/T 2228 规定的方法测定。

4.322 三环锡(cyhexatin)

4.322.1 主要用途:杀螨剂。

4.322.2 ADI:0.003 mg/kg bw。

4.322.3 残留物:三环锡。

4.322.4 最大残留限量:应符合表322的规定。

表 322

食品类别/名称	最大残留限量,mg/kg
水果	
橙	0.2
加仑子(黑、红、白)	0.1
葡萄	0.3
调味料	
干辣椒	5

4.322.5 检测方法:水果按照 SN/T 4558 规定的方法测定;调味料参照 SN/T 4558 规定的方法测定。

4.323 三环唑(tricyclazole)

4.323.1 主要用途:杀菌剂。

4.323.2 ADI:0.04 mg/kg bw。

4.323.3 残留物:三环唑。

4.323.4 最大残留限量:应符合表323的规定。

表 323

食品类别/名称	最大残留限量,mg/kg
谷物	
稻谷	2
蔬菜	
菜薹	2

4.323.5 检测方法:谷物按照 GB/T 5009.115 规定的方法测定;蔬菜按照 NY/T 1379 规定的方法测定。

4.324 三甲苯草酮(tralkoxydim)

4.324.1 主要用途:除草剂。

4.324.2 ADI:0.005 mg/kg bw。

4.324.3 残留物:三甲苯草酮。

4.324.4 最大残留限量:应符合表 324 的规定。

表 324

食品类别/名称	最大残留限量,mg/kg
谷物	
小麦	0.02

4.324.5 检测方法:谷物参照 GB 23200.3 规定的方法测定。

4.325 三氯吡氧乙酸(triclopyr)

4.325.1 主要用途:除草剂。

4.325.2 ADI:0.03 mg/kg bw。

4.325.3 残留物:三氯吡氧乙酸。

4.325.4 最大残留限量:应符合表 325 的规定。

表 325

食品类别/名称	最大残留限量,mg/kg
油料和油脂	
油菜籽	0.5

4.325.5 检测方法:油料和油脂参照 GB/T 20769 规定的方法测定。

4.326 三氯杀螨醇(dicofol)

4.326.1 主要用途:杀螨剂。

4.326.2 ADI:0.002 mg/kg bw。

4.326.3 残留物:三氯杀螨醇(o,p′-异构体和 p,p′-异构体之和)。

4.326.4 最大残留限量:应符合表 326 规定。

表 326

食品类别/名称	最大残留限量,mg/kg
油料和油脂	
棉籽油	0.5
水果	
柑	1
橘	1
橙	1

表 326（续）

食品类别/名称	最大残留限量,mg/kg
水果	
柠檬	1
柚	1
苹果	1
梨	1
饮料类	
茶叶	0.2

4.326.5 检测方法:油料和油脂按照 GB 23200.113、GB/T 5009.176 规定的方法测定;水果按照 GB 23200.113、NY/T 761 规定的方法测定;茶叶按照 GB 23200.113、GB/T 5009.176 规定的方法测定。

4.327 三氯杀螨砜(tetradifon)

4.327.1 主要用途:杀螨剂。

4.327.2 ADI:0.02 mg/kg bw。

4.327.3 残留物:三氯杀螨砜。

4.327.4 最大残留限量:应符合表 327 的规定。

表 327

食品类别/名称	最大残留限量,mg/kg
水果	
苹果	2

4.327.5 检测方法:水果按照 GB 23200.113、NY/T 1379 规定的方法测定。

4.328 三乙膦酸铝(fosetyl-aluminium)

4.328.1 主要用途:杀菌剂。

4.328.2 ADI:1 mg/kg bw。

4.328.3 残留物:乙基磷酸和亚磷酸及其盐之和,以乙基磷酸表示。

4.328.4 最大残留限量:应符合表 328 的规定。

表 328

食品类别/名称	最大残留限量,mg/kg
蔬菜	
黄瓜	30*
水果	
苹果	30*
葡萄	10*
荔枝	1*
* 该限量为临时限量。	

4.329 三唑醇(triadimenol)

4.329.1 主要用途:杀菌剂。

4.329.2 ADI:0.03 mg/kg bw。

4.329.3 残留物:三唑酮和三唑醇之和。

4.329.4 最大残留限量:应符合表 329 的规定。

表 329

食品类别/名称	最大残留限量,mg/kg
谷物	
稻谷	0.5
糙米	0.05
小麦	0.2
大麦	0.2
燕麦	0.2
黑麦	0.2
小黑麦	0.2
旱粮类(玉米、高粱除外)	0.2
玉米	0.5
高粱	0.1
蔬菜	
茄果类蔬菜	1
瓜类蔬菜	0.2
朝鲜蓟	0.7
水果	
苹果	1
加仑子(黑、红、白)	0.7
葡萄	0.3
草莓	0.7
香蕉	1
菠萝	5
瓜果类水果	0.2
干制水果	
葡萄干	10
糖料	
甜菜	0.1
饮料类	
咖啡豆	0.5
调味料	
干辣椒	5
哺乳动物肉类(海洋哺乳动物除外)	0.02*
哺乳动物内脏(海洋哺乳动物除外)	0.01*
禽肉类	0.01*
禽类内脏	0.01*
蛋类	0.01*
生乳	0.01*
* 该限量为临时限量。	

4.329.5 检测方法:谷物按照 GB 23200.9、GB 23200.113 规定的方法测定;蔬菜、水果、干制水果按照 GB 23200.8、GB 23200.113 规定的方法测定;糖料参照 GB 23200.113、GB/T 20769 规定的方法测定;饮料类按照 GB 23200.113 规定的方法测定;调味料按照 GB 23200.113 规定的方法测定。

4.330 三唑磷(triazophos)

4.330.1 主要用途:杀虫剂。

4.330.2 ADI:0.001 mg/kg bw。

4.330.3 残留物:三唑磷。

4.330.4 最大残留限量:应符合表 330 的规定。

表 330

食品类别/名称	最大残留限量,mg/kg
谷物	
稻谷	0.05
小麦	0.05
大麦	0.05
燕麦	0.05
黑麦	0.05
小黑麦	0.05
旱粮类	0.05
大米	0.6
油料和油脂	
棉籽	0.1
棉籽毛油	1
蔬菜	
结球甘蓝	0.1
节瓜	0.1
水果	
柑	0.2
橘	0.2
橙	0.2
苹果	0.2
荔枝	0.2
调味料	
果类调味料	0.07
根茎类调味料	0.1

4.330.5 检测方法:谷物按照 GB 23200.9、GB 23200.113、GB/T 20770 规定的方法测定;油料和油脂按照 GB 23200.113 规定的方法测定;蔬菜、水果按照 GB 23200.113、NY/T 761 规定的方法测定;调味料按照 GB 23200.113 规定的方法测定。

4.331 三唑酮(triadimefon)

4.331.1 主要用途:杀菌剂。

4.331.2 ADI:0.03 mg/kg bw。

4.331.3 残留物:三唑酮和三唑醇之和。

4.331.4 最大残留限量:应符合表 331 的规定。

表 331

食品类别/名称	最大残留限量,mg/kg
谷物	
稻谷	0.5
小麦	0.2
大麦	0.2
燕麦	0.2
黑麦	0.2
小黑麦	0.2
旱粮类(玉米除外)	0.2
玉米	0.5
油料和油脂	
油菜籽	0.2
棉籽	0.05

表 331（续）

食品类别/名称	最大残留限量,mg/kg
蔬菜	
结球甘蓝	0.05
茄果类蔬菜	1
瓜类蔬菜(黄瓜除外)	0.2
黄瓜	0.1
豌豆	0.05
朝鲜蓟	0.7
水果	
柑	1
橘	1
橙	1
苹果	1
梨	0.5
加仑子(黑、红、白)	0.7
葡萄	0.3
草莓	0.7
荔枝	0.05
香蕉	1
菠萝	5
瓜果类水果	0.2
干制水果	
葡萄干	10
糖料	
甜菜	0.1
饮料类	
咖啡豆	0.5
调味料	
干辣椒	5
哺乳动物肉类(海洋哺乳动物除外)	0.02*
哺乳动物内脏(海洋哺乳动物除外)	0.01*
禽肉类	0.01*
禽类内脏	0.01*
蛋类	0.01*
生乳	0.01*
* 该限量为临时限量。	

4.331.5 检测方法:谷物按照 GB 23200.9、GB 23200.113、GB/T 5009.126、GB/T 20770 规定的方法测定;油料和油脂按照 GB 23200.113 规定的方法测定;蔬菜、水果、干制水果按照 GB 23200.8、GB 23200.113、GB/T 20769 规定的方法测定;糖料参照 GB 23200.113、GB/T 5009.126 规定的方法测定;饮料类、调味料按照 GB 23200.113 规定的方法测定。

4.332 三唑锡(azocyclotin)

4.332.1 主要用途:杀螨剂。

4.332.2 ADI:0.003 mg/kg bw。

4.332.3 残留物:三环锡。

4.332.4 最大残留限量:应符合表 332 的规定。

表 332

食品类别/名称	最大残留限量,mg/kg
水果	
柑	2
橘	2
橙	0.2
柠檬	0.2
柚	0.2
苹果	0.5
梨	0.2
加仑子(红、黑、白)	0.1
葡萄	0.3

4.332.5 检测方法:水果按照 SN/T 4558 规定的方法测定。

4.333 杀草强(amitrole)

4.333.1 主要用途:除草剂。

4.333.2 ADI:0.002 mg/kg bw。

4.333.3 残留物:杀草强。

4.333.4 最大残留限量:应符合表 333 的规定。

表 333

食品类别/名称	最大残留限量,mg/kg
水果	
仁果类水果	0.05
核果类水果	0.05
葡萄	0.05

4.333.5 检测方法:水果按照 GB 23200.6 规定的方法测定。

4.334 杀虫单(thiosultap-monosodium)

4.334.1 主要用途:杀虫剂。

4.334.2 ADI:0.01 mg/kg bw。

4.334.3 残留物:沙蚕毒素。

4.334.4 最大残留限量:应符合表 334 的规定。

表 334

食品类别/名称	最大残留限量,mg/kg
谷物	
糙米	1
蔬菜	
结球甘蓝	0.5*
普通白菜	1*
黄瓜	2*
番茄	1*
菜豆	2*
水果	
苹果	1*
糖料	
甘蔗	0.1*
* 该限量为临时限量。	

4.334.5 检测方法:谷物按照 GB/T 5009.114 规定的方法测定。

4.335 杀虫环(thiocyclam)

4.335.1 主要用途:杀虫剂。

4.335.2 ADI:0.05 mg/kg bw。

4.335.3 残留物:杀虫环。

4.335.4 最大残留限量:应符合表 335 的规定。

表 335

食品类别/名称	最大残留限量,mg/kg
谷物	
大米	0.2
蔬菜	
结球甘蓝	0.2
节瓜	0.2

4.335.5 检测方法:谷物按照 GB/T 5009.113 规定的方法测定;蔬菜参照 GB/T 5009.113、GB/T 5009.114 规定的方法检测。

4.336 杀虫脒(chlordimeform)

4.336.1 主要用途:杀虫剂。

4.336.2 ADI:0.001 mg/kg bw。

4.336.3 残留物:杀虫脒。

4.336.4 最大残留限量:应符合表 336 的规定。

表 336

食品类别/名称	最大残留限量,mg/kg
谷物	
稻谷	0.01
糙米	0.01
麦类	0.01
旱粮类	0.01
杂粮类	0.01
油料和油脂	
棉籽	0.01
蔬菜	
鳞茎类蔬菜	0.01
芸薹属类蔬菜	0.01
叶菜类蔬菜	0.01
茄果类蔬菜	0.01
瓜类蔬菜	0.01
豆类蔬菜	0.01
茎类蔬菜	0.01
根茎类和薯芋类蔬菜	0.01
水生类蔬菜	0.01
芽菜类蔬菜	0.01
其他类蔬菜	0.01
水果	
柑橘类水果	0.01
仁果类水果	0.01
核果类水果	0.01

表 336（续）

食品类别/名称	最大残留限量,mg/kg
水果	
浆果和其他小型水果	0.01
热带和亚热带水果	0.01
瓜果类水果	0.01

4.336.5 检测方法:谷物按照 GB/T 20770 规定的方法测定;油料和油脂参照 GB/T 20770 规定的方法测定;蔬菜、水果按照 GB/T 20769 规定的方法测定。

4.337 杀虫双(thiosultap-disodium)

4.337.1 主要用途:杀虫剂。

4.337.2 ADI:0.01 mg/kg bw。

4.337.3 残留物:沙蚕毒素。

4.337.4 最大残留限量:应符合表 337 的规定。

表 337

食品类别/名称	最大残留限量,mg/kg
谷物	
稻谷	1
糙米	1
小麦	0.2
玉米	0.2
鲜食玉米	0.2
大米	0.2
蔬菜	
结球甘蓝	0.5
普通白菜	1
番茄	1
水果	
苹果	1*
糖料	
甘蔗	0.1*
* 该限量为临时限量。	

4.337.5 检测方法:谷物按照 GB/T 5009.114 规定的方法测定,蔬菜参照 GB/T 5009.114 规定的方法测定。

4.338 杀铃脲(triflumuron)

4.338.1 主要用途:杀虫剂。

4.338.2 ADI:0.014 mg/kg bw。

4.338.3 残留物:杀铃脲。

4.338.4 最大残留限量:应符合表 338 的规定。

表 338

食品类别/名称	最大残留限量,mg/kg
蔬菜	
结球甘蓝	0.2
水果	
柑	0.05
橘	0.05
橙	0.05
苹果	0.1

4.338.5 检测方法:蔬菜按照 GB/T 20769 规定的方法测定;水果按照 GB/T 20769、NY/T 1720 规定的方法测定。

4.339 杀螺胺乙醇胺盐(niclosamide-olamine)

4.339.1 主要用途:杀虫剂。

4.339.2 ADI:1 mg/kg bw。

4.339.3 残留物:杀螺胺。

4.339.4 最大残留限量:应符合表 339 的规定。

表 339

食品类别/名称	最大残留限量,mg/kg
谷物	
稻谷	2*
糙米	0.5*
* 该限量为临时限量。	

4.340 杀螟丹(cartap)

4.340.1 主要用途:杀虫剂。

4.340.2 ADI:0.1 mg/kg bw。

4.340.3 残留物:杀螟丹。

4.340.4 最大残留限量:应符合表 340 的规定。

表 340

食品类别/名称	最大残留限量,mg/kg
谷物	
大米	0.1
糙米	0.1
蔬菜	
结球甘蓝	0.5
大白菜	3
水果	
柑	3
橘	3
橙	3
饮料类	
茶叶	20
糖料	
甘蔗	0.1

4.340.5 检测方法:谷物按照 GB/T 20770 规定的方法测定;蔬菜、水果按照 GB/T 20769 规定的方法测定;糖料、茶叶参照 GB/T 20769 规定的方法测定。

4.341 杀螟硫磷(fenitrothion)

4.341.1 主要用途:杀虫剂。

4.341.2 ADI:0.006 mg/kg bw。

4.341.3 残留物:杀螟硫磷。

4.341.4 最大残留限量:应符合表 341 的规定。

表 341

食品类别/名称	最大残留限量,mg/kg
谷物	
稻谷	5*
麦类	5*
小麦粉	1*
全麦粉	5*
旱粮类	5*
杂粮类	5*
大米	1*
油料和油脂	
大豆	5*
棉籽	0.1*
蔬菜	
鳞茎类蔬菜	0.5*
芸薹属类蔬菜(结球甘蓝除外)	0.5*
结球甘蓝	0.2*
叶菜类蔬菜	0.5*
茄果类蔬菜	0.5*
瓜类蔬菜	0.5*
豆类蔬菜	0.5*
茎类蔬菜	0.5*
根茎类和薯芋类蔬菜	0.5*
水生类蔬菜	0.5*
芽菜类蔬菜	0.5*
其他类蔬菜	0.5*
水果	
柑橘类水果	0.5*
仁果类水果	0.5*
核果类水果	0.5*
浆果和其他小型水果	0.5*
热带和亚热带水果	0.5*
瓜果类水果	0.5*
饮料类	
茶叶	0.5*
调味料	
果类调味料	1
种子类调味料	7
根茎类调味料	0.1
哺乳动物肉类(海洋哺乳动物除外)	0.05
哺乳动物内脏(海洋哺乳动物除外)	0.05
禽肉类	0.05
蛋类	0.05
生乳	0.01
* 该限量为临时限量。	

4.341.5 检测方法:谷物按照 GB 23200.113、GB/T 5009.20、GB/T 14553 规定的方法测定;油料和油脂按照 GB 23200.113 规定的方法测定;蔬菜、水果按照 GB 23200.113、GB/T 14553、GB/T 20769、NY/T 761 规定的方法测定;茶叶按照 GB 23200.113 规定的方法测定;调味料按照 GB 23200.113 规定的方法测定;哺乳动物肉类(海洋哺乳动物除外)、哺乳动物内脏(海洋哺乳动物除外)、禽肉类、蛋类、生乳按照 GB/T 5009.161 规定的方法测定。

4.342 杀扑磷(methidathion)

4.342.1 主要用途:杀虫剂。

4.342.2 ADI:0.001 mg/kg bw。

4.342.3 残留物:杀扑磷。

4.342.4 最大残留限量:应符合表 342 的规定。

表 342

食品类别/名称	最大残留限量,mg/kg
谷物	
稻谷	0.05
糙米	0.05
麦类	0.05
旱粮类	0.05
杂粮类	0.05
蔬菜	
鳞茎类蔬菜	0.05
芸薹属类蔬菜	0.05
叶菜类蔬菜	0.05
茄果类蔬菜	0.05
瓜类蔬菜	0.05
豆类蔬菜	0.05
茎类蔬菜	0.05
根茎类和薯芋类蔬菜	0.05
水生类蔬菜	0.05
芽菜类蔬菜	0.05
其他类蔬菜	0.05
水果	
柑橘类水果(柑、橘、橙除外)	0.05
柑	2
橘	2
橙	2
仁果类水果	0.05
核果类水果	0.05
浆果和其他小型水果	0.05
热带和亚热带水果	0.05
瓜果类水果	0.05
哺乳动物肉类(海洋哺乳动物除外)	
猪肉	0.02
牛肉	0.02
绵羊肉	0.02
山羊肉	0.02
哺乳动物内脏(海洋哺乳动物除外)	
猪内脏	0.02
牛内脏	0.02
绵羊内脏	0.02
山羊内脏	0.02
哺乳动物脂肪(乳脂肪除外)	
猪脂肪	0.02
牛脂肪	0.02
绵羊脂肪	0.02
山羊脂肪	0.02

表342（续）

食品类别/名称	最大残留限量,mg/kg
禽肉类	0.02
禽类脂肪	0.02
禽类内脏	0.02
蛋类	0.02
生乳	0.001

4.342.5 检测方法：谷物按照 GB 23200.113 规定的方法测定；蔬菜按照 GB 23200.113、NY/T 761 规定的方法测定；水果按照 GB 23200.8、GB 23200.113、GB/T 14553、NY/T 761 规定的方法测定；哺乳动物肉类（海洋哺乳动物除外）、哺乳动物内脏（海洋哺乳动物除外）、哺乳动物脂肪（乳脂肪除外）、禽肉类、禽类脂肪、禽类内脏按照 GB/T 20772 规定的方法测定；蛋类、生乳参照 GB/T 20772 规定的方法测定。

4.343 杀线威(oxamyl)

4.343.1 主要用途：杀虫剂。

4.343.2 ADI：0.009 mg/kg bw。

4.343.3 残留物：杀线威和杀线威肟之和，以杀线威表示。

4.343.4 最大残留限量：应符合表 343 的规定。

表343

食品类别/名称	最大残留限量,mg/kg
油料和油脂	
棉籽	0.2*
花生仁	0.05*
蔬菜	
番茄	2*
甜椒	2*
黄瓜	2*
胡萝卜	0.1*
马铃薯	0.1*
水果	
柑橘类水果	5*
甜瓜类水果	2*
调味料	
果类调味料	0.07*
根茎类调味料	0.05*
哺乳动物肉类（海洋哺乳动物除外）	0.02*
哺乳动物内脏（海洋哺乳动物除外）	
猪内脏	0.02*
牛内脏	0.02*
绵羊内脏	0.02*
山羊内脏	0.02*
马内脏	0.02*
禽肉类	0.02*
禽类内脏	0.02*
蛋类	0.02*
生乳	0.02*
* 该限量为临时限量。	

4.344 莎稗磷(anilofos)

4.344.1 主要用途：除草剂。

4.344.2 ADI:0.001 mg/kg bw。

4.344.3 残留物:莎稗磷。

4.344.4 最大残留限量:应符合表 344 的规定。

表 344

食品类别/名称	最大残留限量,mg/kg
谷物	
稻谷	0.1
糙米	0.1

4.344.5 检测方法:谷物按照 GB 23200.113 规定的方法测定。

4.345　申嗪霉素(phenazino-1-carboxylic acid)

4.345.1 主要用途:杀菌剂。

4.345.2 ADI:0.002 8 mg/kg bw。

4.345.3 残留物:申嗪霉素。

4.345.4 最大残留限量:应符合表 345 的规定。

表 345

食品类别/名称	最大残留限量,mg/kg
蔬菜	
辣椒	0.1*
黄瓜	0.3*
* 该限量为临时限量。	

4.346　生物苄呋菊酯(bioresmethrin)

4.346.1 主要用途:杀虫剂。

4.346.2 ADI:0.03 mg/kg bw。

4.346.3 残留物:生物苄呋菊酯。

4.346.4 最大残留限量:应符合表 346 的规定。

表 346

食品类别/名称	最大残留限量,mg/kg
谷物	
小麦	1
小麦粉	1
全麦粉	1
麦胚	3

4.346.5 检测方法:谷物按照 GB/T 20770、SN/T 2151 规定的方法测定。

4.347　虱螨脲(lufenuron)

4.347.1 主要用途:杀虫剂。

4.347.2 ADI:0.02 mg/kg bw。

4.347.3 残留物:虱螨脲。

4.347.4 最大残留限量:应符合表 347 的规定。

表 347

食品类别/名称	最大残留限量,mg/kg
油料和油脂	
棉籽	0.05*

表 347（续）

食品类别/名称	最大残留限量,mg/kg
蔬菜	
结球甘蓝	1*
水果	
柑	0.5
橘	0.5
橙	0.5
苹果	1
* 该限量为临时限量。	

4.347.5 检测方法:水果按照 GB/T 20769 规定的方法测定。

4.348 双草醚(bispyribac-sodium)

4.348.1 主要用途:除草剂。

4.348.2 ADI:0.01 mg/kg bw。

4.348.3 残留物:双草醚。

4.348.4 最大残留限量:应符合表 348 的规定。

表 348

食品类别/名称	最大残留限量,mg/kg
谷物	
稻谷	0.1*
糙米	0.1*
* 该限量为临时限量。	

4.349 双氟磺草胺(florasulam)

4.349.1 主要用途:除草剂。

4.349.2 ADI:0.05 mg/kg bw。

4.349.3 残留物:双氟磺草胺。

4.349.4 最大残留限量:应符合表 349 的规定。

表 349

食品类别/名称	最大残留限量,mg/kg
谷物	
小麦	0.01

4.349.5 检测方法:谷物参照 GB/T 20769 规定的方法测定。

4.350 双胍三辛烷基苯磺酸盐[iminoctadinetris(albesilate)]

4.350.1 主要用途:杀菌剂。

4.350.2 ADI:0.009 mg/kg bw。

4.350.3 残留物:双胍辛胺。

4.350.4 最大残留限量:应符合表 350 的规定。

表 350

食品类别/名称	最大残留限量,mg/kg
蔬菜	
番茄	1*
黄瓜	2*
芦笋	1*

表 350（续）

食品类别/名称	最大残留限量，mg/kg
水果	
柑	3*
橘	3*
橙	3*
苹果	2*
葡萄	1*
西瓜	0.2*
* 该限量为临时限量。	

4.351 双甲脒(amitraz)

4.351.1 主要用途:杀螨剂。

4.351.2 ADI:0.01 mg/kg bw。

4.351.3 残留物:双甲脒及 N-(2,4-二甲苯基)-N'-甲基甲脒之和,以双甲脒表示。

4.351.4 最大残留限量:应符合表 351 的规定。

表 351

食品类别/名称	最大残留限量，mg/kg
谷物	
鲜食玉米	0.5
油料和油脂	
棉籽	0.5
棉籽油	0.05
蔬菜	
番茄	0.5
茄子	0.5
辣椒	0.5
黄瓜	0.5
水果	
柑	0.5
橘	0.5
橙	0.5
柠檬	0.5
柚	0.5
苹果	0.5
梨	0.5
山楂	0.5
枇杷	0.5
榅桲	0.5
桃	0.5
樱桃	0.5
食用菌	
蘑菇类(鲜)	0.5
哺乳动物肉类(海洋哺乳动物除外)	
猪肉	0.05*
牛肉	0.05*
绵羊肉	0.1*
哺乳动物内脏(海洋哺乳动物除外)	
猪内脏	0.2*
牛内脏	0.2*
绵羊内脏	0.2*
生乳	0.01
* 该限量为临时限量。	

4.351.5 检测方法:谷物、油料和油脂、蔬菜、水果、食用菌按照 GB/T 5009.143 规定的方法测定;生乳按照 GB 29707 规定的方法测定。

4.352 双炔酰菌胺(mandipropamid)

4.352.1 主要用途:杀菌剂。

4.352.2 ADI:0.2 mg/kg bw。

4.352.3 残留物:双炔酰菌胺。

4.352.4 最大残留限量:应符合表 352 的规定。

表 352

食品类别/名称	最大残留限量,mg/kg
蔬菜	
洋葱	0.1*
葱	7*
结球甘蓝	3*
青花菜	2*
叶菜类(芹菜除外)	25*
芹菜	20*
番茄	0.3*
辣椒	1*
黄瓜	0.2*
西葫芦	0.2*
马铃薯	0.01*
水果	
葡萄	2*
荔枝	0.2*
西瓜	0.2*
甜瓜类水果	0.5*
干制水果	
葡萄干	5*
饮料类	
啤酒花	90*
调味料	
干辣椒	10*
* 该限量为临时限量。	

4.353 霜霉威和霜霉威盐酸盐(propamocarb and propamocarb hydrochloride)

4.353.1 主要用途:杀菌剂。

4.353.2 ADI:0.4 mg/kg bw。

4.353.3 残留物:霜霉威。

4.353.4 最大残留限量:应符合表 353 的规定。

表 353

食品类别/名称	最大残留限量,mg/kg
谷物	
稻谷	0.2
糙米	0.1
蔬菜	
洋葱	2
韭葱	30
抱子甘蓝	2
花椰菜	0.2

表 353（续）

食品类别/名称	最大残留限量,mg/kg
蔬菜	
青花菜	3
菠菜	100
大白菜	10
菊苣	2
番茄	2
茄子	0.3
辣椒	2
甜椒	3
瓜类蔬菜	5
萝卜	1
马铃薯	0.3
水果	
葡萄	2
瓜果类水果	5
调味料	
干辣椒	10
药用植物	
元胡(鲜)	2
元胡(干)	2
哺乳动物肉类(海洋哺乳动物除外)	0.01
哺乳动物内脏(海洋哺乳动物除外)	0.01
禽肉类	0.01
禽类脂肪	0.01
禽类内脏	0.01
蛋类	0.01
生乳	0.01

4.353.5 检测方法:谷物按照 GB/T 20770 规定的方法测定;蔬菜按照 GB/T 20769、NY/T 1379 规定的方法测定;水果按照 GB/T 20769 规定的方法测定;调味料参照 SN 0685 规定的方法测定;药用植物参照 GB/T 20769 规定的方法测定;哺乳动物肉类(海洋哺乳动物除外)、禽肉类按照 GB/T 20772 规定的方法测定;哺乳动物内脏(海洋哺乳动物除外)、禽类脂肪、禽类内脏、蛋类参照 GB/T 20772 规定的方法测定;生乳按照 GB/T 23211 规定的方法测定。

4.354 霜脲氰(cymoxanil)

4.354.1 主要用途:杀菌剂。

4.354.2 ADI:0.013 mg/kg bw。

4.354.3 残留物:霜脲氰。

4.354.4 最大残留限量:应符合表 354 的规定。

表 354

食品类别/名称	最大残留限量,mg/kg
蔬菜	
番茄	1
辣椒	0.2
黄瓜	0.5
马铃薯	0.5
水果	
葡萄	0.5
荔枝	0.1

4.354.5 检测方法:蔬菜、水果按照 GB/T 20769 规定的方法测定。

4.355 水胺硫磷(isocarbophos)

4.355.1 主要用途:杀虫剂。

4.355.2 ADI:0.003 mg/kg bw。

4.355.3 残留物:水胺硫磷。

4.355.4 最大残留限量:应符合表 355 的规定。

表 355

食品类别/名称	最大残留限量,mg/kg
谷物	
稻谷	0.05
糙米	0.05
麦类	0.05
旱粮类	0.05
杂粮类	0.05
油料和油脂	
棉籽	0.05
花生仁	0.05
蔬菜	
鳞茎类蔬菜	0.05
芸薹属类蔬菜	0.05
叶菜类蔬菜	0.05
茄果类蔬菜	0.05
瓜类蔬菜	0.05
豆类蔬菜	0.05
茎类蔬菜	0.05
根茎类和薯芋类蔬菜	0.05
水生类蔬菜	0.05
芽菜类蔬菜	0.05
其他类蔬菜	0.05
水果	
柑橘类水果	0.02
仁果类水果	0.01
核果类水果	0.05
浆果和其他小型水果	0.05
热带和亚热带水果	0.05
瓜果类水果	0.05
糖料	
甜菜	0.05
甘蔗	0.05
饮料类	
茶叶	0.05

4.355.5 检测方法:谷物按照 GB 23200.9、GB 23200.113 规定的方法测定;油料和油脂按照 GB 23200.113 规定的方法测定;蔬菜按照 GB 23200.113、NY/T 761 规定的方法测定;水果按照 GB 23200.113、GB/T 5009.20 规定的方法测定;糖料参照 GB 23200.113、NY/T 761 规定的方法测定;茶叶按照 GB 23200.113、GB/T 23204 规定的方法测定。

4.356 四氟醚唑(tetraconazole)

4.356.1 主要用途:杀菌剂。

4.356.2 ADI:0.004 mg/kg bw。

4.356.3 残留物:四氟醚唑

4.356.4 最大残留限量:应符合表356的规定。

表356

食品类别/名称	最大残留限量,mg/kg
蔬菜	
黄瓜	0.5
水果	
草莓	3

4.356.5 检测方法:蔬菜、水果按照 GB 23200.8、GB 23200.65、GB 23200.113、GB/T 20769 规定的方法测定。

4.357 四聚乙醛(metaldehyde)

4.357.1 主要用途:杀螺剂。

4.357.2 ADI:0.1 mg/kg bw。

4.357.3 残留物:四聚乙醛。

4.357.4 最大残留限量:应符合表357的规定。

表357

食品类别/名称	最大残留限量,mg/kg
谷物	
糙米	0.2*
油料和油脂	
棉籽	0.2*
蔬菜	
韭菜	1*
结球甘蓝	2*
菠菜	1*
普通白菜	3*
苋菜	3*
茼蒿	10*
叶用莴苣	3*
茎用莴苣叶	10*
油麦菜	5*
芜菁叶	7*
芹菜	1*
小茴香	2*
大白菜	1*
番茄	0.5*
茎用莴苣	3*
芜菁	3*
药用植物	
石斛(鲜)	0.2
石斛(干)	0.5
* 该限量为临时限量。	

4.357.5 检测方法:药用植物参照 SN/T 4264 规定的方法测定。

4.358 四氯苯酞(phthalide)

4.358.1 主要用途:杀菌剂。

4.358.2 ADI:0.15 mg/kg bw。

4.358.3 残留物:四氯苯酞。

4.358.4 最大残留限量:应符合表358的规定。

表358

食品类别/名称	最大残留限量,mg/kg
谷物	
稻谷	0.5*
糙米	1*
*　该限量为临时限量。	

4.358.5 检测方法:谷物按照 GB 23200.9 规定的方法测定。

4.359 四氯硝基苯(tecnazene)

4.359.1 主要用途:杀菌剂/植物生长调节剂。

4.359.2 ADI:0.02 mg/kg bw。

4.359.3 残留物:四氯硝基苯。

4.359.4 最大残留限量:应符合表359的规定。

表359

食品类别/名称	最大残留限量,mg/kg
蔬菜	
马铃薯	20

4.359.5 检测方法:蔬菜按照 GB 23200.8、GB 23200.113 规定的方法测定。

4.360 四螨嗪(clofentezine)

4.360.1 主要用途:杀螨剂。

4.360.2 ADI:0.02 mg/kg bw。

4.360.3 残留物:植物源性食品为四螨嗪;动物源性食品为四螨嗪和含 2-氯苯基结构的所有代谢物,以四螨嗪表示。

4.360.4 最大残留限量:应符合表360的规定。

表360

食品类别/名称	最大残留限量,mg/kg
蔬菜	
番茄	0.5
黄瓜	0.5
水果	
柑	0.5
橘	0.5
橙	0.5
柠檬	0.5
柚	0.5
佛手柑	0.5
金橘	0.5
苹果	0.5
梨	0.5
山楂	0.5
枇杷	0.5
榅桲	0.5
核果类水果(枣除外)	0.5

表 360（续）

食品类别/名称	最大残留限量,mg/kg
水果	
枣（鲜）	1
加仑子（黑、红、白）	0.2
葡萄	2
草莓	2
甜瓜类水果	0.1
干制水果	
葡萄干	2
坚果	0.5
哺乳动物肉类（海洋哺乳动物除外）	0.05*
哺乳动物内脏（海洋哺乳动物除外）	0.05*
禽肉类	0.05*
禽类内脏	0.05*
蛋类	0.05*
生乳	0.05*
* 该限量为临时限量。	

4.360.5　检测方法:蔬菜、水果、干制水果按照 GB 23200.47、GB/T 20769 规定的方法测定;坚果参照 GB/T 20769 规定的方法测定。

4.361　特丁津(terbuthylazine)

4.361.1　主要用途:除草剂。

4.361.2　ADI:0.003 mg/kg bw。

4.361.3　残留物:特丁津。

4.361.4　最大残留限量:应符合表 361 的规定。

表 361

食品类别/名称	最大残留限量,mg/kg
谷物	
小麦	0.05
鲜食玉米	0.1
玉米	0.1

4.361.5　检测方法:谷物按照 GB 23200.9、GB 23200.113、GB/T 20770 规定的方法测定。

4.362　特丁硫磷(terbufos)

4.362.1　主要用途:杀虫剂。

4.362.2　ADI:0.000 6 mg/kg bw。

4.362.3　残留物:特丁硫磷及其氧类似物(亚砜、砜)之和,以特丁硫磷表示。

4.362.4　最大残留限量:应符合表 362 的规定。

表 362

食品类别/名称	最大残留限量,mg/kg
谷物	
稻谷	0.01*
麦类	0.01*
旱粮类	0.01*
杂粮类	0.01*
油料和油脂	
棉籽	0.01*
花生仁	0.02*

表 362（续）

食品类别/名称	最大残留限量,mg/kg
蔬菜	
鳞茎类蔬菜	0.01*
芸薹属类蔬菜	0.01*
叶菜类蔬菜	0.01*
茄果类蔬菜	0.01*
瓜类蔬菜	0.01*
豆类蔬菜	0.01*
茎类蔬菜	0.01*
根茎类和薯芋类蔬菜	0.01*
水生类蔬菜	0.01*
芽菜类蔬菜	0.01*
其他类蔬菜	0.01*
水果	
柑橘类水果	0.01*
仁果类水果	0.01*
核果类水果	0.01*
浆果和其他小型水果	0.01*
热带和亚热带水果	0.01*
瓜果类水果	0.01*
糖料	
甘蔗	0.01*
甜菜	0.01*
饮料类	
茶叶	0.01*
哺乳动物肉类(海洋哺乳动物除外)	0.05*
哺乳动物内脏(海洋哺乳动物除外)	0.05*
禽肉类	0.05*
禽类内脏	0.05*
蛋类	0.01*
生乳	0.01*
*　该限量为临时限量。	

4.363　涕灭威(aldicarb)

4.363.1　主要用途:杀虫剂。

4.363.2　ADI:0.003 mg/kg bw。

4.363.3　残留物:涕灭威及其氧类似物(亚砜、砜)之和,以涕灭威表示。

4.363.4　最大残留限量:应符合表363的规定。

表 363

食品类别/名称	最大残留限量,mg/kg
谷物	
小麦	0.02
大麦	0.02
玉米	0.05
油料和油脂	
棉籽	0.1
大豆	0.02
花生仁	0.02

表 363（续）

食品类别/名称	最大残留限量,mg/kg
油料和油脂	
葵花籽	0.05
棉籽油	0.01
花生油	0.01
蔬菜	
鳞茎类蔬菜	0.03
芸薹属类蔬菜	0.03
叶菜类蔬菜	0.03
茄果类蔬菜	0.03
瓜类蔬菜	0.03
豆类蔬菜	0.03
茎类蔬菜	0.03
根茎类和薯芋类蔬菜（甘薯、马铃薯、木薯、山药除外）	0.03
马铃薯	0.1
甘薯	0.1
山药	0.1
木薯	0.1
水生类蔬菜	0.03
芽菜类蔬菜	0.03
其他类蔬菜	0.03
水果	
柑橘类水果	0.02
仁果类水果	0.02
核果类水果	0.02
浆果和其他小型水果	0.02
热带和亚热带水果	0.02
瓜果类水果	0.02
糖料	
甜菜	0.05
调味料	
果类调味料	0.07
根茎类调味料	0.02
哺乳动物肉类（海洋哺乳动物除外）	0.01
生乳	0.01

4.363.5 检测方法:谷物、调味料按照 GB 23200.112 规定的方法测定;油料和油脂按照 GB 23200.112、GB/T 14929.2 规定的方法测定;蔬菜、水果按照 GB 23200.112、NY/T 761 规定的方法测定;糖料参照 GB 23200.112、SN/T 2441 规定的方法测定;哺乳动物肉类（海洋哺乳动物除外）、生乳按照 SN/T 2560 规定的方法测定。

4.364　甜菜安(desmedipham)

4.364.1 主要用途:除草剂。

4.364.2 ADI:0.04 mg/kg bw。

4.364.3 残留物:甜菜安。

4.364.4 最大残留限量:应符合表 364 的规定。

表 364

食品类别/名称	最大残留限量, mg/kg
糖料	
甜菜	0.1*
* 该限量为临时限量。	

4.365 甜菜宁(phenmedipham)

4.365.1 主要用途:除草剂。

4.365.2 ADI:0.03 mg/kg bw。

4.365.3 残留物:甜菜宁。

4.365.4 最大残留限量:应符合表 365 的规定。

表 365

食品类别/名称	最大残留限量, mg/kg
糖料	
甜菜	0.1

4.365.5 检测方法:糖料按照 GB/T 20769 规定的方法测定。

4.366 调环酸钙(prohexadione-calcium)

4.366.1 主要用途:植物生长调节剂。

4.366.2 ADI:0.2 mg/kg bw。

4.366.3 残留物:调环酸,以调环酸钙表示。

4.366.4 最大残留限量:应符合表 366 的规定。

表 366

食品类别/名称	最大残留限量, mg/kg
谷物	
稻谷	0.05
糙米	0.05

4.366.5 检测方法:谷物参照 SN/T 0931 规定的方法测定。

4.367 威百亩(metam-sodium)

4.367.1 主要用途:杀线虫剂。

4.367.2 ADI:0.001 mg/kg bw。

4.367.3 残留物:威百亩。

4.367.4 最大残留限量:应符合表 367 的规定。

表 367

食品类别/名称	最大残留限量, mg/kg
蔬菜	
黄瓜	0.05*
* 该限量为临时限量。	

4.368 萎锈灵(carboxin)

4.368.1 主要用途:杀菌剂。

4.368.2 ADI:0.008 mg/kg bw。

4.368.3 残留物:萎锈灵。

4.368.4 最大残留限量:应符合表 368 的规定。

表 368

食品类别/名称	最大残留限量,mg/kg
谷物	
糙米	0.2
小麦	0.05
玉米	0.2
油料和油脂	
棉籽	0.2
大豆	0.2
蔬菜	
菜用大豆	0.2

4.368.5 检测方法:谷物按照 GB 23200.9 规定的方法测定;油料和油脂参照 GB 23200.9 规定的方法测定;蔬菜按照 NY/T 1379 规定的方法测定。

4.369 肟菌酯(trifloxystrobin)

4.369.1 主要用途:杀菌剂。

4.369.2 ADI:0.04 mg/kg bw。

4.369.3 残留物:肟菌酯。

4.369.4 最大残留限量:应符合表 369 的规定。

表 369

食品类别/名称	最大残留限量,mg/kg
谷物	
稻谷	0.1
糙米	0.1
小麦	0.2
大麦	0.5
玉米	0.02
油料和油脂	
花生仁	0.02
初榨橄榄油	0.9
精炼橄榄油	1.2
蔬菜	
韭菜	0.7
结球甘蓝	0.5
抱子甘蓝	0.5
结球莴苣	15
萝卜叶	15
芹菜	1
番茄	0.7
茄子	0.7
辣椒	0.5
甜椒	0.3
黄瓜	0.3
芦笋	0.05
胡萝卜	0.1
萝卜	0.08
马铃薯	0.2

表 369（续）

食品类别/名称	最大残留限量,mg/kg
水果	
柑	0.5
橘	0.5
橙	0.5
柠檬	0.5
柚	0.5
佛手柑	0.5
金橘	0.5
苹果	0.7
梨	0.7
山楂	0.7
枇杷	0.7
榅桲	0.7
核果类水果	3
葡萄	3
草莓	1
橄榄	0.3
香蕉	0.1
番木瓜	0.6
西瓜	0.2
干制水果	
葡萄干	5
坚果	0.02
糖料	
甜菜	0.05
饮料类	
啤酒花	40

4.369.5 检测方法:谷物按照 GB 23200.113 规定的方法测定;油料和油脂按照 GB 23200.113 规定的方法测定;蔬菜、水果按照 GB 23200.8、GB 23200.113、GB/T 20769 规定的方法测定;干制水果按照 GB 23200.8、GB 23200.113 规定的方法测定;坚果、糖料参照 GB 23200.8、GB 23200.113 规定的方法测定;饮料类按照 GB 23200.113 规定的方法测定。

4.370 五氟磺草胺(penoxsulam)

4.370.1 主要用途:除草剂。

4.370.2 ADI:0.147 mg/kg bw。

4.370.3 残留物:五氟磺草胺。

4.370.4 最大残留限量:应符合表 370 的规定。

表 370

食品类别/名称	最大残留限量,mg/kg
谷物	
稻谷	0.02*
糙米	0.02*
* 该限量为临时限量。	

4.371 五氯硝基苯(quintozene)

4.371.1 主要用途:杀菌剂。

4.371.2 ADI:0.01 mg/kg bw。

4.371.3 残留物:植物源性食品为五氯硝基苯;动物源性食品为五氯硝基苯、五氯苯胺和五氯苯醚之和。

4.371.4 最大残留限量:应符合表 371 的规定。

表 371

食品类别/名称	最大残留限量,mg/kg
谷物	
小麦	0.01
大麦	0.01
玉米	0.01
鲜食玉米	0.1
杂粮类(豌豆除外)	0.02
豌豆	0.01
油料和油脂	
棉籽	0.01
大豆	0.01
花生仁	0.5
棉籽油	0.01
蔬菜	
结球甘蓝	0.1
花椰菜	0.05
番茄	0.1
茄子	0.1
辣椒	0.1
甜椒	0.05
菜豆	0.1
马铃薯	0.2
水果	
西瓜	0.02
糖料	
甜菜	0.01
食用菌	
蘑菇类(鲜)	0.1
调味料	
干辣椒	0.1
果类调味料	0.02
种子类调味料	0.1
根茎类调味料	2
禽肉类	0.1
禽类内脏	0.1
蛋类	0.03

4.371.5 检测方法:谷物、蔬菜按照 GB 23200.113、GB/T 5009.19、GB/T 5009.136 规定的方法测定;油料和油脂、食用菌、调味料按照 GB 23200.113 规定的方法测定;水果按照 GB 23200.8、GB 23200.113、NY/T 761 规定的方法测定;糖料参照 GB 23200.113、GB/T 5009.19、GB/T 5009.136 规定的方法测定;动物源性食品按照 GB/T 5009.19、GB/T 5009.162 规定的方法测定。

4.372 戊菌唑(penconazole)

4.372.1 主要用途:杀菌剂。

4.372.2 ADI:0.03 mg/kg bw。

4.372.3 残留物:戊菌唑。

4.372.4 最大残留限量:应符合表 372 的规定。

表 372

食品类别/名称	最大残留限量,mg/kg
蔬菜	
黄瓜	0.1
番茄	0.2
水果	
仁果类水果	0.2
桃	0.1
油桃	0.1
葡萄	0.2
草莓	0.1
甜瓜类水果	0.1
干制水果	
葡萄干	0.5
饮料类	
啤酒花	0.5

4.372.5 检测方法:蔬菜、水果、干制水果按照 GB 23200.8、GB 23200.113、GB/T 20769 规定的方法测定;饮料类按照 GB 23200.113 规定的方法测定。

4.373 戊唑醇(tebuconazole)

4.373.1 主要用途:杀菌剂。

4.373.2 ADI:0.03 mg/kg bw。

4.373.3 残留物:戊唑醇。

4.373.4 最大残留限量:应符合表 373 的规定。

表 373

食品类别/名称	最大残留限量,mg/kg
谷物	
糙米	0.5
小麦	0.05
大麦	2
燕麦	2
黑麦	0.15
小黑麦	0.15
高粱	0.05
杂粮类	0.3
油料和油脂	
油菜籽	0.3
棉籽	2
花生仁	0.1
大豆	0.05
蔬菜	
大蒜	0.1
洋葱	0.1
韭葱	0.7
结球甘蓝	1
抱子甘蓝	0.3
花椰菜	0.05
青花菜	0.2
结球莴苣	5
大白菜	7

表 373（续）

食品类别/名称	最大残留限量,mg/kg
蔬菜	
番茄	2
茄子	0.1
辣椒	2
甜椒	1
黄瓜	1
西葫芦	0.2
苦瓜	2
朝鲜蓟	0.6
胡萝卜	0.4
玉米笋	0.6
水果	
柑	2
橘	2
橙	2
苹果	2
梨	0.5
山楂	0.5
枇杷	0.5
榅桲	0.5
桃	2
油桃	2
杏	2
李子	1
樱桃	4
桑葚	1.5
葡萄	2
西番莲	0.1
橄榄	0.05
杧果	0.05
番木瓜	2
香蕉	3
西瓜	0.1
甜瓜类水果	0.15
干制水果	
李子干	3
坚果	0.05
饮料类	
咖啡豆	0.1
啤酒花	40
调味料	
干辣椒	10
药用植物	
三七块根(干)	3
三七须根(干)	15

4.373.5 检测方法:谷物按照 GB 23200.113、GB/T 20770 规定的方法测定;油料和油脂、饮料类按照 GB 23200.113 规定的方法测定;蔬菜按照 GB 23200.8、GB 23200.113、GB/T 20769 规定的方法测定;水果、干制水果、调味料按照 GB 23200.8、GB 23200.113、GB/T 20769 规定的方法测定;坚果、药用植物参照 GB 23200.113、GB/T 20770 规定的方法测定。

4.374　西草净(simetryn)

4.374.1　主要用途:除草剂。

4.374.2　ADI:0.025 mg/kg bw。

4.374.3　残留物:西草净。

4.374.4　最大残留限量:应符合表374的规定。

表 374

食品类别/名称	最大残留限量,mg/kg
谷物	
糙米	0.05
油料和油脂	
花生仁	0.05

4.374.5　检测方法:谷物按照 GB/T 20770 规定的方法测定;油料和油脂参照 GB/T 20770 规定的方法测定。

4.375　西玛津(simazine)

4.375.1　主要用途:除草剂。

4.375.2　ADI:0.018 mg/kg bw。

4.375.3　残留物:西玛津。

4.375.4　最大残留限量:应符合表375的规定。

表 375

食品类别/名称	最大残留限量,mg/kg
谷物	
玉米	0.1
糖料	
甘蔗	0.5
水果	
苹果	0.2
梨	0.05
饮料类	
茶叶	0.05

4.375.5　检测方法:谷物按照 GB 23200.113 规定的方法测定;水果按照 GB/T 23200.8、GB 23200.113 规定的方法测定;糖料参照 GB 23200.8、GB 23200.113、NY/T 761、NY/T 1379 规定的方法测定;茶叶按照 GB 23200.113 规定的方法测定。

4.376　烯丙苯噻唑(probenazole)

4.376.1　主要用途:杀菌剂。

4.376.2　ADI:0.07 mg/kg bw。

4.376.3　残留物:烯丙苯噻唑。

4.376.4　最大残留限量:应符合表376的规定。

表 376

食品类别/名称	最大残留限量,mg/kg
谷物	
稻谷	1*
糙米	1*
*　该限量为临时限量。	

4.377 烯草酮(clethodim)

4.377.1 主要用途:除草剂。

4.377.2 ADI:0.01 mg/kg bw。

4.377.3 残留物:烯草酮及代谢物亚砜、砜之和,以烯草酮表示。

4.377.4 最大残留限量:应符合表 377 的规定。

表 377

食品类别/名称	最大残留限量,mg/kg
谷物	
杂粮类	2*
油料和油脂	
油菜籽	0.5*
棉籽	0.5*
大豆	0.1*
花生仁	5*
葵花籽	0.5*
大豆毛油	1*
菜籽毛油	0.5*
棉籽毛油	0.5*
葵花籽毛油	0.1*
大豆油	0.5*
菜籽油	0.5*
食用棉籽油	0.5*
蔬菜	
大蒜	0.5
洋葱	0.5
番茄	1
豆类蔬菜	0.5
马铃薯	0.5
糖料	
甜菜	0.1
* 该限量为临时限量。	

4.377.5 检测方法:蔬菜按照 GB 23200.8 规定的方法测定;糖料参照 GB 23200.8 规定的方法测定。

4.378 烯虫酯(methoprene)

4.378.1 主要用途:杀虫剂。

4.378.2 ADI:0.09 mg/kg bw。

4.378.3 残留物:烯虫酯。

4.378.4 最大残留限量:应符合表 378 的规定。

表 378

食品类别/名称	最大残留限量,mg/kg
谷物	
稻谷	10

4.378.5 检测方法:谷物按照 GB 23200.9、GB 23200.113 规定的方法测定。

4.379 烯啶虫胺(nitenpyram)

4.379.1 主要用途:杀虫剂。

4.379.2 ADI:0.53 mg/kg bw。

4.379.3 残留物:烯啶虫胺。

4.379.4 最大残留限量:应符合表 379 的规定。

表 379

食品类别/名称	最大残留限量,mg/kg
谷物	
稻谷	0.5*
糙米	0.1*
油料和油脂	
棉籽	0.05*
蔬菜	
结球甘蓝	0.2*
水果	
柑	0.5*
橘	0.5*
橙	0.5*
* 该限量为临时限量。	

4.379.5 检测方法:谷物按照 GB/T 20770 规定的方法测定;油料和油脂参照 GB/T 20769 规定的方法测定;蔬菜、水果按照 GB/T 20769 规定的方法测定。

4.380 烯禾啶(sethoxydim)

4.380.1 主要用途:除草剂。

4.380.2 ADI:0.14 mg/kg bw。

4.380.3 残留物:烯禾啶。

4.380.4 最大残留限量:应符合表 380 的规定。

表 380

食品类别/名称	最大残留限量,mg/kg
油料和油脂	
油菜籽	0.5
亚麻籽	0.5
棉籽	0.5
大豆	2
花生仁	2
糖料	
甜菜	0.5

4.380.5 检测方法:油料和油脂、糖料参照 GB 23200.9、GB/T 20770 规定的方法测定。

4.381 烯肟菌胺(fenaminstrobin)

4.381.1 主要用途:杀菌剂。

4.381.2 ADI:0.069 mg/kg bw。

4.381.3 残留物:烯肟菌胺。

4.381.4 最大残留限量:应符合表 381 的规定。

表 381

食品类别/名称	最大残留限量,mg/kg
谷物	
稻谷	1*
糙米	1*
小麦	0.1*
蔬菜	
黄瓜	1*
* 该限量为临时限量。	

4.382 烯肟菌酯(enestroburin)

4.382.1 主要用途:杀菌剂。

4.382.2 ADI:0.024 mg/kg bw。

4.382.3 残留物:烯肟菌酯。

4.382.4 最大残留限量:应符合表 382 的规定。

表 382

食品类别/名称	最大残留限量,mg/kg
蔬菜	
黄瓜	1*
* 该限量为临时限量。	

4.383 烯酰吗啉(dimethomorph)

4.383.1 主要用途:杀菌剂。

4.383.2 ADI:0.2 mg/kg bw。

4.383.3 残留物:烯酰吗啉。

4.383.4 最大残留限量:应符合表 383 的规定。

表 383

食品类别/名称	最大残留限量,mg/kg
蔬菜	
大蒜	0.6
洋葱	0.6
葱	9
韭葱	0.8
结球甘蓝	2
青花菜	1
菠菜	30
结球莴苣	10
野苣	10
芋头叶	10
芹菜	15
茄果类蔬菜(辣椒除外)	1
辣椒	3
瓜类蔬菜(黄瓜除外)	0.5
黄瓜	5
食荚豌豆	0.15
荚不可食类豆类蔬菜	0.7
朝鲜蓟	2
马铃薯	0.05
水果	
葡萄	5
草莓	0.05
菠萝	0.01
瓜果类水果	0.5
干制水果	
葡萄干	5
饮料类	
啤酒花	80
调味料	
干辣椒	5

4.383.5 检测方法:蔬菜、水果、干制水果按照 GB/T 20769 规定的方法测定;饮料类、调味料参照 GB/T 20769 规定的方法测定。

4.384 烯效唑(uniconazole)

4.384.1 主要用途:植物生长调节剂。

4.384.2 ADI:0.02 mg/kg bw。

4.384.3 残留物:烯效唑。

4.384.4 最大残留限量:应符合表 384 的规定。

表 384

食品类别/名称	最大残留限量,mg/kg
谷物	
糙米	0.1
小麦	0.05
油料和油脂	
花生仁	0.05
油菜籽	0.05

4.384.5 检测方法:谷物按照 GB 23200.9、GB/T 20770 规定的方法测定,油料和油脂参照 GB 23200.9、GB/T 20770 规定的方法测定。

4.385 烯唑醇(diniconazole)

4.385.1 主要用途:杀菌剂。

4.385.2 ADI:0.005 mg/kg bw。

4.385.3 残留物:烯唑醇。

4.385.4 最大残留限量:应符合表 385 的规定。

表 385

食品类别/名称	最大残留限量,mg/kg
谷物	
稻谷	0.05
小麦	0.2
玉米	0.05
高粱	0.05
粟	0.05
稷	0.05
油料和油脂	
花生仁	0.5
蔬菜	
芦笋	0.5
水果	
柑	1
橘	1
橙	1
苹果	0.2
梨	0.1
葡萄	0.2
香蕉	2

4.385.5 检测方法:谷物按照 GB 23200.113、GB/T 20770 规定的方法测定;油料和油脂按照 GB 23200.113 规定的方法测定;蔬菜、水果按照 GB 23200.113、GB/T 5009.201、GB/T 20769 规定的方法测定。

4.386 酰嘧磺隆(amidosulfuron)

4.386.1 主要用途:除草剂。

4.386.2 ADI:0.2 mg/kg bw。

4.386.3 残留物:酰嘧磺隆。

4.386.4 最大残留限量:应符合表 386 的规定。

表 386

食品类别/名称	最大残留限量,mg/kg
谷物	
麦类	0.01*
* 该限量为临时限量。	

4.387 硝苯菌酯(meptyldinocap)

4.387.1 主要用途:杀菌剂。

4.387.2 ADI:0.02 mg/kg bw。

4.387.3 残留物:硝苯菌酯。

4.387.4 最大残留限量:应符合表 387 的规定。

表 387

食品类别/名称	最大残留限量,mg/kg
蔬菜	
黄瓜	2*
西葫芦	0.07*
水果	
葡萄	0.2*
草莓	0.3*
瓜果类水果(西瓜除外)	0.5*
* 该限量为临时限量。	

4.388 硝磺草酮(mesotrione)

4.388.1 主要用途:除草剂。

4.388.2 ADI:0.5 mg/kg bw。

4.388.3 残留物:硝磺草酮。

4.388.4 最大残留限量:应符合表 388 的规定。

表 388

食品类别/名称	最大残留限量,mg/kg
谷物	
稻谷	0.05
糙米	0.05
燕麦	0.01
玉米	0.01
高粱	0.01
粟	0.01
油料和油脂	
亚麻籽	0.01
大豆	0.03
蔬菜	
黄秋葵	0.01

表 388（续）

食品类别/名称	最大残留限量,mg/kg
蔬菜	
芦笋	0.01
大黄	0.01
玉米笋	0.01
水果	
浆果和其他小型水果	0.01
糖料	
甘蔗	0.05

4.388.5 检测方法:谷物按照 GB/T 20770 规定的方法测定;油料和油脂参照 GB/T 20770 规定的方法测定;蔬菜、水果按照 GB/T 20769 规定的方法测定;糖料参照 GB/T 20769 规定的方法测定。

4.389 辛菌胺(xinjunan)

4.389.1 主要用途:杀菌剂。

4.389.2 ADI:0.028 mg/kg bw。

4.389.3 残留物:辛菌胺。

4.389.4 最大残留限量:应符合表 389 的规定。

表 389

食品类别/名称	最大残留限量,mg/kg
蔬菜	
番茄	0.5*
辣椒	0.2*
水果	
苹果	0.1*
油料和油脂	
棉籽	0.1*
* 该限量为临时限量。	

4.390 辛硫磷(phoxim)

4.390.1 主要用途:杀虫剂。

4.390.2 ADI:0.004 mg/kg bw。

4.390.3 残留物:辛硫磷。

4.390.4 最大残留限量:应符合表 390 的规定。

表 390

食品类别/名称	最大残留限量,mg/kg
谷物	
稻谷	0.05
麦类	0.05
旱粮类(玉米、鲜食玉米除外)	0.05
玉米	0.1
鲜食玉米	0.1
杂粮类	0.05
油料和油脂	
油菜籽	0.1
棉籽	0.1
大豆	0.05
花生仁	0.05

表 390（续）

食品类别/名称	最大残留限量，mg/kg
蔬菜	
鳞茎类蔬菜（大蒜除外）	0.05
大蒜	0.1
芸薹属类蔬菜（结球甘蓝除外）	0.05
结球甘蓝	0.1
叶菜类蔬菜（普通白菜除外）	0.05
普通白菜	0.1
茄果类蔬菜	0.05
瓜类蔬菜	0.05
豆类蔬菜	0.05
茎类蔬菜	0.05
根茎类和薯芋类蔬菜	0.05
水生类蔬菜	0.05
芽菜类蔬菜	0.05
其他类蔬菜	0.05
水果	
柑橘类水果	0.05
苹果	0.3
梨	0.05
山楂	0.05
枇杷	0.05
榅桲	0.05
核果类水果	0.05
浆果和其他小型水果	0.05
热带和亚热带水果	0.05
瓜果类水果	0.05
糖料	
甘蔗	0.05
饮料类	
茶叶	0.2

4.390.5 检测方法：谷物按照 GB/T 5009.102、SN/T 3769 规定的方法测定；油料和油脂参照 GB/T 5009.102、GB/T 20769、SN/T 3769 规定的方法测定；蔬菜、水果按照 GB/T 5009.102、GB/T 20769 规定的方法测定；糖料参照 GB/T 5009.102、GB/T 20769 规定的方法测定；茶叶参照 GB/T 20769 规定的方法测定。

4.391　辛酰溴苯腈（bromoxynil octanoate）

4.391.1 主要用途：除草剂。

4.391.2 ADI：0.015 mg/kg bw。

4.391.3 残留物：辛酰溴苯腈。

4.391.4 最大残留限量：应符合表 391 的规定。

表 391

食品类别/名称	最大残留限量，mg/kg
谷物	
小麦	0.1*
玉米	0.05*
蔬菜	
青蒜	0.1*

表 391（续）

食品类别/名称	最大残留限量，mg/kg
蔬菜	
蒜薹	0.1*
大蒜	0.1*
* 该限量为临时限量。	

4.392　溴苯腈(bromoxynil)

4.392.1　主要用途:除草剂。

4.392.2　ADI:0.01 mg/kg bw。

4.392.3　残留物:溴苯腈。

4.392.4　最大残留限量:应符合表 392 的规定。

表 392

食品类别/名称	最大残留限量，mg/kg
谷物	
小麦	0.05
玉米	0.1

4.392.5　检测方法:谷物按照 SN/T 2228 规定的方法测定。

4.393　溴甲烷(methyl bromide)

4.393.1　主要用途:熏蒸剂。

4.393.2　ADI:1 mg/kg bw。

4.393.3　残留物:溴甲烷。

4.393.4　最大残留限量:应符合表 393 的规定。

表 393

食品类别/名称	最大残留限量，mg/kg
谷物	
稻谷	5*
麦类	5*
旱粮类	5*
杂粮类	5*
成品粮	5*
油料和油脂	
大豆	5*
蔬菜	
薯类蔬菜	5*
水果	
草莓	30*
* 该限量为临时限量。	

4.394　溴菌腈(bromothalonil)

4.394.1　主要用途:杀菌剂。

4.394.2　ADI:0.001 mg/kg bw。

4.394.3　残留物:溴菌腈。

4.394.4　最大残留限量:应符合表 394 的规定。

表 394

食品类别/名称	最大残留限量,mg/kg
水果	
柑	0.5*
橘	0.5*
橙	0.5*
苹果	0.2*
蔬菜	
黄瓜	0.5*
* 该限量为临时限量。	

4.395 溴螨酯(bromopropylate)

4.395.1 主要用途:杀螨剂。

4.395.2 ADI:0.03 mg/kg bw。

4.395.3 残留物:溴螨酯。

4.395.4 最大残留限量:应符合表395的规定。

表 395

食品类别/名称	最大残留限量,mg/kg
蔬菜	
黄瓜	0.5
西葫芦	0.5
菜豆	3
水果	
柑	2
橘	2
橙	2
柠檬	2
柚	2
苹果	2
梨	2
山楂	2
枇杷	2
榅桲	2
李子	2
葡萄	2
草莓	2
甜瓜类水果	0.5
干制水果	
李子干	2

4.395.5 检测方法:蔬菜按照 GB 23200.8、GB 23200.113、NY/T 1379 规定的方法测定;水果、干制水果按照 GB 23200.8、GB 23200.113、SN/T 0192 规定的方法测定。

4.396 溴氰虫酰胺(cyantraniliprole)

4.396.1 主要用途:杀虫剂。

4.396.2 ADI:0.03 mg/kg bw。

4.396.3 残留物:溴氰虫酰胺。

4.396.4 最大残留限量:应符合表396的规定。

表 396

食品类别/名称	最大残留限量，mg/kg
谷物	
稻谷	0.2*
糙米	0.2*
蔬菜	
大蒜	0.05*
洋葱	0.05*
葱	8*
芸薹属类蔬菜(结球甘蓝除外)	2*
结球甘蓝	0.5*
叶菜类蔬菜(普通白菜、结球莴苣、芹菜除外)	20*
普通白菜	7*
结球莴苣	5*
芹菜	15*
茄果类蔬菜(番茄、辣椒除外)	0.5*
番茄	0.2*
辣椒	1*
黄瓜	0.2*
根茎类蔬菜	0.05*
马铃薯	0.05*
水果	
仁果类水果	0.8*
桃	1.5*
李子	0.5*
樱桃	6*
浆果和其他小型水果	4*
干制水果	
李子干	0.5*
饮料类	
咖啡豆	0.03*
调味料	
干辣椒	5*
* 该限量为临时限量。	

4.397 溴氰菊酯(deltamethrin)

4.397.1 主要用途:杀虫剂。

4.397.2 ADI:0.01 mg/kg bw。

4.397.3 残留物:溴氰菊酯(异构体之和)。

4.397.4 最大残留限量:应符合表 397 的规定。

表 397

食品类别/名称	最大残留限量，mg/kg
谷物	
稻谷	0.5
麦类	0.5
旱粮类(鲜食玉米除外)	0.5
鲜食玉米	0.2
杂粮类(豌豆、小扁豆除外)	0.5

表 397（续）

食品类别/名称	最大残留限量，mg/kg
谷物	
豌豆	1
小扁豆	1
成品粮（小麦粉除外）	0.5
小麦粉	0.2
油料和油脂	
油菜籽	0.1
棉籽	0.1
大豆	0.05
花生仁	0.01
葵花籽	0.05
蔬菜	
洋葱	0.05
韭葱	0.2
结球甘蓝	0.5
花椰菜	0.5
青花菜	0.5
菠菜	0.5
普通白菜	0.5
茼蒿	2
叶用莴苣	2
油麦菜	2
芹菜	2
大白菜	0.5
番茄	0.2
茄子	0.2
辣椒	0.2
豆类蔬菜	0.2
萝卜	0.2
胡萝卜	0.2
根芹菜	0.2
芜菁	0.2
马铃薯	0.01
甘薯	0.5
芋	0.2
玉米笋	0.02
水果	
柑橘类水果（单列的除外）	0.02
柑	0.05
橘	0.05
橙	0.05
柠檬	0.05
柚	0.05
苹果	0.1
梨	0.1
桃	0.05
油桃	0.05
杏	0.05
枣（鲜）	0.05
李子	0.05
樱桃	0.05

表 397（续）

食品类别/名称	最大残留限量,mg/kg
水果	
青梅	0.05
葡萄	0.2
猕猴桃	0.05
草莓	0.2
橄榄	1
荔枝	0.05
杧果	0.05
香蕉	0.05
菠萝	0.05
干制水果	
李子干	0.05
坚果	
榛子	0.02
核桃	0.02
饮料类	
茶叶	10
食用菌	
蘑菇类(鲜)	0.2
调味料	
果类调味料	0.03
根茎类调味料	0.5

4.397.5 检测方法:谷物、油料和油脂按照 GB 23200.9、GB 23200.113、GB/T 5009.110 规定的方法测定;蔬菜按照 GB 23200.8、GB 23200.113、NY/T 761、SN/T 0217 规定的方法测定;水果、干制水果、食用菌按照 GB 23200.113、NY/T 761 规定的方法测定;坚果参照 GB 23200.9、GB 23200.113、GB/T 5009.110 规定的方法测定;茶叶按照 GB 23200.113、GB/T 5009.110 规定的方法测定;调味料按照 GB 23200.113 规定的方法测定。

4.398 溴硝醇(bronopol)

4.398.1 主要用途:杀菌剂。

4.398.2 ADI:0.02 mg/kg bw。

4.398.3 残留物:溴硝醇。

4.398.4 最大残留限量:应符合表 398 的规定。

表 398

食品类别/名称	最大残留限量,mg/kg
谷物	
稻谷	0.2*
糙米	0.2*
* 该限量为临时限量。	

4.399 蚜灭磷(vamidothion)

4.399.1 主要用途:杀虫剂。

4.399.2 ADI:0.008 mg/kg bw。

4.399.3 残留物:蚜灭磷。

4.399.4 最大残留限量:应符合表 399 的规定。

表 399

食品类别/名称	最大残留限量,mg/kg
水果	
苹果	1
梨	1

4.399.5 检测方法:水果按照 GB/T 20769 规定的方法测定。

4.400 亚胺硫磷(phosmet)

4.400.1 主要用途:杀虫剂。

4.400.2 ADI:0.01 mg/kg bw。

4.400.3 残留物:亚胺硫磷。

4.400.4 最大残留限量:应符合表 400 的规定。

表 400

食品类别/名称	最大残留限量,mg/kg
谷物	
稻谷	0.5
玉米	0.05
油料和油脂	
棉籽	0.05
蔬菜	
大白菜	0.5
马铃薯	0.05
水果	
柑	5
橘	5
橙	5
柠檬	5
柚	5
仁果类水果	3
桃	10
油桃	10
杏	10
蓝莓	10
越橘	3
葡萄	10
坚果	0.2

4.400.5 检测方法:谷物按照 GB 23200.113、GB/T 5009.131 规定的方法测定;油料和油脂按照 GB 23200.113 规定的方法测定;蔬菜按照 GB 23200.113、GB/T 5009.131、NY/T 761 规定的方法测定;水果按照 GB 23200.8、GB 23200.113、GB/T 20769、NY/T 761 规定的方法测定;坚果参照 GB 23200.8、GB 23200.113、GB/T 20770 规定的方法测定。

4.401 亚胺唑(imibenconazole)

4.401.1 主要用途:杀菌剂。

4.401.2 ADI:0.009 8 mg/kg bw。

4.401.3 残留物:亚胺唑。

4.401.4 最大残留限量:应符合表 401 的规定。

表 401

食品类别/名称	最大残留限量,mg/kg
水果	
柑	1*
橘	1*
橙	1*
苹果	1*
青梅	3*
葡萄	3*
* 该限量为临时限量。	

4.402 亚砜磷(oxydemeton-methyl)

4.402.1 主要用途:杀虫剂。

4.402.2 ADI:0.000 3 mg/kg bw。

4.402.3 残留物:亚砜磷、甲基内吸磷和砜吸磷之和,以亚砜磷表示。

4.402.4 最大残留限量:应符合表 402 的规定。

表 402

食品类别/名称	最大残留限量,mg/kg
谷物	
小麦	0.02*
大麦	0.02*
黑麦	0.02*
杂粮类	0.1*
油料和油脂	
棉籽	0.05*
蔬菜	
球茎甘蓝	0.05*
羽衣甘蓝	0.01*
花椰菜	0.01*
马铃薯	0.01*
水果	
梨	0.05*
柠檬	0.2*
糖料	
甜菜	0.01*
* 该限量为临时限量。	

4.403 烟碱(nicotine)

4.403.1 主要用途:杀虫剂。

4.403.2 ADI:0.000 8 mg/kg bw。

4.403.3 残留物:烟碱。

4.403.4 最大残留限量:应符合表 403 的规定。

表 403

食品类别/名称	最大残留限量,mg/kg
油料和油脂	
棉籽	0.05*
蔬菜	
结球甘蓝	0.2

表 403（续）

食品类别/名称	最大残留限量,mg/kg
水果	
柑	0.2
橘	0.2
橙	0.2
* 该限量为临时限量。	

4.403.5 检测方法:蔬菜、水果按 GB/T 20769、SN/T 2397 规定的方法测定。

4.404 烟嘧磺隆(nicosulfuron)

4.404.1 主要用途:除草剂。

4.404.2 ADI:2 mg/kg bw。

4.404.3 残留物:烟嘧磺隆。

4.404.4 最大残留限量:应符合表 404 的规定。

表 404

食品类别/名称	最大残留限量,mg/kg
谷物	
玉米	0.1

4.404.5 检测方法:谷物参照 NY/T 1616 规定的方法测定。

4.405 盐酸吗啉胍(moroxydine hydrochloride)

4.405.1 主要用途:杀菌剂。

4.405.2 ADI:0.1 mg/kg bw。

4.405.3 残留物:吗啉胍。

4.405.4 最大残留限量:应符合表 405 的规定。

表 405

食品类别/名称	最大残留限量,mg/kg
蔬菜	
番茄	5*
* 该限量为临时限量。	

4.406 氧乐果(omethoate)

4.406.1 主要用途:杀虫剂。

4.406.2 ADI:0.000 3 mg/kg bw。

4.406.3 残留物:氧乐果。

4.406.4 最大残留限量:应符合表 406 的规定。

表 406

食品类别/名称	最大残留限量,mg/kg
谷物	
麦类	0.02
旱粮类	0.05
杂粮类	0.05
油料和油脂	
棉籽	0.02
大豆	0.05

表 406（续）

食品类别/名称	最大残留限量，mg/kg
蔬菜	
鳞茎类蔬菜	0.02
芸薹属类蔬菜	0.02
叶菜类蔬菜	0.02
茄果类蔬菜	0.02
瓜类蔬菜	0.02
豆类蔬菜	0.02
茎类蔬菜	0.02
根茎类和薯芋类蔬菜	0.02
水生类蔬菜	0.02
芽菜类蔬菜	0.02
其他类蔬菜	0.02
水果	
柑橘类水果	0.02
仁果类水果	0.02
核果类水果	0.02
浆果和其他小型水果	0.02
热带和亚热带水果	0.02
瓜果类水果	0.02
糖料	
甜菜	0.05
甘蔗	0.05
饮料类	
茶叶	0.05
调味料	
果类调味料	0.01
根茎类调味料	0.05

4.406.5 检测方法：谷物按照 GB 23200.113、GB/T 20770 规定的方法测定；油料和油脂按照 GB 23200.113 规定的方法测定；蔬菜、水果按照 GB 23200.113、NY/T 761、NY/T 1379 规定的方法测定；糖料参照 GB 23200.113、GB/T 20770、NY/T 761 规定的方法测定；茶叶按照 GB 23200.13、GB 23200.113 规定的方法测定；调味料按照 GB 23200.113 规定的方法测定。

4.407　野麦畏(triallate)

4.407.1　主要用途：除草剂。

4.407.2　ADI：0.025 mg/kg bw。

4.407.3　残留物：野麦畏。

4.407.4　最大残留限量：应符合表 407 的规定。

表 407

食品类别/名称	最大残留限量，mg/kg
谷物	
小麦	0.05

4.407.5　检测方法：谷物按照 GB 23200.113、GB/T 20770 规定的方法测定。

4.408　野燕枯(difenzoquat)

4.408.1　主要用途：除草剂。

4.408.2　ADI：0.25 mg/kg bw。

4.408.3　残留物：野燕枯。

4.408.4 最大残留限量:应符合表 408 的规定。

表 408

食品类别/名称	最大残留限量,mg/kg
谷物	
麦类	0.1

4.408.5 检测方法:谷物按照 GB/T 5009.200 规定的方法测定。

4.409 依维菌素(ivermectin)

4.409.1 主要用途:杀虫剂。

4.409.2 ADI:0.001 mg/kg bw。

4.409.3 残留物:依维菌素。

4.409.4 最大残留限量:应符合表 409 规定。

表 409

食品类别/名称	最大残留限量,mg/kg
蔬菜	
结球甘蓝	0.02*
水果	
草莓	0.1*
* 该限量为临时限量。	

4.410 乙拌磷(disulfoton)

4.410.1 主要用途:杀虫剂。

4.410.2 ADI:0.000 3 mg/kg bw。

4.410.3 残留物:乙拌磷,硫醇式-内吸磷以及它们的亚砜化物和砜化物之和,以乙拌磷表示。

4.410.4 最大残留限量:应符合表 410 的规定。

表 410

食品类别/名称	最大残留限量,mg/kg
谷物	
燕麦	0.02
玉米	0.02
鲜食玉米	0.02
豌豆	0.02
蔬菜	
芦笋	0.02
玉米笋	0.02
调味料	0.05

4.410.5 检测方法:谷物、调味料参照 GB/T 20769 规定的方法测定;蔬菜按照 GB/T 20769 规定的方法测定。

4.411 乙草胺(acetochlor)

4.411.1 主要用途:除草剂。

4.411.2 ADI:0.01 mg/kg bw。

4.411.3 残留物:乙草胺。

4.411.4 最大残留限量:应符合表 411 的规定。

表 411

食品类别/名称	最大残留限量,mg/kg
谷物	
糙米	0.05
玉米	0.05
油料和油脂	
大豆	0.1
油菜籽	0.2
花生仁	0.1
蔬菜	
大蒜	0.05
姜	0.05
马铃薯	0.1

4.411.5 检测方法:谷物按照 GB 23200.9、GB 23200.57、GB 23200.113、GB/T 20770 规定的方法测定;油料和油脂按照 GB 23200.57、GB 23200.113 规定的方法测定;蔬菜按照 GB 23200.113、GB/T 20769 规定的方法测定。

4.412 乙虫腈(ethiprole)

4.412.1 主要用途:杀虫剂。

4.412.2 ADI:0.005 mg/kg bw。

4.412.3 残留物:乙虫腈。

4.412.4 最大残留限量:应符合表 412 的规定。

表 412

食品类别/名称	最大残留限量,mg/kg
谷物	
糙米	0.2

4.412.5 检测方法:谷物参照 GB/T 20769 规定的方法测定。

4.413 乙基多杀菌素(spinetoram)

4.413.1 主要用途:杀虫剂。

4.413.2 ADI:0.05 mg/kg bw。

4.413.3 残留物:乙基多杀菌素。

4.413.4 最大残留限量:应符合表 413 的规定。

表 413

食品类别/名称	最大残留限量,mg/kg
谷物	
稻谷	0.5*
糙米	0.2*
蔬菜	
洋葱	0.8*
葱	0.8*
芸薹属类蔬菜(结球甘蓝除外)	0.3*
结球甘蓝	0.5*
菠菜	8*
叶用莴苣	10*
结球莴苣	10*
芹菜	6*

表 413（续）

食品类别/名称	最大残留限量，mg/kg
蔬菜	
番茄	0.06*
茄子	0.1*
豆类蔬菜（蚕豆、菜用大豆和豇豆除外）	0.05*
豇豆	0.1*
水果	
橙	0.07*
仁果类水果	0.05*
桃	0.3*
油桃	0.3*
蓝莓	0.2*
覆盆子	0.8*
葡萄	0.3*
杨梅	1*
坚果	0.01*
糖料	
甜菜	0.01*
* 　该限量为临时限量。	

4.414　乙硫磷（ethion）

4.414.1　主要用途：杀虫剂。

4.414.2　ADI：0.002 mg/kg bw。

4.414.3　残留物：乙硫磷。

4.414.4　最大残留限量：应符合表 414 的规定。

表 414

食品类别/名称	最大残留限量，mg/kg
谷物	
稻谷	0.2
油料和油脂	
棉籽油	0.5
调味料	
果类调味料	5
种子类调味料	3
根茎类调味料	0.3

4.414.5　检测方法：谷物按照 GB 23200.113、GB/T 5009.20 规定的方法测定；油料和油脂、调味料按照 GB 23200.113 规定的方法测定。

4.415　乙螨唑（etoxazole）

4.415.1　主要用途：杀螨剂。

4.415.2　ADI：0.05 mg/kg bw。

4.415.3　残留物：乙螨唑。

4.415.4　最大残留限量：应符合表 415 的规定。

表 415

食品类别/名称	最大残留限量，mg/kg
蔬菜	
黄瓜	0.02

表 415（续）

食品类别/名称	最大残留限量,mg/kg
水果	
柑橘类水果(柑、橘、橙除外)	0.1
柑	0.5
橘	0.5
橙	0.5
仁果类水果(苹果除外)	0.07
苹果	0.1
葡萄	0.5
坚果	0.01
饮料类	
茶叶	15
啤酒花	15
调味料	
薄荷	15

4.415.5 检测方法:蔬菜、水果按照 GB 23200.8、GB 23200.113 规定的方法测定;坚果参照 GB 23200.8、GB 23200.113 规定的方法测定;饮料类、调味料按照 GB 23200.113 规定的方法测定。

4.416 乙霉威(diethofencarb)

4.416.1 主要用途:杀菌剂。

4.416.2 ADI:0.004 mg/kg bw。

4.416.3 残留物:乙霉威。

4.416.4 最大残留限量:应符合表 416 的规定。

表 416

食品类别/名称	最大残留限量,mg/kg
蔬菜	
番茄	1
黄瓜	5

4.416.5 检测方法:蔬菜按照 GB/T 20769 规定的方法测定。

4.417 乙嘧酚(ethirimol)

4.417.1 主要用途:杀菌剂。

4.417.2 ADI:0.035 mg/kg bw。

4.417.3 残留物:乙嘧酚。

4.417.4 最大残留限量:应符合表 417 的规定。

表 417

食品类别/名称	最大残留限量,mg/kg
蔬菜	
黄瓜	1
水果	
苹果	0.1

4.417.5 检测方法:蔬菜、水果按照 GB/T 20769 规定的方法测定。

4.418 乙嘧酚磺酸酯(bupirimate)

4.418.1 主要用途:杀菌剂。

4.418.2 ADI:0.05 mg/kg bw。

4.418.3 残留物:乙嘧酚磺酸酯。

4.418.4 最大残留限量:应符合表418的规定。

表418

食品类别/名称	最大残留限量,mg/kg
水果	
葡萄	0.5

4.418.5 检测方法:水果按照 GB 23200.113、GB/T 20769 规定的方法测定。

4.419 乙蒜素(ethylicin)

4.419.1 主要用途:杀菌剂。

4.419.2 ADI:0.001 mg/kg bw。

4.419.3 残留物:乙蒜素。

4.419.4 最大残留限量:应符合表419的规定。

表419

食品类别/名称	最大残留限量,mg/kg
谷物	
稻谷	0.05*
糙米	0.05*
油料和油脂	
棉籽	0.05*
大豆	0.1*
蔬菜	
黄瓜	0.1*
菜用大豆	0.1*
水果	
苹果	0.2*
* 该限量为临时限量。	

4.420 乙羧氟草醚(fluoroglycofen-ethyl)

4.420.1 主要用途:除草剂。

4.420.2 ADI:0.01 mg/kg bw。

4.420.3 残留物:乙羧氟草醚。

4.420.4 最大残留限量:应符合表420的规定。

表420

食品类别/名称	最大残留限量,mg/kg
谷物	
小麦	0.05
油料和油脂	
棉籽	0.05
花生仁	0.05
大豆	0.05

4.420.5 检测方法:谷物、油料和油脂按照 GB 23200.2 规定的方法测定。

4.421 乙烯菌核利(vinclozolin)

4.421.1 主要用途:杀菌剂。

4.421.2 ADI:0.01 mg/kg bw。

4.421.3 残留物:乙烯菌核利及其所有含3,5-二氯苯胺部分的代谢产物之和,以乙烯菌核利表示。

4.421.4 最大残留限量:应符合表421的规定。

表 421

食品类别/名称	最大残留限量,mg/kg
蔬菜	
番茄	3*
黄瓜	1*
调味料	0.05*
* 该限量为临时限量。	

4.422 乙烯利(ethephon)

4.422.1 主要用途:植物生长调节剂。

4.422.2 ADI:0.05 mg/kg bw。

4.422.3 残留物:乙烯利。

4.422.4 最大残留限量:应符合表422的规定。

表 422

食品类别/名称	最大残留限量,mg/kg
谷物	
小麦	1
大麦	1
黑麦	1
玉米	0.5
油料和油脂	
棉籽	2
蔬菜	
番茄	2
辣椒	5
水果	
苹果	5
樱桃	10
蓝莓	20
葡萄	1
猕猴桃	2
柿子	30
荔枝	2
杧果	2
香蕉	2
菠萝	2
哈密瓜	1
干制水果	
葡萄干	5
干制无花果	10
无花果蜜饯	10
坚果	
榛子	0.2
核桃	0.5
调味料	
干辣椒	50

4.422.5 检测方法:谷物、油料和油脂、坚果、调味料参照GB 23200.16规定的方法测定;蔬菜、水果、干

制水果按照 GB 23200.16 规定的方法测定。

4.423 乙酰甲胺磷(acephate)

4.423.1 主要用途:杀虫剂。

4.423.2 ADI:0.03 mg/kg bw。

4.423.3 残留物:乙酰甲胺磷。

4.423.4 最大残留限量:应符合表 423 的规定。

表 423

食品类别/名称	最大残留限量,mg/kg
谷物	
糙米	1
小麦	0.2
玉米	0.2
油料和油脂	
棉籽	2
大豆	0.3
蔬菜	
鳞茎类蔬菜	1
芸薹属类蔬菜	1
叶菜类蔬菜	1
茄果类蔬菜	1
瓜类蔬菜	1
豆类蔬菜	1
茎类蔬菜(朝鲜蓟除外)	1
朝鲜蓟	0.3
根茎类和薯芋类蔬菜	1
水生类蔬菜	1
芽菜类蔬菜	1
其他类蔬菜	1
水果	
柑橘类水果	0.5
仁果类水果	0.5
核果类水果	0.5
浆果和其他小型水果	0.5
热带和亚热带水果	0.5
瓜果类水果	0.5
饮料类	
茶叶	0.1
调味料	
调味料(干辣椒除外)	0.2
干辣椒	50

4.423.5 检测方法:谷物、油料和油脂按照 GB 23200.113、GB/T 5009.103、SN/T 3768 规定的方法测定;蔬菜按照 GB 23200.113、GB/T 5009.103、GB/T 5009.145、NY/T 761 规定的方法测定;水果按照 GB 23200.113、NY/T 761 规定的方法测定;茶叶、调味料按照 GB 23200.113 规定的方法测定。

4.424 乙氧呋草黄(ethofumesate)

4.424.1 主要用途:除草剂。

4.424.2 ADI:1 mg/kg bw。

4.424.3 残留物:乙氧呋草黄。

4.424.4 最大残留限量:应符合表 424 的规定。

表 424

食品类别/名称	最大残留限量,mg/kg
糖料	
甜菜	0.1

4.424.5 检测方法:糖料参照 GB 23200.8、GB 23200.113 规定的方法测定。

4.425 乙氧氟草醚(oxyfluorfen)

4.425.1 主要用途:除草剂。

4.425.2 ADI:0.03 mg/kg bw。

4.425.3 残留物:乙氧氟草醚。

4.425.4 最大残留限量:应符合表 425 的规定。

表 425

食品类别/名称	最大残留限量,mg/kg
谷物	
糙米	0.05
油料和油脂	
棉籽	0.05
蔬菜	
大蒜	0.05
青蒜	0.1
蒜薹	0.1
姜	0.05
水果	
苹果	0.05

4.425.5 检测方法:谷物按照 GB 23200.9、GB 23200.113、GB/T 20770 规定的方法测定;油料和油脂按照 GB 23200.2、GB 23200.113 规定的方法测定;蔬菜、水果按照 GB 23200.8、GB 23200.113、GB/T 20769 规定的方法测定。

4.426 乙氧磺隆(ethoxysulfuron)

4.426.1 主要用途:除草剂。

4.426.2 ADI:0.04 mg/kg bw。

4.426.3 残留物:乙氧磺隆。

4.426.4 最大残留限量:应符合表 426 的规定。

表 426

食品类别/名称	最大残留限量,mg/kg
谷物	
糙米	0.05

4.426.5 检测方法:谷物按照 GB/T 20770 规定的方法测定。

4.427 乙氧喹啉(ethoxyquin)

4.427.1 主要用途:杀菌剂。

4.427.2 ADI:0.005 mg/kg bw。

4.427.3 残留物:乙氧喹啉。

4.427.4 最大残留限量:应符合表 427 的规定。

表 427

食品类别/名称	最大残留限量,mg/kg
水果	
梨	3

4.427.5　检测方法:水果按照 GB/T 5009.129 规定的方法测定。

4.428　异丙草胺(propisochlor)

4.428.1　主要用途:除草剂。

4.428.2　ADI:0.013 mg/kg bw。

4.428.3　残留物:异丙草胺。

4.428.4　最大残留限量:应符合表 428 的规定。

表 428

食品类别/名称	最大残留限量,mg/kg
谷物	
稻谷	0.05*
糙米	0.05*
玉米	0.1*
油料和油脂	
大豆	0.1*
花生仁	0.05*
蔬菜	
菜用大豆	0.1*
甘薯	0.05*
* 该限量为临时限量。	

4.428.5　检测方法:谷物按照 GB 23200.9、GB/T 20770 规定的方法测定;油料和油脂、蔬菜参照 GB 23200.9 规定的方法测定。

4.429　异丙甲草胺和精异丙甲草胺(metolachlor and S-metolachlor)

4.429.1　主要用途:除草剂。

4.429.2　ADI:0.1 mg/kg bw。

4.429.3　残留物:异丙甲草胺。

4.429.4　最大残留限量:应符合表 429 的规定。

表 429

食品类别/名称	最大残留限量,mg/kg
谷物	
糙米	0.1
玉米	0.1
高粱	0.05
油料和油脂	
油菜籽	0.1
芝麻	0.1
棉籽	0.1
大豆	0.5
花生仁	0.5
蔬菜	
结球甘蓝	0.1
番茄	0.1

表 429（续）

食品类别/名称	最大残留限量,mg/kg
蔬菜	
南瓜	0.05
菜豆	0.05
菜用大豆	0.1
水果	
枣(鲜)	0.05
糖料	
甘蔗	0.05
甜菜	0.1

4.429.5 检测方法:谷物按照 GB 23200.9、GB 23200.113、GB/T 20770 规定的方法测定;油料和油脂按照 GB 23200.113、GB/T 5009.174 规定的方法测定;蔬菜按照 GB 23200.8、GB 23200.113、GB/T 20769 规定的方法测定;水果按照 GB 23200.8、GB 23200.113 规定的方法测定;糖料参照 GB 23200.9、GB 23200.113 规定的方法测定。

4.430　异丙隆(isoproturon)

4.430.1 主要用途:除草剂。

4.430.2 ADI:0.015 mg/kg bw。

4.430.3 残留物:异丙隆。

4.430.4 最大残留限量:应符合表 430 的规定。

表 430

食品类别/名称	最大残留限量,mg/kg
谷物	
糙米	0.05
小麦	0.05

4.430.5 检测方法:谷物按照 GB/T 20770 规定的方法测定。

4.431　异丙威(isoprocarb)

4.431.1 主要用途:杀虫剂。

4.431.2 ADI:0.002 mg/kg bw。

4.431.3 残留物:异丙威。

4.431.4 最大残留限量:应符合表 431 的规定。

表 431

食品类别/名称	最大残留限量,mg/kg
谷物	
大米	0.2
蔬菜	
黄瓜	0.5

4.431.5 检测方法:谷物按照 GB 23200.112、GB 23200.113、GB/T 5009.104 规定的方法测定;蔬菜按照 GB 23200.112、GB 23200.113、NY/T 761 规定的方法测定。

4.432　异稻瘟净(iprobenfos)

4.432.1 主要用途:杀菌剂。

4.432.2 ADI:0.035 mg/kg bw。

4.432.3 残留物:异稻瘟净。

4.432.4 最大残留限量:应符合表 432 的规定。

表 432

食品类别/名称	最大残留限量,mg/kg
谷物	
糙米	0.5

4.432.5 检测方法:谷物按照 GB 23200.9、GB 23200.83、GB 23200.113、GB/T 20770 规定的方法测定。

4.433 **异噁草酮(clomazone)**

4.433.1 主要用途:除草剂。

4.433.2 ADI:0.133 mg/kg bw。

4.433.3 残留物:异噁草酮。

4.433.4 最大残留限量:应符合表 433 的规定。

表 433

食品类别/名称	最大残留限量,mg/kg
谷物	
糙米	0.02
油料和油脂	
油菜籽	0.1
大豆	0.05
蔬菜	
南瓜	0.05
菜用大豆	0.05
马铃薯	0.02
糖料	
甘蔗	0.1

4.433.5 检测方法:谷物按照 GB 23200.9、GB 23200.113 规定的方法测定;油料和油脂按照 GB 23200.113 规定的方法测定;蔬菜按照 GB 23200.8、GB 23200.113 规定的方法测定;糖料参照 GB 23200.9、GB 23200.113 规定的方法测定。

4.434 **异噁唑草酮(isoxaflutole)**

4.434.1 主要用途:除草剂。

4.434.2 ADI:0.02 mg/kg bw。

4.434.3 残留物:异噁唑草酮与其二酮腈代谢物之和,以异噁唑草酮表示。

4.434.4 最大残留限量:应符合表 434 的规定。

表 434

食品类别/名称	最大残留限量,mg/kg
谷物	
玉米	0.02*
鲜食玉米	0.02*
鹰嘴豆	0.01*
蔬菜	
玉米笋	0.02*
糖料	
甘蔗	0.01*
* 该限量为临时限量。	

4.435 **异菌脲(iprodione)**

4.435.1 主要用途:杀菌剂。

4.435.2 ADI:0.06 mg/kg bw。

4.435.3 残留物:异菌脲。

4.435.4 最大残留限量:应符合表 435 的规定。

表 435

食品类别/名称	最大残留限量,mg/kg
谷物	
糙米	10
大麦	2
杂粮类	0.1
油料和油脂	
油菜籽	2
蔬菜	
洋葱	0.2
番茄	5
辣椒	5
黄瓜	2
菜用大豆	2
胡萝卜	10
水果	
苹果	5
梨	5
山楂	5
枇杷	5
榅桲	5
桃	10
樱桃	10
黑莓	30
醋栗	30
葡萄	10
猕猴桃	5
香蕉	10
坚果	
杏仁	0.2
糖料	
甜菜	0.1
调味料	
种子类调味料	0.05
根茎类调味料	0.1

4.435.5 检测方法:谷物按照 GB 23200.113、NY/T 761 规定的方法测定;油料和油脂按照 GB 23200.113 规定的方法测定;坚果按照 GB 23200.9、GB 23200.113 规定的方法测定;蔬菜、水果按照 GB 23200.8、GB 23200.113、NY/T 761、NY/T 1277 规定的方法测定;糖料参照 GB 23200.113、GB/T 5009.218 规定的方法测定;调味料按照 GB 23200.113 规定的方法测定。

4.436　抑霉唑(imazalil)

4.436.1 主要用途:杀菌剂。

4.436.2 ADI:0.03 mg/kg bw。

4.436.3 残留物:抑霉唑。

4.436.4 最大残留限量:应符合表 436 的规定。

表 436

食品类别/名称	最大残留限量,mg/kg
谷物	
小麦	0.01
蔬菜	
番茄	0.5
黄瓜	0.5
腌制用小黄瓜	0.5
马铃薯	5
水果	
柑	5
橘	5
橙	5
柠檬	5
柚	5
苹果	5
梨	5
山楂	5
枇杷	5
榅桲	5
醋栗(红、黑)	2
葡萄	5
草莓	2
柿子	2
香蕉	2
甜瓜类水果	2

4.436.5 检测方法:谷物按照 GB 23200.113、GB/T 20770 规定的方法测定;蔬菜、水果按照 GB 23200.8、GB 23200.113、GB/T 20769 规定的方法测定。

4.437 抑芽丹(maleic hydrazide)

4.437.1 主要用途:植物生长调节剂/除草剂。

4.437.2 ADI:0.3 mg/kg bw。

4.437.3 残留物:抑芽丹。

4.437.4 最大残留限量:应符合表 437 的规定。

表 437

食品类别/名称	最大残留限量,mg/kg
蔬菜	
大蒜	15
洋葱	15
葱	15
马铃薯	50

4.437.5 检测方法:蔬菜参照 GB 23200.22 规定的方法测定。

4.438 吲唑磺菌胺(amisulbrom)

4.438.1 主要用途:杀菌剂。

4.438.2 ADI:0.1 mg/kg bw。

4.438.3 残留物:吲唑磺菌胺。

4.438.4 最大残留限量:应符合表 438 的规定。

表 438

食品类别/名称	最大残留限量,mg/kg
谷物	
稻谷	0.05*
糙米	0.05*
* 该限量为临时限量。	

4.439 印楝素(azadirachtin)

4.439.1 主要用途:杀虫剂。

4.439.2 ADI:0.1 mg/kg bw。

4.439.3 残留物:印楝素。

4.439.4 最大残留限量:应符合表 439 的规定。

表 439

食品类别/名称	最大残留限量,mg/kg
蔬菜	
结球甘蓝	0.1
饮料类	
茶叶	1

4.439.5 检测方法:蔬菜、茶叶按照 GB 23200.73 规定的方法测定。

4.440 茚虫威(indoxacarb)

4.440.1 主要用途:杀虫剂。

4.440.2 ADI:0.01 mg/kg bw。

4.440.3 残留物:茚虫威。

4.440.4 最大残留限量:应符合表 440 的规定。

表 440

食品类别/名称	最大残留限量,mg/kg
谷物	
稻谷	0.1
糙米	0.1
绿豆	0.2
鹰嘴豆	0.2
豇豆	0.1
油料和油脂	
棉籽	0.1
大豆	0.5
花生仁	0.02
蔬菜	
结球甘蓝	3
花椰菜	1
青花菜	0.5
芥蓝	2
菜薹	3
菠菜	3
普通白菜	2
叶用莴苣	10
结球莴苣	7
茄果类蔬菜(辣椒除外)	0.5

表 440（续）

食品类别/名称	最大残留限量,mg/kg
蔬菜	
辣椒	0.3
马铃薯	0.02
玉米笋	0.02
水果	
苹果	0.5
梨	0.2
核果类水果	1
越橘	1
葡萄	2
干制水果	
李子干	3
葡萄干	5
饮料类	
茶叶	5
调味料	
薄荷	15

4.440.5 检测方法:谷物按照 GB/T 20770 规定的方法测定;油料和油脂、调味料参照 GB/T 20770 规定的方法测定;蔬菜、水果、干制水果按照 GB/T 20769 规定的方法测定;茶叶按照 GB 23200.13 规定的方法测定。

4.441　蝇毒磷(coumaphos)

4.441.1　主要用途:杀虫剂。

4.441.2　ADI:0.000 3 mg/kg bw。

4.441.3　残留物:蝇毒磷。

4.441.4　最大残留限量:应符合表 441 的规定。

表 441

食品类别/名称	最大残留限量,mg/kg
蔬菜	
鳞茎类蔬菜	0.05
芸薹属类蔬菜	0.05
叶菜类蔬菜	0.05
茄果类蔬菜	0.05
瓜类蔬菜	0.05
豆类蔬菜	0.05
茎类蔬菜	0.05
根茎类和薯芋类蔬菜	0.05
水生类蔬菜	0.05
芽菜类蔬菜	0.05
其他类蔬菜	0.05
水果	
柑橘类水果	0.05
仁果类水果	0.05
核果类水果	0.05
浆果和其他小型水果	0.05
热带和亚热带水果	0.05
瓜果类水果	0.05

4.441.5　检测方法:蔬菜、水果按照 GB 23200.8、GB 23200.113 规定的方法测定。

4.442 莠灭净(ametryn)

4.442.1 主要用途:除草剂。

4.442.2 ADI:0.072 mg/kg bw。

4.442.3 残留物:莠灭净。

4.442.4 最大残留限量:应符合表442的规定。

表 442

食品类别/名称	最大残留限量,mg/kg
水果	
菠萝	0.2
糖料	
甘蔗	0.05

4.442.5 检测方法:水果按照 GB 23200.8、GB 23200.113 规定的方法测定;糖料参照 GB 23200.113、GB/T 23816 规定的方法测定。

4.443 莠去津(atrazine)

4.443.1 主要用途:除草剂。

4.443.2 ADI:0.02 mg/kg bw。

4.443.3 残留物:莠去津。

4.443.4 最大残留限量:应符合表443的规定。

表 443

食品类别/名称	最大残留限量,mg/kg
谷物	
玉米	0.05
高粱	0.05
稷	0.05
蔬菜	
葱	0.05
姜	0.05
水果	
苹果	0.05
梨	0.05
葡萄	0.05
糖料	
甘蔗	0.05
饮料类	
茶叶	0.1

4.443.5 检测方法:谷物按照 GB 23200.113、GB/T 5009.132 规定的方法测定;蔬菜、水果按照 GB 23200.8、GB 23200.113、GB/T 20769、NY/T 761 规定的方法测定;糖料按照 GB/T 5009.132 规定的方法测定;茶叶按照 GB 23200.113 规定的方法测定。

4.444 鱼藤酮(rotenone)

4.444.1 主要用途:杀虫剂。

4.444.2 ADI:0.000 4 mg/kg bw。

4.444.3 残留物:鱼藤酮。

4.444.4 最大残留限量:应符合表444的规定。

表 444

食品类别/名称	最大残留限量,mg/kg
蔬菜	
结球甘蓝	0.5

4.444.5 检测方法:蔬菜参照 GB/T 20769 规定的方法测定。

4.445 增效醚(piperonyl butoxide)

4.445.1 主要用途:增效剂。

4.445.2 ADI:0.2 mg/kg bw。

4.445.3 残留物:增效醚。

4.445.4 最大残留限量:应符合表 445 的规定。

表 445

食品类别/名称	最大残留限量,mg/kg
谷物	
稻谷	30
麦类	30
麦胚	90
旱粮类	30
杂粮类	0.2
小麦粉	10
全麦粉	30
油料和油脂	
大豆	0.2
花生仁	1
玉米毛油	80
蔬菜	
菠菜	50
叶用莴苣	50
叶芥菜	50
萝卜叶	50
番茄	2
辣椒	2
瓜类蔬菜	1
根茎类和薯芋类蔬菜	0.5
水果	
柑橘类水果	5
瓜果类水果	1
干制水果	0.2
饮料类	
番茄汁	0.3
橙汁	0.05
调味料	
干辣椒	20

4.445.5 检测方法:谷物按照 GB 23200.34、GB 23200.113 规定的方法测定;蔬菜、水果、干制水果、饮料类按照 GB 23200.8、GB 23200.113 规定的方法测定;油料和油脂、调味料按照 GB 23200.113 规定的方法测定。

4.446 治螟磷(sulfotep)

4.446.1 主要用途:杀虫剂。

4.446.2 ADI:0.001 mg/kg bw。

4.446.3 残留物:治螟磷。

4.446.4 最大残留限量:应符合表 446 的规定。

表 446

食品类别/名称	最大残留限量,mg/kg
蔬菜	
鳞茎类蔬菜	0.01
芸薹属类蔬菜	0.01
叶菜类蔬菜	0.01
茄果类蔬菜	0.01
瓜类蔬菜	0.01
豆类蔬菜	0.01
茎类蔬菜	0.01
根茎类和薯芋类蔬菜	0.01
水生类蔬菜	0.01
芽菜类蔬菜	0.01
其他类蔬菜	0.01
水果	
柑橘类水果	0.01
仁果类水果	0.01
核果类水果	0.01
浆果和其他小型水果	0.01
热带和亚热带水果	0.01
瓜果类水果	0.01

4.446.5 检测方法:蔬菜、水果按照 GB 23200.8、GB 23200.113、NY/T 761 规定的方法测定。

4.447 种菌唑(ipconazole)

4.447.1 主要用途:杀菌剂。

4.447.2 ADI:0.015 mg/kg bw。

4.447.3 残留物:种菌唑。

4.447.4 最大残留限量:应符合表 447 的规定。

表 447

食品类别/名称	最大残留限量,mg/kg
谷物	
玉米	0.01*
鲜食玉米	0.01*
油料和油脂	
棉籽	0.01*
*　该限量为临时限量。	

4.448 仲丁灵(butralin)

4.448.1 主要用途:除草剂。

4.448.2 ADI:0.2 mg/kg bw。

4.448.3 残留物:仲丁灵。

4.448.4 最大残留限量:应符合表 448 的规定。

表 448

食品类别/名称	最大残留限量,mg/kg
谷物	
稻谷	0.05
糙米	0.05
油料和油脂	
棉籽	0.05
大豆	0.02
花生仁	0.05
蔬菜	
番茄	0.1
辣椒	0.05
菜用大豆	0.05
水果	
西瓜	0.1

4.448.5 检测方法:谷物按照 GB/T 20770 规定的方法测定;油脂和油料参照 GB 23200.9、GB/T 20770、SN/T 3859 规定的方法测定;蔬菜按照 GB 23200.8、GB 23200.69、GB/T 20769 规定的方法测定;水果按照 GB 23200.69、GB/T 20769 规定的方法测定。

4.449 仲丁威(fenobucarb)

4.449.1 主要用途:杀虫剂。

4.449.2 ADI:0.06 mg/kg bw。

4.449.3 残留物:仲丁威。

4.449.4 最大残留限量:应符合表 449 的规定。

表 449

食品类别/名称	最大残留限量,mg/kg
谷物	
稻谷	0.5
蔬菜	
结球甘蓝	1
节瓜	0.05

4.449.5 检测方法:谷物按照 GB 23200.112、GB 23200.113、GB/T 5009.145 规定的方法测定;蔬菜按照 GB 23200.112、GB 23200.113、NY/T 761、NY/T 1679、SN/T 2560 规定的方法测定。

4.450 唑胺菌酯(pyrametostrobin)

4.450.1 主要用途:杀菌剂。

4.450.2 ADI:0.004 mg/kg bw。

4.450.3 残留物:唑胺菌酯。

4.450.4 最大残留限量:应符合表 450 的规定。

表 450

食品类别/名称	最大残留限量,mg/kg
蔬菜	
黄瓜	1*
* 该限量为临时限量。	

4.451 唑草酮(carfentrazone-ethyl)

4.451.1 主要用途:除草剂。

4.451.2 ADI:0.03 mg/kg bw。

4.451.3 残留物:唑草酮。

4.451.4 最大残留限量:应符合表451的规定。

表 451

食品类别/名称	最大残留限量,mg/kg
谷物	
糙米	0.1
小麦	0.1
糖料	
甘蔗	0.05

4.451.5 检测方法:谷物、糖料参照 GB 23200.15 规定的方法测定。

4.452 唑虫酰胺(tolfenpyrad)

4.452.1 主要用途:杀虫剂。

4.452.2 ADI:0.006 mg/kg bw。

4.452.3 残留物:唑虫酰胺。

4.452.4 最大残留限量:应符合表452的规定。

表 452

食品类别/名称	最大残留限量,mg/kg
蔬菜	
结球甘蓝	0.5
大白菜	0.5
茄子	0.5
饮料类	
茶叶	50

4.452.5 检测方法:蔬菜按照 GB/T 20769 规定的方法测定;茶叶参照 GB/T 20769 规定的方法测定。

4.453 唑菌酯(pyraoxystrobin)

4.453.1 主要用途:杀菌剂。

4.453.2 ADI:0.001 3 mg/kg bw。

4.453.3 残留物:唑菌酯。

4.453.4 最大残留限量:应符合表453的规定。

表 453

食品类别/名称	最大残留限量,mg/kg
蔬菜	
黄瓜	1*
* 该限量为临时限量。	

4.454 唑啉草酯(pinoxaden)

4.454.1 主要用途:除草剂。

4.454.2 ADI:0.1 mg/kg bw。

4.454.3 残留物:唑啉草酯。

4.454.4 最大残留限量:应符合表454的规定。

表 454

食品类别/名称	最大残留限量,mg/kg
谷物	
小麦	0.1*
* 该限量为临时限量。	

4.455 唑螨酯(fenpyroximate)

4.455.1 主要用途:杀螨剂。

4.455.2 ADI:0.01 mg/kg bw。

4.455.3 残留物:唑螨酯。

4.455.4 最大残留限量:应符合表 455 的规定。

表 455

食品类别/名称	最大残留限量,mg/kg
油料和油脂	
棉籽	0.1
蔬菜	
茄果类蔬菜	0.2
黄瓜	0.3
菜豆	0.4
马铃薯	0.05
水果	
柑橘类水果(柑、橘、橙除外)	0.5
柑	0.2
橘	0.2
橙	0.2
苹果	0.3
梨	0.3
山楂	0.3
枇杷	0.3
榅桲	0.3
核果类水果(樱桃除外)	0.4
樱桃	2
枸杞(鲜)	0.5
葡萄	0.1
草莓	0.8
鳄梨	0.2
干制水果	
李子干	0.7
葡萄干	0.3
枸杞(干)	2
坚果	0.05
饮料类	
啤酒花	10
调味料	
干辣椒	1

4.455.5 检测方法:油料和油脂参照 GB 23200.9、GB/T 20770 规定的方法测定;蔬菜、干制水果按照 GB/T 20769 规定的方法测定;水果按照 GB 23200.8、GB 23200.29、GB/T 20769 规定的方法测定;坚果、饮料类、调味料参照 GB/T 20769 规定的方法测定。

4.456 唑嘧磺草胺(flumetsulam)

4.456.1 主要用途:除草剂。

4.456.2 ADI:1 mg/kg bw。

4.456.3 残留物:唑嘧磺草胺。

4.456.4 最大残留限量:应符合表456的规定。

表 456

食品类别/名称	最大残留限量,mg/kg
谷物	
小麦	0.05
玉米	0.05
油料和油脂	
大豆	0.05

4.456.5 检测方法:谷物、油料和油脂按照GB 23200.113规定的方法测定。

4.457 唑嘧菌胺(ametoctradin)

4.457.1 主要用途:杀菌剂。

4.457.2 ADI:10 mg/kg bw。

4.457.3 残留物:唑嘧菌胺。

4.457.4 最大残留限量:应符合表457的规定。

表 457

食品类别/名称	最大残留限量,mg/kg
蔬菜	
黄瓜	1*
马铃薯	0.05*
水果	
葡萄	2*
* 该限量为临时限量。	

4.458 艾氏剂(aldrin)

4.458.1 主要用途:杀虫剂。

4.458.2 ADI:0.000 1 mg/kg bw。

4.458.3 残留物:艾氏剂。

4.458.4 再残留限量:应符合表458规定。

表 458

食品类别/名称	再残留限量,mg/kg
谷物	
稻谷	0.02
麦类	0.02
旱粮类	0.02
杂粮类	0.02
成品粮	0.02
油料和油脂	
大豆	0.05
蔬菜	
鳞茎类蔬菜	0.05
芸薹属类蔬菜	0.05
叶菜类蔬菜	0.05

表 458（续）

食品类别/名称	再残留限量,mg/kg
蔬菜	
茄果类蔬菜	0.05
瓜类蔬菜	0.05
豆类蔬菜	0.05
茎类蔬菜	0.05
根茎类和薯芋类蔬菜	0.05
水生类蔬菜	0.05
芽菜类蔬菜	0.05
其他类蔬菜	0.05
水果	
柑橘类水果	0.05
仁果类水果	0.05
核果类水果	0.05
浆果和其他小型水果	0.05
热带和亚热带水果	0.05
瓜果类水果	0.05
哺乳动物肉类（海洋哺乳动物除外）	0.2（以脂肪计）
禽肉类	0.2（以脂肪计）
蛋类	0.1
生乳	0.006

4.458.5 检测方法:植物源性食品（蔬菜、水果除外）按照 GB 23200.113、GB/T 5009.19 规定的方法测定;蔬菜、水果按照 GB 23200.113、GB/T 5009.19、NY/T 761 规定的方法测定;动物源性食品按照 GB/T 5009.19、GB/T 5009.162 规定的方法测定。

4.459 滴滴涕(DDT)

4.459.1 主要用途:杀虫剂。

4.459.2 ADI:0.01 mg/kg bw。

4.459.3 残留物:p,p′-滴滴涕、o,p′-滴滴涕、p,p′-滴滴伊和 p,p′-滴滴滴之和。

4.459.4 再残留限量:应符合表 459 的规定。

表 459

食品类别/名称	再残留限量,mg/kg
谷物	
稻谷	0.1
麦类	0.1
旱粮类	0.1
杂粮类	0.05
成品粮	0.05
油料和油脂	
大豆	0.05
蔬菜	
鳞茎类蔬菜	0.05
芸薹属类蔬菜	0.05
叶菜类蔬菜	0.05
茄果类蔬菜	0.05
瓜类蔬菜	0.05
豆类蔬菜	0.05
茎类蔬菜	0.05
根茎类和薯芋类蔬菜（胡萝卜除外）	0.05

表 459（续）

食品类别/名称	再残留限量，mg/kg
蔬菜	
胡萝卜	0.2
水生类蔬菜	0.05
芽菜类蔬菜	0.05
其他类蔬菜	0.05
水果	
柑橘类水果	0.05
仁果类水果	0.05
核果类水果	0.05
浆果和其他小型水果	0.05
热带和亚热带水果	0.05
瓜果类水果	0.05
饮料类	
茶叶	0.2
哺乳动物肉类及其制品	
脂肪含量10%以下	0.2(以原样计)
脂肪含量10%及以上	2(以脂肪计)
水产品	0.5
蛋类	0.1
生乳	0.02

4.459.5 检测方法：植物源性食品（蔬菜、水果除外）按照 GB 23200.113、GB/T 5009.19 规定的方法测定；蔬菜、水果按照 GB 23200.113、GB/T 5009.19、NY/T 761 规定的方法测定；动物源性食品按照 GB/T 5009.19、GB/T 5009.162 规定的方法测定。

4.460　狄氏剂(dieldrin)

4.460.1　主要用途：杀虫剂。

4.460.2　ADI：0.000 1 mg/kg bw。

4.460.3　残留物：狄氏剂。

4.460.4　再残留限量：应符合表 460 的规定。

表 460

食品类别/名称	再残留限量，mg/kg
谷物	
稻谷	0.02
麦类	0.02
旱粮类	0.02
杂粮类	0.02
成品粮	0.02
油料和油脂	
大豆	0.05
蔬菜	
鳞茎类蔬菜	0.05
芸薹属类蔬菜	0.05
叶菜类蔬菜	0.05
茄果类蔬菜	0.05
瓜类蔬菜	0.05
豆类蔬菜	0.05
茎类蔬菜	0.05
根茎类和薯芋类蔬菜	0.05

表 460（续）

食品类别/名称	再残留限量，mg/kg
蔬菜	
水生类蔬菜	0.05
芽菜类蔬菜	0.05
其他类蔬菜	0.05
水果	
柑橘类水果	0.02
仁果类水果	0.02
核果类水果	0.02
浆果和其他小型水果	0.02
热带和亚热带水果	0.02
瓜果类水果	0.02
哺乳动物肉类(海洋哺乳动物除外)	0.2(以脂肪计)
禽肉类	0.2(以脂肪计)
蛋类(鲜)	0.1
生乳	0.006

4.460.5 检测方法:植物源性食品(蔬菜、水果除外)按照 GB 23200.113、GB/T 5009.19 规定的方法测定;蔬菜、水果按照 GB 23200.113、GB/T 5009.19、NY/T 761 规定的方法测定;动物源性食品按照 GB/T 5009.19、GB/T 5009.162 规定的方法测定。

4.461　毒杀芬(camphechlor)

4.461.1　主要用途:杀虫剂。

4.461.2　ADI:0.000 25 mg/kg bw。

4.461.3　残留物:毒杀芬。

4.461.4　再残留限量:应符合表 461 的规定。

表 461

食品类别/名称	再残留限量，mg/kg
谷物	
稻谷	0.01*
麦类	0.01*
旱粮类	0.01*
杂粮类	0.01*
油料和油脂	
大豆	0.01*
蔬菜	
鳞茎类蔬菜	0.05*
芸薹属类蔬菜	0.05*
叶菜类蔬菜	0.05*
茄果类蔬菜	0.05*
瓜类蔬菜	0.05*
豆类蔬菜	0.05*
茎类蔬菜	0.05*
根茎类和薯芋类蔬菜	0.05*
水生类蔬菜	0.05*
芽菜类蔬菜	0.05*
其他类蔬菜	0.05*
水果	
柑橘类水果	0.05*
仁果类水果	0.05*

表 461（续）

食品类别/名称	再残留限量，mg/kg
水果	
核果类水果	0.05*
浆果和其他小型水果	0.05*
热带和亚热带水果	0.05*
瓜果类水果	0.05*
* 该限量为临时限量。	

4.461.5 检测方法：谷物、油料和油脂、蔬菜、水果参照 YC/T 180 规定的方法测定。

4.462 林丹(lindane)

4.462.1 主要用途：杀虫剂。

4.462.2 ADI：0.005 mg/kg bw。

4.462.3 残留物：林丹。

4.462.4 再残留限量：应符合表 462 的规定。

表 462

食品类别/名称	再残留限量，mg/kg
谷物	
小麦	0.05
大麦	0.01
燕麦	0.01
黑麦	0.01
玉米	0.01
鲜食玉米	0.01
高粱	0.01
哺乳动物肉类(海洋哺乳动物除外)	
脂肪含量 10% 以下	0.1(以原样计)
脂肪含量 10% 及以上	1(以脂肪计)
可食用内脏(哺乳动物)	0.01
禽肉类	
家禽肉(脂肪)	0.05
禽类内脏	
可食用家禽内脏	0.01
蛋类	0.1
生乳	0.01

4.462.5 检测方法：植物源性食品按照 GB/T 5009.19、GB/T 5009.146 规定的方法测定；动物源性食品按照 GB/T 5009.19、GB/T 5009.162 规定的方法测定。

4.463 六六六(HCH)

4.463.1 主要用途：杀虫剂。

4.463.2 ADI：0.005 mg/kg bw。

4.463.3 残留物：α-六六六、β-六六六、γ-六六六和δ-六六六之和。

4.463.4 再残留限量：应符合表 463 的规定。

表 463

食品类别/名称	再残留限量，mg/kg
谷物	
稻谷	0.05
麦类	0.05

表 463（续）

食品类别/名称	再残留限量, mg/kg
谷物	
旱粮类	0.05
杂粮类	0.05
成品粮	0.05
油料和油脂	
大豆	0.05
蔬菜	
鳞茎类蔬菜	0.05
芸薹属类蔬菜	0.05
叶菜类蔬菜	0.05
茄果类蔬菜	0.05
瓜类蔬菜	0.05
豆类蔬菜	0.05
茎类蔬菜	0.05
根茎类和薯芋类蔬菜	0.05
水生类蔬菜	0.05
芽菜类蔬菜	0.05
其他类蔬菜	0.05
水果	
柑橘类水果	0.05
仁果类水果	0.05
核果类水果	0.05
浆果和其他小型水果	0.05
热带和亚热带水果	0.05
瓜果类水果	0.05
饮料类	
茶叶	0.2
哺乳动物肉类及其制品(海洋哺乳动物除外)	
脂肪含量10%以下	0.1(以原样计)
脂肪含量10%及以上	1(以脂肪计)
水产品	0.1
蛋类	0.1
生乳	0.02

4.463.5 检测方法:植物源性食品(蔬菜、水果除外)按照 GB 23200.113、GB/T 5009.19 规定的方法测定;蔬菜、水果按照 GB 23200.113、GB/T 5009.19、NY/T 761 规定的方法测定;动物源性食品按照 GB/T 5009.19、GB/T 5009.162 规定的方法测定。

4.464 氯丹(chlordane)

4.464.1 主要用途:杀虫剂。

4.464.2 ADI:0.000 5 mg/kg bw。

4.464.3 残留物:植物源性食品为顺式氯丹、反式氯丹之和;动物源性食品为顺式氯丹、反式氯丹与氧氯丹之和。

4.464.4 再残留限量:应符合表 464 的规定。

表 464

食品类别/名称	再残留限量, mg/kg
谷物	0.02
油料和油脂	
大豆	0.02

表 464（续）

食品类别/名称	再残留限量,mg/kg
油料和油脂	
植物毛油	0.05
植物油	0.02
蔬菜	
鳞茎类蔬菜	0.02
芸薹属类蔬菜	0.02
叶菜类蔬菜	0.02
茄果类蔬菜	0.02
瓜类蔬菜	0.02
豆类蔬菜	0.02
茎类蔬菜	0.02
根茎类和薯芋类蔬菜	0.02
水生类蔬菜	0.02
芽菜类蔬菜	0.02
其他类蔬菜	0.02
水果	
柑橘类水果	0.02
仁果类水果	0.02
核果类水果	0.02
浆果和其他小型水果	0.02
热带和亚热带水果	0.02
瓜果类水果	0.02
坚果	0.02
哺乳动物肉类(海洋哺乳动物除外)	0.05(以脂肪计)
禽肉类	0.5(以脂肪计)
蛋类	0.02
生乳	0.002

4.464.5　检测方法:植物源性食品按照 GB/T 5009.19 规定的方法测定;动物源性食品按照 GB/T 5009.19、GB/T 5009.162 规定的方法测定。

4.465　灭蚁灵(mirex)

4.465.1　主要用途:杀虫剂。

4.465.2　ADI:0.000 2 mg/kg bw。

4.465.3　残留物:灭蚁灵。

4.465.4　再残留限量:应符合表 465 的规定。

表 465

食品类别/名称	再残留限量,mg/kg
谷物	
稻谷	0.01
麦类	0.01
旱粮类	0.01
杂粮类	0.01
油料和油脂	
大豆	0.01
蔬菜	
鳞茎类蔬菜	0.01
芸薹属类蔬菜	0.01
叶菜类蔬菜	0.01
茄果类蔬菜	0.01

表 465（续）

食品类别/名称	再残留限量，mg/kg
蔬菜	
瓜类蔬菜	0.01
豆类蔬菜	0.01
茎类蔬菜	0.01
根茎类和薯芋类蔬菜	0.01
水生类蔬菜	0.01
芽菜类蔬菜	0.01
其他类蔬菜	0.01
水果	
柑橘类水果	0.01
仁果类水果	0.01
核果类水果	0.01
浆果和其他小型水果	0.01
热带和亚热带水果	0.01
瓜果类水果	0.01

4.465.5 检测方法：谷物、油料和油脂、蔬菜、水果按照 GB/T 5009.19 规定的方法测定。

4.466 七氯(heptachlor)

4.466.1 主要用途：杀虫剂。

4.466.2 ADI：0.000 1 mg/kg bw。

4.466.3 残留物：七氯与环氧七氯之和。

4.466.4 再残留限量：应符合表 466 的规定。

表 466

食品类别/名称	再残留限量，mg/kg
谷物	
稻谷	0.02
麦类	0.02
旱粮类	0.02
杂粮类	0.02
成品粮	0.02
油料和油脂	
棉籽	0.02
大豆	0.02
大豆毛油	0.05
大豆油	0.02
蔬菜	
鳞茎类蔬菜	0.02
芸薹属类蔬菜	0.02
叶菜类蔬菜	0.02
茄果类蔬菜	0.02
瓜类蔬菜	0.02
豆类蔬菜	0.02
茎类蔬菜	0.02
根茎类和薯芋类蔬菜	0.02
水生类蔬菜	0.02
芽菜类蔬菜	0.02
其他类蔬菜	0.02

表 466（续）

食品类别/名称	再残留限量，mg/kg
水果	
柑橘类水果	0.01
仁果类水果	0.01
核果类水果	0.01
浆果和其他小型水果	0.01
热带和亚热带水果	0.01
瓜果类水果	0.01
禽肉类	0.2
哺乳动物肉类（海洋哺乳动物除外）	0.2
蛋类	0.05
生乳	0.006

4.466.5　检测方法：植物源性食品（蔬菜、水果除外）按照 GB/T 5009.19 规定的方法测定；蔬菜、水果按照 GB/T 5009.19 规定的方法测定；动物源性食品按照 GB/T 5009.19、GB/T 5009.162 规定的方法测定。

4.467　异狄氏剂（endrin）

4.467.1　主要用途：杀虫剂。

4.467.2　ADI：0.000 2 mg/kg bw。

4.467.3　残留物：异狄氏剂与异狄氏剂醛、酮之和。

4.467.4　再残留限量：应符合表 467 的规定。

表 467

食品类别/名称	再残留限量，mg/kg
谷物	
稻谷	0.01
麦类	0.01
旱粮类	0.01
杂粮类	0.01
油料和油脂	
大豆	0.01
蔬菜	
鳞茎类蔬菜	0.05
芸薹属类蔬菜	0.05
叶菜类蔬菜	0.05
茄果类蔬菜	0.05
瓜类蔬菜	0.05
豆类蔬菜	0.05
茎类蔬菜	0.05
根茎类和薯芋类蔬菜	0.05
水生类蔬菜	0.05
芽菜类蔬菜	0.05
其他类蔬菜	0.05

表 467（续）

食品类别/名称	再残留限量，mg/kg
水果	
柑橘类水果	0.05
仁果类水果	0.05
核果类水果	0.05
浆果和其他小型水果	0.05
热带和亚热带水果	0.05
瓜果类水果	0.05
哺乳动物肉类(海洋哺乳动物除外)	0.1(以脂肪计)

4.467.5　检测方法：植物源性食品(蔬菜、水果除外)按照 GB/T 5009.19 规定的方法测定；蔬菜、水果按照 GB/T 5009.19 规定的方法测定；动物源性食品按照 GB/T 5009.19、GB/T 5009.162 规定的方法测定。

附　录　A

（规范性附录）

食品类别及测定部位

食品类别及测定部位见表 A.1。

表 A.1

食品类别	类别说明	测定部位
谷物	稻类 稻谷等	整粒
	麦类 小麦、大麦、燕麦、黑麦、小黑麦等	整粒
	旱粮类 玉米、鲜食玉米、高粱、粟、稷、薏仁、荞麦等	整粒,鲜食玉米(包括玉米粒和轴)
	杂粮类 绿豆、豌豆、赤豆、小扁豆、鹰嘴豆、羽扇豆、豇豆、利马豆等	整粒
	成品粮 大米粉、小麦粉、全麦粉、玉米糁、玉米粉、高粱米、大麦粉、荞麦粉、莜麦粉、甘薯粉、高粱粉、黑麦粉、黑麦全粉、大米、糙米、麦胚等	
油料和油脂	小型油籽类 油菜籽、芝麻、亚麻籽、芥菜籽等	整粒
	中型油籽类 棉籽等	整粒
	大型油籽类 大豆、花生仁、葵花籽、油茶籽等	整粒
	油脂 植物毛油:大豆毛油、菜籽毛油、花生毛油、棉籽毛油、玉米毛油、葵花籽毛油等 植物油:大豆油、菜籽油、花生油、棉籽油、初榨橄榄油、精炼橄榄油、葵花籽油、玉米油等	
蔬菜 (鳞茎类)	鳞茎葱类 大蒜、洋葱、薤等	可食部分
	绿叶葱类 韭菜、葱、青蒜、蒜薹、韭葱等	整株
	百合	鳞茎头
蔬菜 (芸薹属类)	结球芸薹属 结球甘蓝、球茎甘蓝、抱子甘蓝、赤球甘蓝、羽衣甘蓝、皱叶甘蓝等	整棵
	头状花序芸薹属 花椰菜、青花菜等	整棵,去除叶
	茎类芸薹属 芥蓝、菜薹、茎芥菜等	整棵,去除根
蔬菜 (叶菜类)	绿叶类 菠菜、普通白菜(小白菜、小油菜、青菜)、苋菜、蕹菜、茼蒿、大叶茼蒿、叶用莴苣、结球莴苣、苦苣、野苣、落葵、油麦菜、叶芥菜、萝卜叶、芜菁叶、菊苣、芋头叶、茎用莴苣叶、甘薯叶等	整棵,去除根
	叶柄类 芹菜、小茴香、球茎茴香等	整棵,去除根
	大白菜	整棵,去除根

表 A.1（续）

食品类别	类别说明	测定部位
蔬菜 （茄果类）	番茄类 　番茄、樱桃番茄等	全果（去柄）
	其他茄果类 　茄子、辣椒、甜椒、黄秋葵、酸浆等	全果（去柄）
蔬菜 （瓜类）	黄瓜、腌制用小黄瓜	全瓜（去柄）
	小型瓜类 　西葫芦、节瓜、苦瓜、丝瓜、线瓜、瓠瓜等	全瓜（去柄）
	大型瓜类 　冬瓜、南瓜、笋瓜等	全瓜（去柄）
蔬菜 （豆类）	荚可食类 　豇豆、菜豆、食荚豌豆、四棱豆、扁豆、刀豆等	全豆（带荚）
	荚不可食类 　菜用大豆、蚕豆、豌豆、利马豆等	全豆（去荚）
蔬菜 （茎类）	芦笋、朝鲜蓟、大黄、茎用莴苣等	整棵
蔬菜 （根茎类和 薯芋类）	根茎类 　萝卜、胡萝卜、根甜菜、根芹菜、根芥菜、姜、辣根、芜菁、桔梗等	整棵，去除顶部叶及叶柄
	马铃薯	全薯
	其他薯芋类 　甘薯、山药、牛蒡、木薯、芋、葛、魔芋等	全薯
蔬菜 （水生类）	茎叶类 　水芹、豆瓣菜、茭白、蒲菜等	整棵，茭白去除外皮
	果实类 　菱角、芡实、莲子等	全果（去壳）
	根类 　莲藕、荸荠、慈姑等	整棵
蔬菜 （芽菜类）	绿豆芽、黄豆芽、萝卜芽、苜蓿芽、花椒芽、香椿芽等	全部
蔬菜 （其他类）	黄花菜、竹笋、仙人掌、玉米笋等	全部
干制蔬菜	脱水蔬菜、萝卜干等	全部
水果 （柑橘类）	柑、橘、橙、柠檬、柚、佛手柑、金橘等	全果（去柄）
水果 （仁果类）	苹果、梨、山楂、枇杷、榅桲等	全果（去柄），枇杷、山楂参照核果
水果 （核果类）	桃、油桃、杏、枣（鲜）、李子、樱桃、青梅等	全果（去柄和果核），残留量计算应计入果核的重量
水果 （浆果和其他 小型水果）	藤蔓和灌木类 　枸杞（鲜）、黑莓、蓝莓、覆盆子、越橘、加仑子、悬钩子、醋栗、桑葚、唐棣、露莓（包括波森莓和罗甘莓）等	全果（去柄）
	小型攀缘类 　皮可食：葡萄（鲜食葡萄和酿酒葡萄）、树番茄、五味子等 　皮不可食：猕猴桃、西番莲等	全果（去柄）
	草莓	全果（去柄）
水果 （热带和亚 热带水果）	皮可食 　柿子、杨梅、橄榄、无花果、杨桃、莲雾等	全果（去柄），杨梅、橄榄检测果肉部分，残留量计算应计入果核的重量
	皮不可食 　小型果：荔枝、龙眼、红毛丹等	全果（去柄和果核），残留量计算应计入果核的重量
	中型果：杧果、石榴、鳄梨、番荔枝、番石榴、黄皮、山竹等	全果，鳄梨和杧果去除核，山竹测定果肉，残留量计算应计入果核的重量

表 A.1（续）

食品类别	类别说明		测定部位
水果 （热带和亚热带水果）	大型果：香蕉、番木瓜、椰子等		香蕉测定全蕉；番木瓜测定去除果核的所有部分，残留量计算应计入果核的重量；椰子测定椰汁和椰肉
	带刺果：菠萝、菠萝蜜、榴莲、火龙果等		菠萝、火龙果去除叶冠部分；菠萝蜜、榴莲测定果肉，残留量计算应计入果核的重量
水果 （瓜果类）	西瓜		全瓜
	甜瓜类 薄皮甜瓜、网纹甜瓜、哈密瓜、白兰瓜、香瓜等		全瓜
干制水果	柑橘脯、李子干、葡萄干、干制无花果、无花果蜜饯、枣（干）、枸杞（干）等		全果（测定果肉，残留量计算应计入果核的重量）
坚果	小粒坚果 杏仁、榛子、腰果、松仁、开心果等		全果（去壳）
	大粒坚果 核桃、板栗、山核桃、澳洲坚果等		全果（去壳）
糖料	甘蔗		整根甘蔗，去除顶部叶及叶柄
	甜菜		整根甜菜，去除顶部叶及叶柄
饮料类	茶叶		
	咖啡豆、可可豆		
	啤酒花		
	菊花、玫瑰花等		
	果汁 蔬菜汁：番茄汁等 水果汁：橙汁、苹果汁、葡萄汁等		
食用菌	蘑菇类 香菇、金针菇、平菇、茶树菇、竹荪、草菇、羊肚菌、牛肝菌、口蘑、松茸、双孢蘑菇、猴头菇、白灵菇、杏鲍菇等		整棵
	木耳类 木耳、银耳、金耳、毛木耳、石耳等		整棵
调味料	叶类 芫荽、薄荷、罗勒、艾蒿、紫苏、留兰香、月桂、欧芹、迷迭香、香茅等		整棵，去除根
	干辣椒		全果（去柄）
	果类 花椒、胡椒、豆蔻、孜然等		全果
	种子类 芥末、八角茴香、小茴香籽、芫荽籽等		果实整粒
	根茎类 桂皮、山葵等		整棵
药用植物	根茎类 人参、三七、天麻、甘草、半夏、当归、白术、元胡等		根、茎部分
	叶及茎秆类 车前草、鱼腥草、艾、蒿、石斛等		茎、叶部分
	花及果实类 金银花、银杏等		花、果实部分
动物源性食品	哺乳动物肉类（海洋哺乳动物除外） 猪、牛、羊、驴、马肉等		肉（去除骨），包括脂肪含量小于10%的脂肪组织
	哺乳动物内脏（海洋哺乳动物除外） 心、肝、肾、舌、胃等		肉（去除骨），包括脂肪含量小于10%的脂肪组织
	哺乳动物脂肪（海洋哺乳动物除外） 猪、牛、羊、驴、马脂肪等		

表 A.1（续）

食品类别	类别说明		测定部位
动物源性食品	禽肉类 　鸡、鸭、鹅肉等		肉(去除骨)
	禽类内脏 　鸡、鸭、鹅内脏等		整付
	蛋类		整枚(去壳)
	生乳 　牛、羊、马等生乳		
	乳脂肪		
	水产品		可食部分,去除骨和鳞

附　录　B

（规范性附录）

豁免制定食品中最大残留限量标准的农药名单

豁免制定食品中最大残留限量标准的农药名单见表 B.1。

表 B.1

序号	农药中文通用名称	农药英文通用名称
1	苏云金杆菌	*Bacillus thuringiensis*
2	荧光假单胞杆菌	*Pseudomonas fluorescens*
3	枯草芽孢杆菌	*Bacillus subtilis*
4	蜡质芽孢杆菌	*Bacillus cereus*
5	地衣芽孢杆菌	*Bacillus licheniformis*
6	短稳杆菌	*Empedobacter brevis*
7	多黏类芽孢杆菌	*Paenibacillus polymyza*
8	放射土壤杆菌	*Agrobacterium radibacter*
9	木霉菌	*Trichoderma* spp.
10	白僵菌	*Beauveria* spp.
11	淡紫拟青霉	*Paecilomyces lilacinus*
12	厚孢轮枝菌（厚垣轮枝孢菌）	*Verticillium chlamydosporium*
13	耳霉菌	*Conidioblous thromboides*
14	绿僵菌	*Metarhizium anisopliae*
15	寡雄腐霉菌	*Pythium oligadrum*
16	菜青虫颗粒体病毒	*Pieris rapae* granulosis virus（PrGV）
17	茶尺蠖核型多角体病毒	*Ectropis obliqua* nuclear polyhedrosis virus（EoNPV）
18	松毛虫质型多角体病毒	*Dendrolimus punctatus* cytoplasmic polyhedrosis virus（DpCPV）
19	甜菜夜蛾核型多角体病毒	*Spodoptera litura* nuclear polyhedrosis virus（SpltNPV）
20	黏虫颗粒体病毒	*Pseudaletia unipuncta* granulosis virus（PuGV）
21	小菜蛾颗粒体病毒	*Plutella xylostella* granulosis virus（PxGV）
22	斜纹夜蛾核型多角体病毒	*Spodoptera litura* nuclear polyhedrosis（SINPV）
23	棉铃虫核型多角体病毒	*Helicoverpa armigera* nuclear polyhedrosis virus（HaNPV）
24	苜蓿银纹夜蛾核型多角体病毒	*Autographa californica* nuclear polyhedrosis virus（AcNPV）

表 B.1（续）

序号	农药中文通用名称	农药英文通用名称
25	三十烷醇	triacontanol
26	地中海实蝇引诱剂	trimedlure
27	聚半乳糖醛酸酶	polygalacturonase
28	超敏蛋白	harpin protein
29	S-诱抗素	S-abscisic acid
30	香菇多糖	lentinan
31	几丁聚糖	chltosan
32	葡聚烯糖	glucosan
33	氨基寡糖素	oligosaccharins
34	解淀粉芽孢杆菌	*Bacillus amyloliquefaciens*
35	甲基营养型芽孢杆菌	*Bacillus methylotrophicus*
36	甘蓝夜蛾核型多角体病毒	*Mamestra brassicae nuclear polyhedrosis virus*（MbNPV）
37	极细链格孢激活蛋白	Plant activator protein
38	蝗虫微孢子虫	*Nosema locustae*
39	低聚糖素	oligosaccharide
40	小盾壳霉	*Coniothyrium minitans*
41	Z-8-十二碳烯乙酯	Z-8-dodecen-1-yl acetate
42	E-8-十二碳烯乙酯	E-8-dodecen-1-yl acetate
43	Z-8-十二碳烯醇	Z-8-dodecen-1-ol
44	混合脂肪酸	mixed fatty acids

索　引
农药中文通用名称索引

农药英文通用名称索引

ICS 65.100
G 25

中华人民共和国国家标准

GB 23200.116—2019

食品安全国家标准

植物源性食品中90种有机磷类农药及其

代谢物残留量的测定 气相色谱法

National food safety standard—

Determination of 90 organophosphorus pesticides and metabolites

residues in foods of plant origin—Gas chromatography method

2019-08-15 发布

2020-02-15 实施

中华人民共和国国家卫生健康委员会
中华人民共和国农业农村部   发布
国家市场监督管理总局

食品安全国家标准
植物源性食品中90种有机磷类农药及其代谢物残留量的测定
气相色谱法

方法一　气相色谱双柱法

1　范围

本标准规定了植物源性食品中90种有机磷类农药及其代谢物(参见附录A)残留量的气相色谱测定方法。

本标准适用于植物源性食品中90种有机磷类农药及其代谢物残留量的测定。

2　规范性引用文件

下列文件对于本文件的应用是必不可少的。凡是注日期的应用文件,仅注日期的版本适用于本文件。凡是不注日期的引用文件,其最新版本(包括所有的修改单)适用于本文件。

GB 2763　食品安全国家标准　食品中农药最大残留限量

GB/T 6682　分析实验室用水规格和试验方法

3　原理

试样用乙腈提取,提取液经固相萃取或分散固相萃取净化,使用带火焰光度检测器的气相色谱仪检测,根据双柱色谱峰的保留时间定性,外标法定量。

4　试剂与材料

除非另有说明,在分析中仅使用分析纯的试剂,水为GB/T 6682规定的一级水。

4.1　试剂

4.1.1　乙腈(CH_3CN,CAS号:75-05-8)。

4.1.2　丙酮(C_3H_6O,CAS号:67-64-1):色谱纯。

4.1.3　甲苯(C_7H_8,CAS号:108-88-3):色谱纯。

4.1.4　无水硫酸镁($MgSO_4$,CAS号:7487-88-9)。

4.1.5　氯化钠(NaCl,CAS号:7647-14-5)。

4.1.6　乙酸钠(CH_3COONa,CAS号:127-09-3)。

4.2　溶液配制

乙腈-甲苯溶液(3+1,体积比):量取100 mL甲苯加入300 mL乙腈中,混匀。

4.3　标准品

90种有机磷类农药及其代谢物标准品:参见附录A,纯度≥96%。

4.4　标准溶液配制

4.4.1　标准储备溶液(1 000 mg/L):准确称取10 mg(精确至0.1 mg)有机磷类农药及其代谢物各标准品,用丙酮溶解并分别定容到10 mL。标准储备溶液避光且低于−18℃保存,有效期一年。

4.4.2　混合标准溶液(Ⅰ、Ⅱ、Ⅲ、Ⅳ、Ⅴ和Ⅵ):详见附录A,将90种有机磷类农药及其代谢物分成6个组,分别准确吸取一定量的单个农药储备溶液于50 mL容量瓶中,用丙酮定容至刻度。混合标准溶液,避光0℃~4℃保存,有效期一个月。

4.5 材料

4.5.1 固相萃取柱:石墨化炭黑填料(GCB)500 mg /氨基填料(NH₂)500 mg,6 mL。

4.5.2 乙二胺-N-丙基硅烷硅胶(PSA):40 μm～60 μm。

4.5.3 十八烷基甲硅烷改性硅胶(C₁₈):40 μm～60 μm。

4.5.4 陶瓷均质子:2 cm(长)×1 cm(外径)。

4.5.5 微孔滤膜(有机相):0.22 μm×25 mm。

5 仪器和设备

5.1 气相色谱仪:配有双火焰光度检测器(FPD磷滤光片)。

5.2 分析天平:感量 0.1 mg 和 0.01 g。

5.3 高速匀浆机:转速不低于 15 000 r/min。

5.4 离心机:转速不低于 4 200 r/min。

5.5 组织捣碎机。

5.6 旋转蒸发仪。

5.7 氮吹仪,可控温。

5.8 涡旋振荡器。

6 试样制备

6.1 试样制备

蔬菜和水果的取样量按照相关标准规定执行,食用菌样品随机取样 1 kg。样品取样部位按 GB 2763 的规定执行。对于个体较小的样品,取样后全部处理;对于个体较大的基本均匀样品,可在对称轴或对称面上分割或切成小块后处理;对于细长、扁平或组分含量在各部分有差异的样品,可在不同部位切取小片或截成小段后处理;取后的样品将其切碎,充分混匀,用四分法取样或直接放入组织捣碎机中捣碎成匀浆,放入聚乙烯瓶中。

取谷类样品 500 g,粉碎后使其全部可通过 425 μm 的标准网筛,放入聚乙烯瓶或袋中。取油料作物、茶叶、坚果和调味料各 500 g,粉碎后充分混匀,放入聚乙烯瓶或袋中。

植物油类搅拌均匀,放入聚乙烯瓶中。

6.2 试样储存

将试样按照测试和备用分别存放。于-20℃～-16℃条件下保存。

7 分析步骤

7.1 提取和净化

7.1.1 蔬菜、水果和食用菌

称取 20 g(精确至 0.01 g)试样于 150 mL 烧杯中,加入 40 mL 乙腈,用高速匀浆机 15 000 r/min 匀浆 2 min,提取液过滤至装有 5 g～7 g 氯化钠的 100 mL 具塞量筒中,盖上塞子,剧烈振荡 1 min,在室温下静置 30 min。

准确吸取 10 mL 上清液于 100 mL 烧杯中,80℃水浴中氮吹蒸发近干,加入 2 mL 丙酮溶解残余物,盖上铝箔,备用。

将上述备用液完全转移至 15 mL 刻度离心管中,再用约 3 mL 丙酮分 3 次冲洗烧杯,并转移至离心管,最后定容至 5.0 mL,涡旋 0.5 min,用微孔滤膜(4.5.5)过滤,待测。

7.1.2 油料作物和坚果

称取 10 g(精确至 0.01 g)试样于 150 mL 烧杯中,加入 20 mL 水,混匀后,静置 30 min,再加入 50 mL 乙腈,用高速匀浆机 15 000 r/min 匀浆 2 min,提取液过滤至装有 5 g～7 g 氯化钠的 100 mL 具塞量筒中,

盖上塞子,剧烈振荡 1 min,在室温下静置 30 min。

准确吸取 8 mL 上清液于 15 mL 刻度离心管中,加入 900 mg 无水硫酸镁、150 mg PSA、150 mg C_{18},涡旋 0.5 min,4 200 r/min 离心 5 min,准确吸取 5 mL 上清液加入 10 mL 刻度离心管中,80℃ 水浴中氮吹蒸发近干,准确加入 1.00 mL 丙酮,涡旋 0.5 min,用微孔滤膜(4.5.5)过滤,待测。

7.1.3 谷物

称取 10 g(精确至 0.01 g)试样于 150 mL 具塞锥形瓶中,加入 20 mL 水浸润 30 min,加入 50 mL 乙腈,在振荡器上以转速为 200 r/min 振荡 30 min,提取液过滤至装有 5 g~7 g 氯化钠的 100 mL 具塞量筒中,盖上塞子,剧烈振荡 1 min,在室温下静置 30 min。

准确吸取 10 mL 上清液于 100 mL 烧杯中,80℃ 水浴中氮吹蒸发近干,加入 2 mL 丙酮溶解残余物,盖上铝箔,备用。

将上述溶液完全转移至 10.0 mL 刻度试管中,再用 5 mL 丙酮分 3 次冲洗烧杯,收集淋洗液于刻度试管中,50℃ 水浴氮吹蒸发近干,准确加入 2.00 mL 丙酮,涡旋 0.5 min,用微孔滤膜(4.5.5)过滤,待测。

7.1.4 茶叶和调味料

称取 5 g(精确至 0.01 g)试样于 150 mL 烧杯中,加入 20 mL 水浸润 30 min,加入 50 mL 乙腈,用高速匀浆机 15 000 r/min 高速匀浆 2 min,提取液过滤至装有 5 g~7 g 氯化钠的 100 mL 具塞量筒中,盖上塞子,剧烈振荡 1 min,在室温下静置 30 min。

准确吸取 10 mL 上清液于 100 mL 烧杯中,80℃ 水浴中氮吹蒸发近干,加入 2 mL 乙腈-甲苯溶液(3+1,体积比)溶解残余物,待净化。

将固相萃取柱(4.5.1)用 5 mL 乙腈-甲苯溶液(4.2)预淋洗。当液面到达柱筛板顶部时,立即加入上述待净化溶液,用 100 mL 茄型瓶收集洗脱液,用 2 mL 乙腈-甲苯溶液(4.2)涮洗烧杯后过柱,并重复一次。再用 15 mL 乙腈-甲苯溶液(4.2)洗脱柱子,收集的洗脱液于 40℃ 水浴中旋转蒸发近干,用 5 mL 丙酮冲洗茄型瓶并转移到 10 mL 离心管中,50℃ 水浴中氮吹蒸发近干,准确加入 1.00 mL 丙酮,涡旋混匀,用微孔滤膜(4.5.5)过滤,待测。

7.1.5 植物油

称取 3g(精确至 0.01 g)试样于 50 mL 塑料离心管中,加入 5 mL 水、15 mL 乙腈,并加入 6 g 无水硫酸镁、1.5 g 醋酸钠及 1 颗陶瓷均质子,剧烈振荡 1 min,4 200 r/min 离心 5 min。

准确吸取 8 mL 上清液到内有 900 mg 无水硫酸镁、150 mg PSA、150 mg C_{18} 的 15 mL 离心管中,涡旋 0.5 min,4 200 r/min 离心 5 min,准确吸取 5 mL 上清液放入 10 mL 刻度离心管中,80℃ 水浴中氮吹蒸发近干,准确加入 1.00 mL 丙酮,涡旋 0.5 min,用微孔滤膜(4.5.5)过滤,待测。

7.2 测定

7.2.1 仪器参考条件

a) 色谱柱:

A 柱:50%聚苯基甲基硅氧烷石英毛细管柱,30 m×0.53 mm(内径)×1.0 μm,或相当者;

B 柱:100%聚苯基甲基硅氧烷石英毛细管柱,30 m×0.53 mm(内径)×1.5 μm,或相当者;

b) 色谱柱温度:150℃ 保持 2 min,然后以 8℃/min 程序升温至 210℃,再以 5℃/min 升温至 250℃,保持 15 min;

c) 载气:氮气,纯度≥99.999%,流速为 8.4 mL/min;

d) 进样口温度:250℃;

e) 检测器温度:300℃;

f) 进样量:1 μL;

g) 进样方式:不分流进样;

h) 燃气:氢气,纯度≥99.999%,流速为 80 mL/min;

助燃气:空气,流速为 110 mL/min。

7.2.2 标准曲线

将混合标准中间溶液用丙酮稀释成质量浓度为 0.005 mg/L、0.01 mg/L、0.05 mg/L、0.1 mg/L 和 1 mg/L 的系列标准溶液,参考色谱条件测定。以农药质量浓度为横坐标、色谱的峰面积积分值为纵坐标,绘制标准曲线。

7.2.3 定性及定量

7.2.3.1 定性测定

以目标农药的保留时间定性。被测试样中目标农药双柱上色谱峰的保留时间与相应标准色谱峰的保留时间相比较,相差应在±0.05 min 之内。

7.2.3.2 定量测定

以外标法定量。

7.3 试样溶液的测定

将混合标准工作溶液和试样溶液依次注入气相色谱仪中,保留时间定性,测得目标农药色谱峰面积,根据式(1),得到各农药组分含量。待测样液中农药的响应值应在仪器检测的定量测定线性范围之内,超过线性范围时,应根据测定浓度进行适当倍数稀释后再进行分析。

7.4 平行试验

按 7.1～7.3 的规定对同一试样进行平行试验测定。

7.5 空白试验

除不加试料外,按 7.1～7.4 的规定进行平行操作。

8 结果计算

试样中被测农药残留量以质量分数 ω 计,单位以毫克每千克(mg/kg)表示,按式(1)计算。

$$\omega = \frac{V_1 \times A \times V_3}{V_2 \times A_S \times m} \times \rho \quad\cdots\cdots\cdots\cdots\cdots\cdots\cdots\cdots\cdots\cdots\cdots\cdots (1)$$

式中:

ω ——样品中被测组分含量,单位为毫克每千克(mg/kg);

V_1——提取溶剂总体积,单位为毫升(mL);

V_2——提取液分取体积,单位为毫升(mL);

V_3——待测溶液定容体积,单位为毫升(mL);

A ——待测溶液中被测组分峰面积;

A_S——标准溶液中被测组分峰面积;

m ——试样质量,单位为克(g);

ρ ——标准溶液中被测组分质量浓度,单位为毫克每升(mg/L)。

计算结果应扣除空白值,计算结果以重复性条件下获得的 2 次独立测定结果的算术平均值表示,保留 2 位有效数字。当结果超过 1 mg/kg 时,保留 3 位有效数字。

9 精密度

在重复性条件下,获得的 2 次独立测试结果的绝对差值不得超过重复性限(r),参见附录 B。

在再现性条件下,获得的 2 次独立测试结果的绝对差值不得超过再现性限(R),参见附录 B。

10 其他

本标准方法各农药组分定量限参见附录 C 中的表 C.1。

11 色谱图

色谱图见图 1～图 6,质量浓度均为 0.1 mg/L 标准溶液。

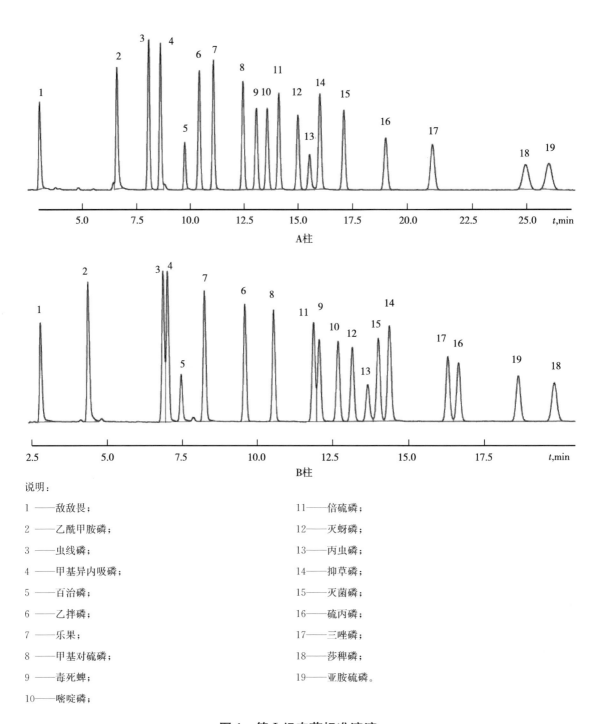

说明：

1——敌敌畏；

2——乙酰甲胺磷；

3——虫线磷；

4——甲基异内吸磷；

5——百治磷；

6——乙拌磷；

7——乐果；

8——甲基对硫磷；

9——毒死蜱；

10——嘧啶磷；

11——倍硫磷；

12——灭蚜磷；

13——丙虫磷；

14——抑草磷；

15——灭菌磷；

16——硫丙磷；

17——三唑磷；

18——莎稗磷；

19——亚胺硫磷。

图1　第 I 组农药标准溶液

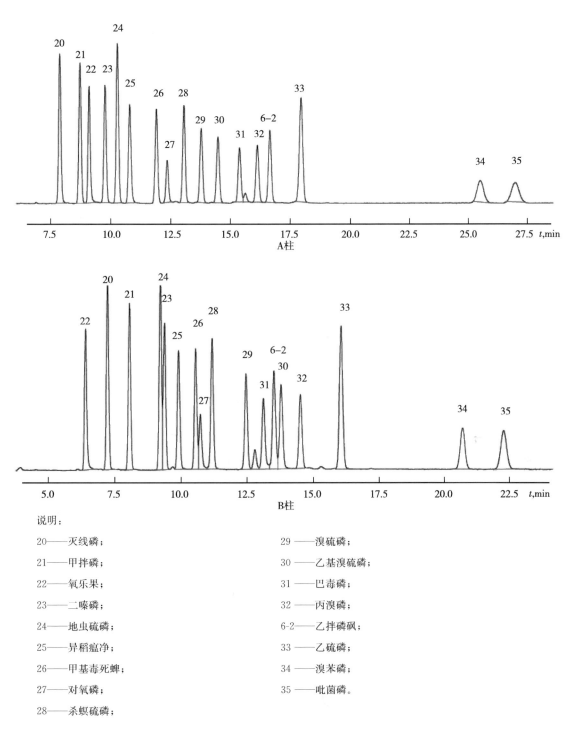

说明：

20——灭线磷；

21——甲拌磷；

22——氧乐果；

23——二嗪磷；

24——地虫硫磷；

25——异稻瘟净；

26——甲基毒死蜱；

27——对氧磷；

28——杀螟硫磷；

29——溴硫磷；

30——乙基溴硫磷；

31——巴毒磷；

32——丙溴磷；

6-2——乙拌磷砜；

33——乙硫磷；

34——溴苯磷；

35——吡菌磷。

图 2   第Ⅱ组农药标准溶液

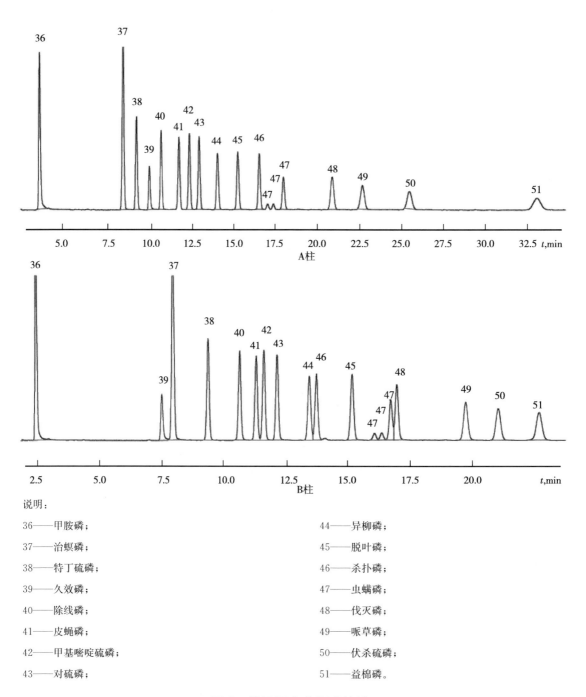

说明：

36——甲胺磷；

37——治螟磷；

38——特丁硫磷；

39——久效磷；

40——除线磷；

41——皮蝇磷；

42——甲基嘧啶硫磷；

43——对硫磷；

44——异柳磷；

45——脱叶磷；

46——杀扑磷；

47——虫螨磷；

48——伐灭磷；

49——哌草磷；

50——伏杀硫磷；

51——益棉磷。

图3 第Ⅲ组农药标准溶液

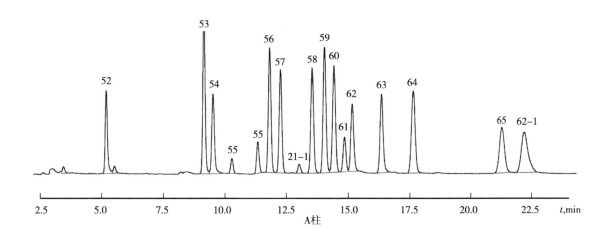

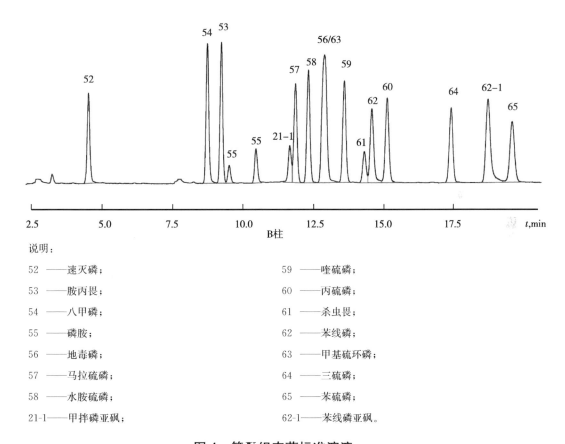

说明：

52	——速灭磷；	59	——喹硫磷；
53	——胺丙畏；	60	——丙硫磷；
54	——八甲磷；	61	——杀虫畏；
55	——磷胺；	62	——苯线磷；
56	——地毒磷；	63	——甲基硫环磷；
57	——马拉硫磷；	64	——三硫磷；
58	——水胺硫磷；	65	——苯硫磷；
21-1	——甲拌磷亚砜；	62-1	——苯线磷亚砜。

图 4　第Ⅳ组农药标准溶液

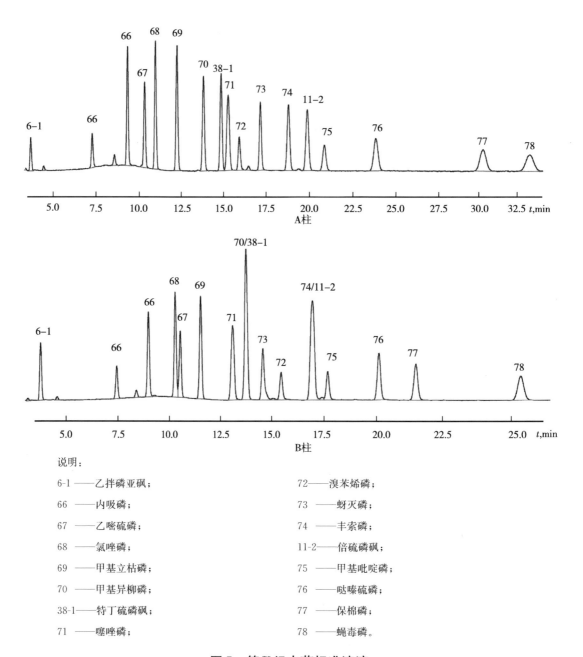

说明：

6-1——乙拌磷亚砜；

66 ——内吸磷；

67 ——乙嘧硫磷；

68 ——氯唑磷；

69 ——甲基立枯磷；

70 ——甲基异柳磷；

38-1——特丁硫磷砜；

71 ——噻唑磷；

72 ——溴苯烯磷；

73 ——蚜灭磷；

74 ——丰索磷；

11-2——倍硫磷砜；

75 ——甲基吡啶磷；

76 ——哒嗪硫磷；

77 ——保棉磷；

78 ——蝇毒磷。

图 5 第Ⅴ组农药标准溶液

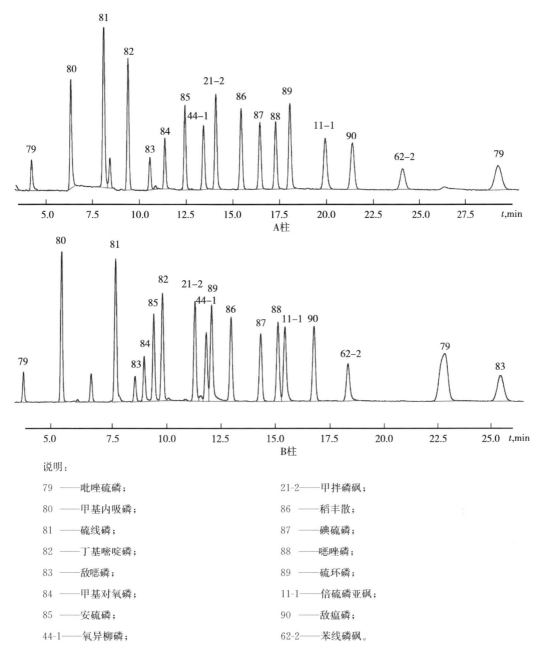

说明：

79	——吡唑硫磷；	21-2	——甲拌磷砜；
80	——甲基内吸磷；	86	——稻丰散；
81	——硫线磷；	87	——碘硫磷；
82	——丁基嘧啶磷；	88	——噁唑磷；
83	——敌噁磷；	89	——硫环磷；
84	——甲基对氧磷；	11-1	——倍硫磷亚砜；
85	——安硫磷；	90	——敌瘟磷；
44-1	——氧异柳磷；	62-2	——苯线磷砜。

图6 第Ⅵ组农药标准溶液

方法二 气相色谱单柱法

12 范围

同方法一。

13 规范性引用文件

同方法一。

14 原理

试样用乙腈提取，提取液经固相萃取或分散固相萃取净化，使用带火焰光度检测器的气相色谱仪检测，根据色谱峰的保留时间定性，外标法定量。

15 试剂和材料

同方法一。

16 仪器设备

16.1 气相色谱仪:配有火焰光度检测器(FPD磷滤光片),毛细管进样口。

16.2 除气相色谱仪外,其余同方法一。

17 试样制备

同方法一。

18 测定步骤

18.1 提取和净化
同方法一。

18.2 测定

18.2.1 仪器参考条件
色谱柱:50%聚苯基甲基硅氧烷石英毛细管柱,30 m×0.53 mm(内径)×1.0 μm,或相当者。

18.2.2 标准曲线
同方法一。

18.2.3 定性及定量

18.2.3.1 定性测定
以目标农药的保留时间定性。被测试样中目标农药色谱峰的保留时间与相应标准色谱峰的保留时间相比较,相差在±0.05 min之内,需更换不同极性色谱柱再次确认或质谱定性。

18.2.3.2 定量测定
同方法一。

18.2.4 平行试验
同方法一。

18.2.5 空白试验
同方法一。

19 结果计算

同方法一。

20 精密度

同方法一。

21 色谱图

色谱图见方法一中A柱色谱图。

附 录 A

（资料性附录）

90 种有机磷类农药及其代谢物中英文名称、CAS 号、分子式和分组

90 种有机磷类农药及其代谢物的中英文名称、CAS 号、分子式和分组，见表 A.1。

表 A.1 90 种有机磷类农药及其代谢物中英文名称、CAS 号、分子式和分组

序号	农药中文名称	农药英文名称	CAS 号	分子式	质量浓度，mg/L	组别
1	敌敌畏	dichlorvos	62-73-7	$C_4H_7Cl_2O_4P$	20	I
2	乙酰甲胺磷	acephate	30560-19-1	$C_4H_{10}NO_3PS$	40	I
3	虫线磷	thionazin	297-97-2	$C_8H_{13}N_2O_3PS$	20	I
4	甲基异内吸磷	deneton-S-methyl	919-86-8	$C_6H_{15}O_3PS_2$	20	I
5	百治磷	dicrotophos	141-66-2	$C_8H_{16}NO_5P$	20	I
6	乙拌磷	disulfoton	298-04-4	$C_8H_{19}O_2PS_3$	20	I
7	乐果	dimethoate	60-51-5	$C_5H_{12}NO_3PS_2$	20	I
8	甲基对硫磷	parathion-methyl	298-00-0	$C_8H_{10}NO_5PS$	20	I
9	毒死蜱	chlorpyriphos	2921-88-2	$C_9H_{11}Cl_3NO_3PS$	20	I
10	嘧啶磷	pirimiphos-ethyl	23505-41-1	$C_{13}H_{24}N_3O_3PS$	20	I
11	倍硫磷	fenthion	55-38-9	$C_{10}H_{15}O_3PS_2$	20	I
12	灭蚜磷	mecarbam	2595-54-2	$C_{10}H_{20}NO_5PS_2$	20	I
13	丙虫磷	propaphos	7292-16-2	$C_{13}H_{21}O_4PS$	20	I
14	抑草磷	butamifos	36335-67-8	$C_{13}H_{21}N_2O_4PS$	20	I
15	灭菌磷	ditalimfos	5131-24-8	$C_{12}H_{14}NO_4PS$	20	I
16	硫丙磷	sulprofos	35400-43-2	$C_{12}H_{19}O_2PS_3$	20	I
17	三唑磷	triazophos	24017-47-8	$C_{12}H_{16}N_3O_3PS$	20	I
18	莎稗磷	anilofos	64249-01-0	$C_{13}H_{19}ClNO_3PS_2$	20	I
19	亚胺硫磷	phosmet	732-11-6	$C_{11}H_{12}NO_4PS_2$	40	I
20	灭线磷	ethoprophos	13194-48-4	$C_8H_{19}O_2PS_2$	20	II
21	甲拌磷	phorate	298-02-2	$C_7H_{17}O_2PS_3$	20	II
22	氧乐果	omethoate	1113-02-6	$C_5H_{12}NO_4PS$	40	II
23	二嗪磷	diazinon	333-41-5	$C_{12}H_{21}N_2O_3PS$	20	II
24	地虫硫磷	fonofos	944-22-9	$C_{10}H_{15}OPS_2$	20	II
25	异稻瘟净	iprobenfos	26087-47-8	$C_{13}H_{21}O_3PS$	20	II
26	甲基毒死蜱	chlorpyrifos-methyl	5598-13-0	$C_7H_7Cl_3NO_3PS$	20	II
27	对氧磷	paraoxon	311-45-5	$C_{10}H_{14}NO_6P$	20	II
28	杀螟硫磷	fenitrothion	122-14-5	$C_9H_{12}NO_5PS$	20	II

表 A.1（续）

序号	农药中文名称	农药英文名称	CAS 号	分子式	质量浓度,mg/L	组别
29	溴硫磷	bromophos	2104-96-3	$C_8H_8BrCl_2O_3PS$	20	II
30	乙基溴硫磷	bromophos-ethyl	4824-78-6	$C_{10}H_{12}BrCl_2O_3PS$	20	II
31	巴毒磷	crotoxyphos	7700-17-6	$C_{14}H_{19}O_6P$	40	II
32	丙溴磷	profenofos	41198-08-7	$C_{11}H_{15}BrClO_3PS$	20	II
6-2	乙拌磷砜	disulfoton sulfone	2497-06-5	$C_8H_{19}O_4PS_3$	20	II
33	乙硫磷	ethion	563-12-2	$C_9H_{22}O_4P_2S_4$	20	II
34	溴苯磷	leptophos	21609-90-5	$C_{13}H_{10}BrCl_2O_2PS$	40	II
35	吡菌磷	pyrazophos	13457-18-6	$C_{14}H_2ON_3O_5PS$	20	II
36	甲胺磷	methamidophos	10265-92-6	$C_2H_8NO_2PS$	20	III
37	治螟磷	sulfotep	3689-24-5	$C_8H_{20}O_5P_2S_2$	20	III
38	特丁硫磷	terbufos	13071-79-9	$C_9H_{21}O_2PS_3$	20	III
39	久效磷	monocrotophos	6923-22-4	$C_7H_{14}NO_5P$	20	III
40	除线磷	dichlofenthion	97-17-6	$C_{10}H_{13}Cl_2O_3PS$	20	III
41	皮蝇磷	fenchlorphos	299-84-3	$C_8H_8Cl_3O_3PS$	20	III
42	甲基嘧啶磷	pirimiphos-methyl	29232-93-7	$C_{11}H_{20}N_3O_3PS$	20	III
43	对硫磷	parathion	56-38-2	$C_{10}H_{14}NO_5PS$	20	III
44	异柳磷	isofenphos	25311-71-1	$C_{15}H_{24}NO_4PS$	20	III
45	脱叶磷	merphos	150-50-5	$C_{12}H_{27}PS_3$	20	III
46	杀扑磷	methidathion	950-37-8	$C_6H_{11}N_2O_4PS_3$	20	III
47	虫螨磷	chlorthiophos	60238-56-4	$C_{11}H_{15}Cl_2O_3PS_2$	20	III
48	伐灭磷	famphur	52-85-7	$C_{10}H_{16}NO_5PS_2$	20	III
49	哌草磷	piperophos	24151-93-7	$C_{14}H_{28}NO_3PS_2$	20	III
50	伏杀硫磷	phoslone	2310-17-0	$C_{12}H_{15}ClNO_4PS_2$	20	III
51	益棉磷	azinphos-ethyl	2642-71-9	$C_{12}H_{16}N_3O_3PS_2$	40	III
52	速灭磷	mevinphos	7786-34-7	$C_7H_{13}O_6P$	20	IV
53	胺丙畏	propetamphos	31218-83-4	$C_{10}H_{20}NO_4PS$	20	IV
54	八甲磷	schradan	152-16-9	$C_8H_{24}N_4O_3P_2$	20	IV
55	磷胺	phosphamidon	13171-21-6	$C_{10}H_{19}ClNO_5P$	20	IV
56	地毒磷	trichloronat	327-98-0	$C_{10}H_{12}Cl_3O_2PS$	20	IV
57	马拉硫磷	malathion	121-75-5	$C_{10}H_{19}O_6PS_2$	20	IV
21-1	甲拌磷亚砜	phorate sulfoxide	2588-05-8	$C_7H_{17}O_4PS_2$	20	IV
58	水胺硫磷	isocarbophos	24353-61-5	$C_{11}H_{16}NO_4PS$	20	IV
59	喹硫磷	quinalphos	13593-03-8	$C_{12}H_{15}N_2O_3PS$	20	IV
60	丙硫磷	prothiofos	34643-46-4	$C_{11}H_{15}Cl_2O_2PS_2$	20	IV
61	杀虫畏	tetrachlorvinphos	22248-79-9	$C_{10}H_9Cl_4O_4P$	20	IV

表 A.1（续）

序号	农药中文名称	农药英文名称	CAS 号	分子式	质量浓度，mg/L	组别
62	苯线磷	fenamiphos	22224-92-6	$C_{13}H_{22}NO_3PS$	40	IV
63	甲基硫环磷	phosfolan-methyl	5120-23-0	$C_5H_{10}NO_3PS_2$	20	IV
64	三硫磷	carbophenothion	786-19-6	$C_{11}H_{16}ClO_2PS_3$	20	IV
65	苯硫磷	EPN	2104-64-5	$C_{14}H_{14}NO_4PS$	20	IV
62-1	苯线磷亚砜	fenamiphos-sulfoxide	31972-43-7	$C_{13}H_{22}NO_4PS$	40	IV
6-1	乙拌磷亚砜	disulfoton sulfoxide	2497-07-6	$C_8H_{19}O_3PS_3$	40	V
66	内吸磷-S	demeton-S	126-75-0	$C_8H_{19}O_3PS_2$	20	V
	内吸磷-O	demeton-O	298-03-3	$C_8H_{19}O_3PS_2$	20	V
67	乙嘧硫磷	etrimfos	38260-54-7	$C_{10}H_{17}N_2O_4PS$	20	V
68	氯唑磷	isazofos	42509-80-8	$C_9H_{17}ClN_3O_3PS$	20	V
69	甲基立枯磷	tolclofos-methyl	57018-04-9	$C_9H_{11}Cl_2O_3PS$	20	V
70	甲基异柳磷	lsofenphos-methyl	99675-03-3	$C_{14}H_{22}NO_4PS$	20	V
38-1	特丁硫磷砜	terbufos sulfone	56070-16-7	$C_9H_{21}O_4PS_3$	20	V
71	噻唑磷	fosthiazate	98886-44-3	$C_9H_{18}NO_3PS_2$	20	V
72	溴苯烯磷	bromfenvinfos	33399-00-7	$C_{12}H_{14}BrCl_2O_4P$	20	V
73	蚜灭磷	vamidothion	2275-23-2	$C_8H_{18}NO_4PS_2$	20	V
74	丰索磷	fensulfothion	115-90-2	$C_{11}H_{17}O_4PS_2$	20	V
11-2	倍硫磷砜	fenthion-sulfone	3761-42-0	$C_{10}H_{15}O_5PS_2$	20	V
75	甲基吡啶磷	azamethiphos	35575-96-3	$C_9H_{10}ClN_2O_5PS$	20	V
76	哒嗪硫磷	pyridaphenthion	119-12-0	$C_{14}H_{17}N_2O_4PS$	20	V
77	保棉磷	azinphos-methyl	86-50-0	$C_{10}H_{12}N_3O_3PS_2$	20	V
78	蝇毒磷	coumaphos	56-72-4	$C_{14}H_{16}ClO_5PS$	20	V
79	吡唑硫磷	pyraclofos	89784-60-1	$C_{14}H_{18}ClN_2O_3PS$	20	VI
80	甲基内吸磷	demeton-O-methyl	8022-00-2	$C_6H_{15}O_4PS$	20	VI
81	硫线磷	cadusafos	95465-99-9	$C_{10}H_{23}O_2PS_2$	10	VI
82	丁基嘧啶磷	tebupirimfos	96182-53-5	$C_{13}H_{23}N_2O_3PS$	20	VI
83	敌噁磷	dioxathion	78-34-2	$C_{12}H_{26}O_6P_2S_4$	20	VI
84	甲基对氧磷	paraoxon-methyl	950-35-6	$C_8H_{10}NO_6P$	20	VI
85	安硫磷	formothion	2540-82-1	$C_6H_{12}NO_4PS_2$	20	VI
44-1	氧异柳磷	isofenphos oxon	31120-85-1	$C_{15}H_{21}NO_5P$	20	VI
21-2	甲拌磷砜	phorate sulfone	2588-04-7	$C_7H_{17}O_4PS_3$	20	VI
86	稻丰散	phenthoate	2597-03-7	$C_{12}H_{17}O_4PS_2$	20	VI
87	碘硫磷	iodofenphos	18181-70-9	$C_8H_8Cl_2IO_3PS$	20	VI
88	噁唑磷	isoxathion	18854-01-8	$C_{13}H_{16}NO_4PS$	20	VI
89	硫环磷	phosfolan	947-02-4	$C_7H_{14}NO_3PS_2$	20	VI
11-1	倍硫磷亚砜	fenthion-sulfoxide	3761-41-9	$C_{10}H_{15}O_4PS_2$	20	VI
90	敌瘟磷	edifenphos	17109-49-8	$C_{14}H_{15}O_2PS_2$	20	VI
62-2	苯线磷砜	fenamiphos-sulfone	31972-44-8	$C_{13}H_{22}NO_4PS$	40	VI

附　录　B
（资料性附录）
方　法　的　精　密　度

B.1　方法的重复性限（r）

见表 B.1。

表 B.1　重复性限（r）

序号	农　药	含量 mg/kg	重复性限（r）	含量 mg/kg	重复性限（r）	含量 mg/kg	重复性限（r）	含量 mg/kg	重复性限（r）
1	敌敌畏	0.01	0.004 4	0.05	0.022	0.1	0.030	1.0	0.24
2	乙酰甲胺磷	0.02	0.008 5	0.05	0.020	0.1	0.035	1.0	0.24
3	虫线磷	0.01	0.005 8	0.05	0.014	0.1	0.030	1.0	0.16
4	甲基异内吸磷	0.01	0.006 0	0.05	0.025	0.1	0.026	1.0	0.23
5	百治磷	0.01	0.005 9	0.05	0.019	0.1	0.030	1.0	0.26
6	乙拌磷	0.01	0.005 8	0.05	0.021	0.1	0.032	1.0	0.24
6-1	乙拌磷亚砜	0.02	0.009 4	0.05	0.018	0.1	0.026	1.0	0.17
6-2	乙拌磷砜	0.01	0.003 4	0.05	0.028	0.1	0.038	1.0	0.24
7	乐果	0.01	0.003 6	0.05	0.025	0.1	0.033	1.0	0.22
8	甲基对硫磷	0.01	0.006 4	0.05	0.011	0.1	0.033	1.0	0.22
9	毒死蜱	0.01	0.004 8	0.05	0.018	0.1	0.022	1.0	0.20
10	嘧啶磷	0.01	0.004 7	0.05	0.019	0.1	0.029	1.0	0.26
11	倍硫磷	0.01	0.003 0	0.05	0.023	0.1	0.019	1.0	0.19
11-1	倍硫磷亚砜	0.01	0.006 0	0.05	0.020	0.1	0.029	1.0	0.20
11-2	倍硫磷砜	0.01	0.004 7	0.05	0.023	0.1	0.031	1.0	0.24
12	灭蚜磷	0.01	0.005 8	0.05	0.032	0.1	0.028	1.0	0.21
13	丙虫磷	0.01	0.005 8	0.05	0.017	0.1	0.032	1.0	0.34
14	抑草磷	0.01	0.006 4	0.05	0.025	0.1	0.035	1.0	0.20
15	灭菌磷	0.01	0.006 1	0.05	0.017	0.1	0.036	1.0	0.25
16	硫丙磷	0.01	0.006 1	0.05	0.014	0.1	0.029	1.0	0.19
17	三唑磷	0.01	0.005 8	0.05	0.017	0.1	0.031	1.0	0.28
18	莎稗磷	0.01	0.006 7	0.05	0.028	0.1	0.029	1.0	0.30
19	亚胺硫磷	0.02	0.009 1	0.05	0.018	0.1	0.028	1.0	0.23
20	灭线磷	0.01	0.003 4	0.05	0.016	0.1	0.027	1.0	0.21
21	甲拌磷	0.01	0.003 8	0.05	0.017	0.1	0.028	1.0	0.17
21-1	甲拌磷亚砜	0.01	0.006 0	0.05	0.014	0.1	0.028	1.0	0.33
21-2	甲拌磷砜	0.01	0.005 8	0.05	0.024	0.1	0.038	1.0	0.19
22	氧乐果	0.02	0.009 6	0.05	0.022	0.1	0.028	1.0	0.23
23	二嗪磷	0.01	0.006 4	0.05	0.019	0.1	0.033	1.0	0.25

表 B.1（续）

序号	农 药	含量 mg/kg	重复性限(r)	含量 mg/kg	重复性限(r)	含量 mg/kg	重复性限(r)	含量 mg/kg	重复性限(r)
24	地虫硫磷	0.01	0.005 0	0.05	0.018	0.1	0.023	1.0	0.17
25	异稻瘟净	0.01	0.005 4	0.05	0.016	0.1	0.032	1.0	0.17
26	甲基毒死蜱	0.01	0.005 5	0.05	0.015	0.1	0.044	1.0	0.17
27	对氧磷	0.01	0.005 0	0.05	0.021	0.1	0.032	1.0	0.22
28	杀螟硫磷	0.01	0.006 0	0.05	0.011	0.1	0.031	1.0	0.21
29	溴硫磷	0.01	0.005 6	0.05	0.019	0.1	0.026	1.0	0.21
30	乙基溴硫磷	0.01	0.005 3	0.05	0.023	0.1	0.022	1.0	0.21
31	巴毒磷	0.02	0.006 3	0.05	0.009	0.1	0.031	1.0	0.27
32	丙溴磷	0.01	0.003 9	0.05	0.020	0.1	0.031	1.0	0.23
33	乙硫磷	0.01	0.003 1	0.05	0.023	0.1	0.028	1.0	0.22
34	溴苯磷	0.02	0.010	0.05	0.016	0.1	0.039	1.0	0.18
35	吡菌磷	0.01	0.006 4	0.05	0.020	0.1	0.031	1.0	0.24
36	甲胺磷	0.01	0.003 5	0.05	0.008	0.1	0.028	1.0	0.16
37	治螟磷	0.01	0.005 5	0.05	0.012	0.1	0.028	1.0	0.24
38	特丁硫磷	0.01	0.005 7	0.05	0.014	0.1	0.034	1.0	0.27
38-1	特丁硫磷砜	0.01	0.003 8	0.05	0.019	0.1	0.032	1.0	0.18
39	久效磷	0.01	0.005 8	0.05	0.017	0.1	0.021	1.0	0.24
40	除线磷	0.01	0.004 1	0.05	0.013	0.1	0.027	1.0	0.34
41	皮蝇磷	0.01	0.005 7	0.05	0.011	0.1	0.031	1.0	0.29
42	甲基嘧啶磷	0.01	0.003 3	0.05	0.010	0.1	0.026	1.0	0.25
43	对硫磷	0.01	0.004 9	0.05	0.011	0.1	0.027	1.0	0.18
44	异柳磷	0.01	0.003 5	0.05	0.018	0.1	0.029	1.0	0.26
44-1	氧异柳磷	0.01	0.006 0	0.05	0.022	0.1	0.033	1.0	0.25
45	脱叶磷	0.01	0.005 9	0.05	0.024	0.1	0.024	1.0	0.26
46	杀扑磷	0.01	0.005 6	0.05	0.010	0.1	0.035	1.0	0.27
47	虫螨磷	0.01	0.005 1	0.05	0.006	0.1	0.033	1.0	0.19
48	伐灭磷	0.01	0.006 3	0.05	0.021	0.1	0.029	1.0	0.23
49	哌草磷	0.01	0.006 1	0.05	0.025	0.1	0.030	1.0	0.22
50	伏杀硫磷	0.01	0.005 8	0.05	0.014	0.1	0.046	1.0	0.20
51	益棉磷	0.02	0.010	0.05	0.015	0.1	0.034	1.0	0.23
52	速灭磷	0.01	0.003 8	0.05	0.015	0.1	0.032	1.0	0.19
53	胺丙畏	0.01	0.006 2	0.05	0.013	0.1	0.035	1.0	0.25
54	八甲磷	0.01	0.005 5	0.05	0.032	0.1	0.034	1.0	0.29
55	磷胺	0.01	0.005 1	0.05	0.021	0.1	0.037	1.0	0.21
56	地毒磷	0.01	0.005 3	0.05	0.020	0.1	0.025	1.0	0.21
57	马拉硫磷	0.01	0.005 1	0.05	0.008	0.1	0.019	1.0	0.22
58	水胺硫磷	0.01	0.006 3	0.05	0.015	0.1	0.030	1.0	0.23

表 B.1（续）

序号	农 药	含量 mg/kg	重复性限（r）	含量 mg/kg	重复性限（r）	含量 mg/kg	重复性限（r）	含量 mg/kg	重复性限（r）
59	喹硫磷	0.01	0.004 8	0.05	0.027	0.1	0.035	1.0	0.22
60	丙硫磷	0.01	0.006 2	0.05	0.017	0.1	0.025	1.0	0.26
61	杀虫畏	0.01	0.005 8	0.05	0.016	0.1	0.030	1.0	0.22
62	苯线磷	0.02	0.009 7	0.05	0.016	0.1	0.041	1.0	0.28
62-1	苯线磷亚砜	0.02	0.010 0	0.05	0.021	0.1	0.022	1.0	0.19
62-2	苯线磷砜	0.02	0.010	0.05	0.022	0.1	0.031	1.0	0.22
63	甲基硫环磷	0.01	0.004 9	0.05	0.007	0.1	0.031	1.0	0.30
64	三硫磷	0.01	0.005 2	0.05	0.018	0.1	0.032	1.0	0.23
65	苯硫磷	0.01	0.005 0	0.05	0.027	0.1	0.032	1.0	0.24
66	内吸磷	0.01	0.005 2	0.05	0.016	0.1	0.022	1.0	0.21
67	乙嘧硫磷	0.01	0.004 5	0.05	0.014	0.1	0.027	1.0	0.20
68	氯唑磷	0.01	0.006 8	0.05	0.023	0.1	0.029	1.0	0.22
69	甲基立枯磷	0.01	0.005 6	0.05	0.027	0.1	0.033	1.0	0.22
70	甲基异柳磷	0.01	0.003 4	0.05	0.023	0.1	0.030	1.0	0.18
71	噻唑磷	0.01	0.004 1	0.05	0.022	0.1	0.040	1.0	0.28
72	溴苯烯磷	0.01	0.004 8	0.05	0.030	0.1	0.035	1.0	0.28
73	蚜灭磷	0.01	0.006 6	0.05	0.020	0.1	0.028	1.0	0.28
74	丰索磷	0.01	0.005 0	0.05	0.022	0.1	0.035	1.0	0.28
75	甲基吡啶磷	0.01	0.007	0.05	0.037	0.1	0.040	1.0	0.33
76	哒嗪硫磷	0.01	0.005 3	0.05	0.025	0.1	0.037	1.0	0.30
77	保棉磷	0.01	0.006 9	0.05	0.028	0.1	0.029	1.0	0.28
78	蝇毒磷	0.01	0.006 9	0.05	0.023	0.1	0.033	1.0	0.35
79	吡唑硫磷	0.01	0.006 3	0.05	0.019	0.1	0.028	1.0	0.18
80	甲基内吸磷	0.01	0.005 6	0.05	0.015	0.1	0.039	1.0	0.28
81	硫线磷	0.005	0.002 6	0.05	0.027	0.1	0.031	1.0	0.27
82	丁基嘧啶磷	0.01	0.005 6	0.05	0.013	0.1	0.026	1.0	0.20
83	敌噁磷	0.01	0.005	0.05	0.027	0.1	0.039	1.0	0.23
84	甲基对氧磷	0.01	0.004 8	0.05	0.026	0.1	0.033	1.0	0.26
85	安硫磷	0.01	0.005 2	0.05	0.018	0.1	0.030	1.0	0.21
86	稻丰散	0.01	0.006 0	0.05	0.022	0.1	0.026	1.0	0.18
87	碘硫磷	0.01	0.005 4	0.05	0.026	0.1	0.024	1.0	0.22
88	噁唑磷	0.01	0.004 4	0.05	0.021	0.1	0.028	1.0	0.21
89	硫环磷	0.01	0.004 5	0.05	0.021	0.1	0.027	1.0	0.26
90	敌瘟磷	0.01	0.006 3	0.05	0.028	0.1	0.029	1.0	0.26

B.2 方法的再现性限(R)

见表 B.2。

表 B.2 实验室间再现性限(R)

序号	农药	含量 mg/kg	再现性限(R)	含量 mg/kg	再现性限(R)	含量 mg/kg	再现性限(R)	含量 mg/kg	再现性限(R)
1	敌敌畏	0.01	0.006 3	0.05	0.033	0.1	0.048	1.0	0.41
2	甲胺磷	0.01	0.005 9	0.05	0.011	0.1	0.044	1.0	0.41
3	乙酰甲胺磷	0.02	0.011	0.05	0.032	0.1	0.051	1.0	0.48
4	虫线磷	0.01	0.007 4	0.05	0.019	0.1	0.056	1.0	0.42
5	氧乐果	0.02	0.012	0.05	0.038	0.1	0.062	1.0	0.44
6	乙拌磷	0.01	0.007 2	0.05	0.036	0.1	0.048	1.0	0.57
7	异稻瘟净	0.01	0.006 3	0.05	0.029	0.1	0.045	1.0	0.50
8	安硫磷	0.01	0.005 6	0.05	0.030	0.1	0.062	1.0	0.46
9	氧异柳磷	0.01	0.006 5	0.05	0.030	0.1	0.049	1.0	0.63
10	甲基异柳磷	0.01	0.006 3	0.05	0.026	0.1	0.047	1.0	0.39
11	特丁硫磷砜	0.01	0.005 7	0.05	0.023	0.1	0.042	1.0	0.35
12	苯线磷	0.02	0.011	0.05	0.031	0.1	0.059	1.0	0.35
13	虫螨磷	0.01	0.007 7	0.05	0.011	0.1	0.061	1.0	0.38
14	三硫磷	0.01	0.006 4	0.05	0.021	0.1	0.046	1.0	0.38
15	倍硫磷砜	0.01	0.058	0.05	0.027	0.1	0.050	1.0	0.43
16	苯线磷亚砜	0.02	0.091	0.05	0.035	0.1	0.068	1.0	0.53
17	溴苯磷	0.02	0.082	0.05	0.032	0.1	0.061	1.0	0.39
18	益棉磷	0.02	0.098	0.05	0.033	0.1	0.042	1.0	0.49
19	乙拌磷亚砜	0.02	0.088	0.05	0.035	0.1	0.090	1.0	0.45
20	速灭磷	0.01	0.005 6	0.05	0.020	0.1	0.055	1.0	0.32
21	内吸磷	0.01	0.007 3	0.05	0.035	0.1	0.071	1.0	0.45
22	甲拌磷	0.01	0.005 4	0.05	0.044	0.1	0.054	1.0	0.47
23	地虫硫磷	0.01	0.007 2	0.05	0.024	0.1	0.065	1.0	0.47
24	磷胺	0.01	0.008 5	0.05	0.039	0.1	0.062	1.0	0.36
25	倍硫磷	0.01	0.006 2	0.05	0.023	0.1	0.059	1.0	0.37
26	甲拌磷砜	0.01	0.006 1	0.05	0.030	0.1	0.055	1.0	0.59
27	稻丰散	0.01	0.006 9	0.05	0.023	0.1	0.041	1.0	0.29
28	乙拌磷砜	0.01	0.006 5	0.05	0.028	0.1	0.050	1.0	0.35
29	硫环磷	0.01	0.010	0.05	0.021	0.1	0.041	1.0	0.33
30	硫丙磷	0.01	0.007 2	0.05	0.019	0.1	0.065	1.0	0.42
31	倍硫磷亚砜	0.01	0.008 2	0.05	0.026	0.1	0.047	1.0	0.36
32	敌瘟磷	0.01	0.006 6	0.05	0.027	0.1	0.043	1.0	0.44
33	苯线磷砜	0.02	0.012	0.05	0.028	0.1	0.064	1.0	0.46
34	亚胺硫磷	0.01	0.011	0.05	0.030	0.1	0.067	1.0	0.39

附　录　C

（资料性附录）

90 种有机磷类农药及其代谢物中文与英文名称、相对保留时间、分组和定量限

90 种有机磷类农药及其代谢物中文与英文名称、相对保留时间、分组和定量限,见表 C.1。

表 C.1　90 种有机磷类农药及其代谢物中文与英文名称、相对保留时间、分组和定量限

序号	农药中文名称	农药英文名称	相对保留时间		定量限 mg/kg	茶叶、调味料定量限,mg/kg
			A柱-RRT	B柱-RRT		
Ⅰ组						
1	敌敌畏	dichlorvos	0.21	0.21	0.010	0.050
2	乙酰甲胺磷	acephate	0.49	0.34	0.020	0.050
3	虫线磷	thionazin	0.60	0.55	0.010	0.050
4	甲基异内吸磷	deneton-S-methyl	0.65	0.56	0.010	0.050
5	百治磷	dicrotophos	0.74	0.60	0.010	0.050
6	乙拌磷	disulfoton	0.79	0.79	0.010	0.050
7	乐果	dimethoate	0.84	0.67	0.010	0.050
8	甲基对硫磷	methyl parathion	0.95	0.87	0.010	0.050
9	毒死蜱	chlorpyriphos	1.00	1.00	0.010	0.050
10	嘧啶磷	pirimiphos-ethyl	1.04	1.06	0.010	0.050
11	倍硫磷	fenthion	1.08	0.98	0.010	0.050
12	灭蚜磷	mecarbam	1.15	1.10	0.010	0.050
13	丙虫磷	propaphos	1.20	1.14	0.010	0.050
14	抑草磷	butamifos	1.23	1.20	0.010	0.050
15	灭菌磷	ditalimfos	1.32	1.17	0.010	0.050
16	硫丙磷	sulprofos	1.47	1.40	0.010	0.050
17	三唑磷	triazophos	1.61	1.37	0.010	0.050
18	莎稗磷	anilofos	1.89	1.65	0.010	0.050
19	亚胺硫磷	phosmet	1.95	1.56	0.020	0.050
Ⅱ组						
20	灭线磷	ethoprophos	0.60	0.59	0.010	0.050
21	甲拌磷	phorate	0.67	0.66	0.010	0.050
22	氧乐果	omethoate	0.71	0.52	0.020	0.050
23	二嗪磷	diazinon	0.76	0.78	0.010	0.050
24	地虫硫磷	fonofos	0.79	0.76	0.010	0.050
25	异稻瘟净	iprobenfos	0.84	0.83	0.010	0.050
26	甲基毒死蜱	chlorpyrifos-methyl	0.92	0.88	0.010	0.050
27	对氧磷	paraxon	0.96	0.90	0.010	0.050
28	杀螟硫磷	fenitrothion	1.02	0.94	0.010	0.050
29	溴硫磷	bromophos	1.07	1.05	0.010	0.050
30	乙基溴硫磷	bromophos-ethyl	1.13	1.16	0.010	0.050
31	巴毒磷	crotoxyphos pantozol	1.21	1.11	0.020	0.050
32	丙溴磷	profenofos	1.27	1.23	0.010	0.050
6-2	乙拌磷砜	disulfoton sulfone	1.31	1.14	0.010	0.050
33	乙硫磷	ethion	1.42	1.36	0.010	0.050
34	溴苯磷	leptophos	1.93	1.74	0.020	0.050
35	吡菌磷	pyrazophos	2.03	1.86	0.010	0.050

表 C.1（续）

序号	农药中文名称	农药英文名称	相对保留时间		定量限 mg/kg	茶叶、调味料定量限,mg/kg
			A柱-RRT	B柱-RRT		
Ⅲ组						
36	甲胺磷	methamidophos	0.27	0.19	0.010	0.050
37	治螟磷	sulfotep	0.66	0.64	0.010	0.050
38	特丁硫磷	terbufos	0.73	0.76	0.010	0.050
39	久效磷	monocrotophos	0.80	0.60	0.010	0.050
40	除线磷	dichlofenthion	0.84	0.87	0.010	0.050
41	皮蝇磷	fenchlorphos	0.92	0.92	0.010	0.050
42	甲基嘧啶硫磷	pirimiphos-methyl	0.97	0.95	0.010	0.050
43	对硫磷	parathion	1.02	1.00	0.010	0.050
44	异柳磷	isofenphos	1.11	1.10	0.010	0.050
45	脱叶磷	merphos	1.20	1.26	0.010	0.050
46	杀扑磷	methidathion	1.30	1.13	0.010	0.050
47	虫螨磷1	chlorthiophos-1	1.37	1.32	0.010	0.050
	虫螨磷2	chlorthiophos-2	1.39	1.35		
	虫螨磷3	chlorthiophos-3	1.42	1.38		
48	伐灭磷	famphur	1.61	1.40	0.010	0.050
49	哌草磷	piperphos	1.72	1.62	0.010	0.050
50	伏杀硫磷	phoslone	1.91	1.71	0.010	0.050
51	益棉磷	azinphos-ethyl	2.39	1.83	0.020	0.050
Ⅳ组						
52	速灭磷	mevinphos	0.40	0.35	0.010	0.050
53	胺丙畏	propetamphos	0.75	0.75	0.010	0.050
54	八甲磷	schradan	0.78	0.70	0.010	0.050
55	磷胺1	phosphamidon-1	0.85	0.77	0.010	0.050
	磷胺2	phosphamidon-2	0.94	0.85		
56	地毒磷	trichloronat	0.98	1.05	0.010	0.050
57	马拉硫磷	malathion	1.02	0.96	0.010	0.050
21-2	甲拌磷亚砜	phorate sulfoxide	1.08	0.95	0.010	0.050
58	水胺硫磷	isocarophos	1.13	1.00	0.010	0.050
59	喹硫磷	quinalphos	1.17	1.10	0.010	0.050
60	丙硫磷	prothiofos	1.21	1.23	0.010	0.050
61	杀虫畏	tetraclorvinphose	1.25	1.17	0.010	0.050
62	苯线磷	fenamiphos	1.27	1.19	0.020	0.050
63	甲基硫环磷	phosfolan-methyl	1.37	1.04	0.010	0.050
64	三硫磷	carbophenothion	1.48	1.43	0.010	0.050
65	苯硫磷	EPN	1.76	1.60	0.010	0.050
62-1	苯线磷亚砜	fenamiphos-sulfoxide	1.83	1.54	0.020	0.050
Ⅴ组						
6-1	乙拌磷亚砜	disulfoton sulfoxide	0.26	0.28	0.020	0.050
66	内吸磷-1	demeton-1	0.56	0.56	0.010	0.050
	内吸磷-2	demeton-2	0.73	0.69		
67	乙嘧硫磷	etrimfos	0.81	0.82	0.010	0.050
68	氯唑磷	isazophos	0.86	0.80	0.010	0.050
69	甲基立枯磷	tolclofos-methyl	0.96	0.89	0.010	0.050
70	甲基异柳磷	isofenphos-methyl	1.09	1.06	0.010	0.050
38-1	特丁硫磷砜	terbufos sulfone	1.18	1.07	0.010	0.050
71	噻唑磷	fosthiazate	1.21	1.01	0.010	0.050
72	溴苯烯磷	bromfonvinfos	1.27	1.20	0.010	0.050
73	蚜灭磷	vamidothion	1.38	1.13	0.010	0.050
74	丰索磷	fensulfothion	1.50	1.31	0.010	0.050

表 C.1（续）

序号	农药中文名称	农药英文名称	相对保留时间		定量限 mg/kg	茶叶、调味料定量限,mg/kg
			A柱-RRT	B柱-RRT		
11-2	倍硫磷砜	fenthion-sulfone	1.57	1.32	0.010	0.050
75	甲基吡啶磷	azamethiphos	1.65	1.38	0.010	0.050
76	哒嗪硫磷	pyridafenthion	1.84	1.57	0.010	0.050
77	保棉磷	azinphos-methyl	2.26	1.69	0.010	0.050
78	蝇毒磷	coumaphos	2.45	2.03	0.010	0.050
Ⅵ组						
79	吡唑硫磷-1	pyraclofos-1	0.30	0.30	0.010	0.050
	吡唑硫磷-2	pyraclofos-2	2.19	1.88		
80	甲基内吸磷	demeton-s-methyl	0.47	0.45	0.010	0.050
81	硫线磷	cadusafos	0.62	0.66	0.005	0.050
82	丁基嘧啶磷	tebupirimfos	0.73	0.84	0.010	0.050
83	敌恶磷-1	dioxathion-1	0.82	0.73	0.010	0.050
	敌恶磷-2	dioxathion-2		2.06		
84	甲基对氧磷	paraoxon-methyl	0.89	0.77	0.010	0.050
85	安硫磷	formothion	0.97	0.81	0.010	0.050
44-1	氧异柳磷	isofenphos oxon	1.05	1.01	0.010	0.050
21-2	甲拌磷砜	phorate sulfone	1.10	0.96	0.010	0.050
86	稻丰散	phenthoate	1.21	1.10	0.010	0.050
87	碘硫磷	idofenphos	1.29	1.21	0.010	0.050
88	恶唑磷	isoxathion	1.37	1.28	0.010	0.050
89	硫环磷	phosfolan	1.42	1.03	0.010	0.050
11-1	倍硫磷亚砜	fenthion-sulfoxide	1.56	1.31	0.010	0.050
90	敌瘟磷	edifenphos	1.65	1.42	0.010	0.050
62-2	苯线磷砜	fenamiphos-sulfone	1.84	1.55	0.020	0.050

注:除甲基立枯磷和对氧磷、稻丰散和巴毒磷、乙硫磷和虫螨磷 3 组农药在 A 柱和 B 柱上均重叠,在相应保留时间检出时需质谱辅助定性,其他在 A 柱上重叠的组分在 B 柱上能分离。

ICS 65.100
G 25

中华人民共和国国家标准

GB 23200.117—2019

食品安全国家标准
植物源性食品中喹啉铜残留量的测定
高效液相色谱法

National food safety standard—
Determination of oxine–copper residue in foods of plant origin—
High performance liquid chromatography

2019-08-15 发布

2020-02-15 实施

中华人民共和国国家卫生健康委员会
中华人民共和国农业农村部 发布
国家市场监督管理总局

食品安全国家标准
植物源性食品中喹啉铜残留量的测定　高效液相色谱法

1　范围

本标准规定了植物源性食品中喹啉铜残留量的高效液相色谱测定方法。

本标准适用于植物源性食品中喹啉铜残留量的测定。

2　规范性引用文件

下列文件对于本文件的应用是必不可少的。凡是注日期的引用文件,仅注日期的版本适用于本文件。凡是不注日期的引用文件,其最新版本(包括所有的修改单)适用于本文件。

GB 2763　食品安全国家标准　食品中农药最大残留限量

GB/T 6682　分析实验室用水规格和试验方法

3　原理

试样中残留的喹啉铜,用1%草酸溶液提取,亲水亲脂平衡的水可浸润性的反相固相萃取柱净化,1%草酸水溶液复溶,用带有紫外检测器的高效液相色谱测定,外标法定量。

4　试剂与材料

除非另有说明,在分析中仅使用确认为色谱纯的试剂和符合GB/T 6682规定的一级水。

4.1　试剂

4.1.1　草酸($C_2H_2O_4$,CAS号:144-62-7):分析纯。

4.1.2　甲醇(CH_3OH,CAS号:67-56-1)。

4.2　溶液配制

4.2.1　草酸溶液(10 g/L):称取10 g草酸加水溶解,用水定容至1 L。

4.2.2　氢氧化钠溶液(1 mol/L):称取4 g氢氧化钠,用水溶解并稀释至100 mL。

4.2.3　淋洗液:甲醇-水溶液(1+9,体积比):量取100 mL甲醇,加入900 mL水中,混匀。

4.2.4　洗脱液:草酸甲醇溶液(10 g/L),称取1 g草酸,用100 mL甲醇溶解,混匀。

4.2.5　流动相A:称取1.26 g草酸,用水溶解并定容至1 L,过0.22 μm有机滤膜,现用现配。

4.3　标准品

喹啉铜($C_{18}H_{12}N_2O_2Cu$,CAS号:10380-28-6):纯度≥98%。

4.4　标准溶液配制

4.4.1　喹啉铜标准储备溶液(100 mg/L):称取10 mg(精确至0.1 mg)喹啉铜标准品于100 mL聚丙烯容量瓶中,用甲醇溶解后定容,作为标准储备溶液,−18℃以下保存,有效期6个月。

4.4.2　喹啉铜标准工作溶液(10 mg/L):吸取10 mL(精确至0.1 mL)喹啉铜标准储备溶液于100 mL聚丙烯容量瓶中,用甲醇定容,配制成标准工作溶液,0℃～5℃保存,有效期1个月。

4.5　材料

4.5.1　有机滤膜:0.22 μm。

4.5.2　聚乙烯筛板:20 μm,13 mm,或者相当规格的滤膜。

4.5.3 亲水亲脂平衡的水可浸润性的反相固相萃取柱(HLB固相萃取柱):6 mL/200 mg,或相当者。

4.5.4 精密pH试纸:pH 2.7~4.7。

5 仪器和设备

5.1 高效液相色谱仪:配有紫外检测器或者二极管阵列检测器。

5.2 分析天平:感量0.1 mg和感量0.01 g。

5.3 容量瓶:1 L。

5.4 聚丙烯广口瓶:250 mL。

5.5 聚丙烯容量瓶:100 mL。

5.6 聚丙烯试管:10 mL。

5.7 聚丙烯离心管:150 mL。

5.8 振荡仪。

5.9 离心机:≥5 000 r/min。

5.10 氮吹仪。

5.11 涡旋振荡器。

5.12 固相萃取装置。

6 试样制备

蔬菜、水果和食用菌样品按相关标准取一定量,样品取样部位按GB 2763的规定执行。对于个体较小的样品,取样后全部处理;对于个体较大的基本均匀样品,可在对称轴或对称面上分割或切成小块后处理;对于细长、扁平或组分含量在各部分有差异的样品,可在不同部位切取小片或截成小段后处理;取后的样品将其切碎,充分混匀,用四分法取样或直接放入组织捣碎机中捣碎成匀浆。匀浆放入聚乙烯容器中。

取谷类样品500 g,粉碎后使其全部可通过425 μm的标准网筛,放入聚乙烯瓶或袋中。取油料作物、茶叶、坚果和香辛料样品各500 g,粉碎后充分混匀,放入聚乙烯瓶或袋中。

植物油类样品搅拌均匀。

试样于−20℃~−16℃条件下保存。

7 分析步骤

7.1 提取

7.1.1 蔬菜、水果、植物油和食用菌

称取10 g(精确至0.01 g)试样于250 mL聚丙烯广口瓶中,加入90 mL草酸溶液(4.2.1),振荡提取1 h,转移至离心管(5.7),4 000 r/min离心5 min,上清液(植物油取水相层)转移至100 mL聚丙烯容量瓶,用草酸溶液定容至100 mL,准确移取10 mL提取液过聚乙烯筛板(4.5.2),然后用氢氧化钠溶液(4.2.2)调节pH至3,待净化。

7.1.2 谷物、油料、坚果

称取5 g(精确至0.01 g)试样于250 mL聚丙烯广口瓶中,准确加入100 mL草酸溶液(4.2.1),振荡提取1 h,转移至离心管(5.7),4 000 r/min离心5 min,取10 mL上清液用氢氧化钠溶液(4.2.2)调节pH至3,4 000 r/min离心5 min,取上清液过聚乙烯筛板(4.5.2),待净化。

7.1.3 茶叶和香辛料

称取5 g(精确至0.01 g)试样于250 mL聚丙烯广口瓶中,准确加入100 mL草酸溶液(4.2.1),振荡提取1 h,转移至离心管(5.7),4 000 r/min离心5 min,取10 mL上清液过聚乙烯筛板(4.5.2),用氢氧化钠溶液(4.2.2)调节pH至3,待净化。

7.2 净化

HLB 固相萃取柱(4.5.3)依次用 5 mL 甲醇和 5 mL 水活化,加入上述的待净化液,加入 5 mL 淋洗液,舍弃流出液,抽干固相萃取柱,再加 3 mL 洗脱液(4.2.4),收集洗脱液于 10 mL 聚丙烯试管中,置于50 ℃水浴中氮气吹至近干,准确加 1 mL 草酸溶液(4.2.1),涡旋 1 min 溶解残渣,过 0.22 μm 有机滤膜(4.5.1),供高效液相色谱测定。

注:全过程应避免接触玻璃器皿。

7.3 测定

7.3.1 仪器参考条件

a) 色谱柱:C₁₈,250 mm×4.6 mm(内径),粒径 5 μm,或相当者;

b) 色谱柱温度:40℃;

c) 检测波长:252 nm;

d) 进样体积:20 μL;

e) 流动相:甲醇(4.1.2)和流动相 A(4.2.5),流速及梯度洗脱程序见表 1。

表 1 流动相及梯度洗脱程序

时间 min	流速 mL/min	甲醇 V_B	流动相 A V_A
0	1.0	5	95
10	1.0	5	95
13	1.0	90	10
14	1.0	90	10
16	1.0	5	95
20	1.0	5	95

7.3.2 标准曲线的绘制

用草酸溶液(4.2.1)将标准工作液逐级稀释得到质量浓度分别为 0.05 mg/L、0.2 mg/L、1 mg/L、2 mg/L 和 5 mg/L 的标准工作溶液,质量浓度由低至高依次进样测定,以峰面积和质量浓度计算,得到标准曲线回归方程。标准溶液色谱图参见附录 A 中的图 A.1。

7.3.3 测定

按照保留时间进行定性,样品与标准品保留时间的相对偏差不大于 2%。待测样液中喹啉铜的响应值应在标准曲线范围内,超过线性范围则应稀释后再进样分析,外标法定量。

7.4 空白试验

不加试样或仅加空白试样的空白试验应采用与试样测定完全相同的试剂、设备和步骤等进行。

8 结果计算

试料中的喹啉铜含量以质量分数 ω 计,单位以毫克每千克(mg/kg)表示,按式(1)计算。

$$\omega = \frac{A \times V_1 \times V_3}{A_s \times V_2 \times m} \times \rho \quad \cdots\cdots\cdots\cdots\cdots\cdots\cdots\cdots\cdots\cdots\cdots \quad (1)$$

式中:

A ——样品溶液中喹啉铜的峰面积;

A_s ——标准溶液中喹啉铜的峰面积;

ρ ——标准溶液中喹啉铜的质量浓度,单位为毫克每升(mg/L);

V_1 ——提取溶剂总体积,单位为毫升(mL);

V_2 ——吸取出用于检测的提取溶液的体积,单位为毫升(mL);

V_3 ——样品溶液定容体积,单位为毫升(mL);

m ——试料的质量,单位为克(g)。

计算结果保留 2 位有效数字,当结果大于 1 mg/kg 时,保留 3 位有效数字。

9 精密度

9.1 在重复性条件下,2次独立测定结果的绝对差不大于重复性限(r),重复性限(r)的数据为:

    a) 含量为 0.1 mg/kg 时,重复性限(r)为 0.017 3;

    b) 含量为 1 mg/kg 时,重复性限(r)为 0.138 7;

    c) 含量为 2 mg/kg 时,重复性限(r)为 0.339 3;

    d) 含量为 4 mg/kg 时,重复性限(r)为 0.684 0。

9.2 在再现性条件下,2次独立测定结果的绝对差不大于再现性限(R),再现性限(R)的数据为:

    a) 含量为 0.1 mg/kg 时,再现性限(R)为 0.039 7;

    b) 含量为 1 mg/kg 时,再现性限(R)为 0.438 3;

    c) 含量为 2 mg/kg 时,再现性限(R)为 0.607 8;

    d) 含量为 4 mg/kg 时,再现性限(R)为 1.746 9。

10 其他

本标准方法定量限为 0.1 mg/kg。

附 录 A
（资料性附录）
1 mg/L 喹啉铜标准品色谱图

1 mg/L 喹啉铜标准品色谱图见图 A.1。

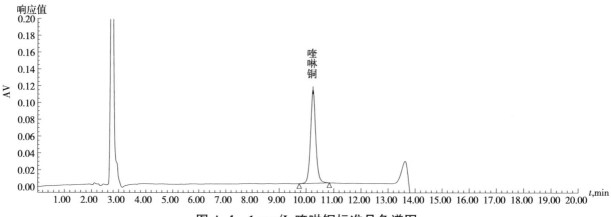

图 A.1　1 mg/L 喹啉铜标准品色谱图

ICS 65.020
B 16

中华人民共和国农业行业标准

NY/T 3344—2019

苹果腐烂病抗性鉴定技术规程

Technical code of practice for evaluation of apple cultivars for resistance to
Valsa canker disease

2019-01-17 发布   2019-09-01 实施

中华人民共和国农业农村部 发布

前　言

本标准按照 GB/T 1.1—2009 给出的规则起草。

本标准由农业农村部种植业管理司提出并归口。

本标准起草单位：中国农业科学院果树研究所。

本标准主要起草人：徐成楠、周宗山、冀志蕊、迟福梅、张俊祥、王娜、乔壮。

苹果腐烂病抗性鉴定技术规程

1 范围

本标准规定了苹果树抗腐烂病鉴定的术语和定义、接种体制备、室内鉴定技术和病情调查。

本标准适用于苹果不同栽培品种资源及野生资源、杂交群体的室内人工接种鉴定和评价。

2 术语和定义

下列术语和定义适用于本文件。

2.1

苹果树腐烂病 apple *Valsa* canker

由苹果黑腐皮壳菌(*Valsa mali* Miyabe et Yamada)侵染导致枝干树皮腐烂的侵染性真菌病害(病原菌生物学性状参见附录 A)。

2.2

人工接种 artificial inoculation

在适宜条件下,通过人工操作将接种体置于植物体适宜部位并引起发病的方法。

2.3

病情级别 disease rating scale

人为定量植物个体或群体发病程度的数值化描述。

2.4

抗病性鉴定 evaluation of disease resistance

通过适宜技术方法鉴定植物对特定病害的抗性水平。

2.5

抗性评价 evaluation of resistance levels

根据采用的技术标准判别植物对特定病害反应程度的抗性水平描述。

3 接种体制备

3.1 病原物分离

以常规组织分离法,从发病苹果枝干的典型病斑上分离腐烂病病原菌。分离物经形态学观察和分子鉴定确认为苹果树腐烂病菌后,在4℃下保存备用。

3.2 接种体繁殖

病菌分生孢子的获取:采集田间二年生苹果枝条,枝条直径约为 8 mm,截成 8 cm 长短的枝段,取 3 枝～4 枝装入 250 mL 三角瓶中并加入 3 mL～4 mL 蒸馏水,湿热灭菌备用。将分离获得的腐烂病菌菌株在马铃薯琼脂培养基(PDA)上 25℃培养 7 d 备用。用 4 mm 打孔器取菌饼 3 个～4 个,置于三角瓶内的灭菌无伤苹果枝条上,25℃光暗交替保湿培养 15 d～30 d。待离体苹果枝条上形成子实体并涌出黄色分生孢子角时,用灭菌移植针挑取分生孢子,并用无菌水制成浓度约为 1×10^6 个孢子/mL 的接种悬浮液。

4 室内鉴定

4.1 鉴定室

室内离体枝条抗病性鉴定的鉴定室能够人工调节室内温度和光照,使其可提供良好的发病环境条件,即室温为 25℃、12 h 光暗交替进行培养。

4.2 鉴定接种

待鉴定材料采用 3 次重复,每重复 10 个枝条,以红富士健康树枝条接种腐烂病菌为对照。

鉴定接种:田间采集用于进行抗病性鉴定苹果品种的健康、长势一致、无侧枝二年生枝条,截取长度为 30 cm 并两端蜡封,每枝段用 4 mm 打孔器打 4 个孔,均在枝条正面,每孔间距为 6 cm,除去孔内外表皮,留少量韧皮部,每孔滴加 5 μL 纯氨水。待氨水风干后,每孔接种 10 μL 孢子悬浮液,将枝段放入垫有湿纱布的搪瓷盘中,用保鲜膜覆盖保湿,放入环境温度为 25℃ 的培养室中 12 h 光暗交替培养。

5 病情调查

5.1 调查时间与方法

接种 3 d～4 d 后进行发病情况调查,用刀片刮除枝条接种点周围树皮,全部露出病菌在木质部表面扩展病斑,用直尺对病斑扩展长度进行纵向测量。

5.2 抗病性级别划分

苹果离体枝条腐烂病扩展长度及其相对应的抗性标准见表1。

表 1 苹果树腐烂病在离体苹果枝条发病分级标准

病情级别	严重度划分标准,mm
0	病斑扩展长度≤5
1	5＜病斑扩展长度≤10
3	10＜病斑扩展长度≤15
5	15＜病斑扩展长度≤20
7	20＜病斑扩展长度≤25
9	病斑扩展长度＞25

5.3 病情分级调查

病情指数(DI)按式(1)计算。

$$DI = \frac{\sum(s \times n)}{N \times S} \times 100 \quad\text{······························} (1)$$

式中:

DI ——苹果腐烂病病情指数;

$\sum$ ——各病情级别数值与相对应的各病情级别植株数乘积的总和;

s ——各病情级别数值;

n ——各病情级别的病斑数;

N ——调查的总病斑数;

S ——病情级别的最高数值。

5.4 抗病性评价标准

依据试验材料 3 次重复的病情指数(DI)平均值确定不同苹果资源品种对腐烂病的抗性水平,划分标准见表2。

表 2 苹果树腐烂病抗性评价标准

病情指数(DI)	抗性评价
DI＝0	免疫(I)
0＜DI≤11	高抗(HR)

表 2（续）

病情指数（DI）	抗性评价
11＜DI≤33	抗病（R）
33＜DI≤55	中抗（MR）
55＜DI≤77	感病（S）
DI＞77	高感（HS）
注:对照感病品种富士的病情指数 DI＞77 作为有效性评价的依据。	

5.5 鉴定结果报告

相关鉴定结果报告单格式见附录 B。

附　录　A
（资料性附录）
苹果树腐烂病病原菌

A.1　学名

苹果树腐烂病菌（*Valsa mali* Miyabe et Yamada）。

A.2　形态描述

病部表面的小黑点为苹果树腐烂病菌无性态形成的分生孢子座，子座分为内子座和外子座。外子座内含有一个分生孢子器。分生孢子器扁瓶形，直径为 480 μm～1 600 μm，高 400 μm～960 μm。腔室内壁密生分生孢子梗，顶生分生孢子。分生孢子梗无色透明，分枝或不分枝，长 10.5 μm～20.5 μm。分生孢子单胞，香蕉形或腊肠形，两端圆，微弯曲，内含油滴，大小为（3.6～6）μm×（0.8～1.7）μm。分生孢子萌发适温为 24℃～28℃，但在低温下也能萌发，菌丝发育最适温度为 28℃～32℃，最低为 5℃～10℃，最高为 37℃～38℃。

附 录 B

（规范性附录）

鉴定结果原始记录表

B.1 鉴定结果记录

苹果品种抗腐烂病鉴定结果原始记录表见表 B.1。

表 B.1 苹果品种抗腐烂病鉴定结果原始记录表

鉴定地点：　　　　　　　　　　　接种时间：　　　　　　　　　　　调查时间：

编号	品种名称	不同病级病斑数						病情指数
		0	1	3	5	7	9	

检测人：　　　　　　　　　　校核人：　　　　　　　　　　审核人：

年　月　日　　　　　　　　年　月　日　　　　　　　　年　月　日

B.2 鉴定结果报告单

苹果品种抗腐烂病鉴定结果报告单见表 B.2。

表 B.2 苹果品种抗腐烂病鉴定结果报告单

报告编号：　　　　　　　　　　　　　　　　第　页　　　共　页

编号	品种名称	病情指数（DI）	抗性评价

表 B.2（续）

鉴定单位		采样日期	
委托鉴定单位			
样品接收时间		接种体来源	
样品数量		接种方法	
鉴定依据		接种日期	
鉴定地点		调查日期	
鉴定结论	签发人： 单位(盖章)　　年　　月　　日		
备注			

检测人：　　　　　　　　　　　　　　制表人：　　　　　　　　　　　　　　复核人：

ICS 65.020
B 16

中华人民共和国农业行业标准

NY/T 3345—2019

梨黑星病抗性鉴定技术规程

Technical code of practice for evaluation of pear resistance to scab

2019-01-17 发布   2019-09-01 实施

中华人民共和国农业农村部 发布

前　言

本标准按照 GB/T 1.1—2009 给出的规则起草。

本标准由农业农村部种植业管理司提出并归口。

本标准起草单位：中国农业科学院果树研究所。

本标准主要起草人：董星光、曹玉芬、周宗山、田路明、张莹、齐丹、霍宏亮、徐家玉。

梨黑星病抗性鉴定技术规程

1 范围

本标准规定了梨黑星病(*Venturia nashicola* Tanaka et Yamamoto)抗性鉴定技术与评价方法。

本标准适用于梨资源黑星病(*Venturia nashicola* Tanaka et Yamamoto)抗性的田间和室内鉴定评价。

2 术语和定义

下列术语和定义适用于本文件。

2.1

抗病性 disease resistance

植物体所具有的能够减轻或克服病原物致病作用的可遗传性状。

2.2

抗病性鉴定 identification of disease resistance

通过适宜技术方法鉴定植物对待特定病害的抵抗水平。

2.3

抗病性评价 evaluation of resistance

根据采用的技术标准判别寄主植物对特定病害反应程度和抵抗水平的描述。

2.4

致病性 pathogenicity

病原物所具有的破坏寄主并诱发病害的特性。

2.5

病情级别 disease rating scale

人为定量植物个体或群体发病程度的数值化描述。

2.6

病情指数 disease index

通过对植物个体发病程度(病情级别)数值的计算所获得群体发病程度的数值化描述形式。

2.7

接种体 inoculum

用于接种寄主以引起寄主病害的病原物或病原物的一部分。

2.8

人工接种 artificial inoculation

在适宜条件下,通过人工控制将接种体置于植物体适当部位并使之发病的过程。

3 接种体制备

3.1 病原物采集

采集具有典型梨黑星病病斑的叶片,浸泡水中用干净毛刷将病斑上的分生孢子刷于水中,获得分离物,并进行梨黑星病菌形态学鉴定(参见附录A)。

3.2 接种体保存和繁殖

3.2.1 病原物保存

采用低温冷冻保存,将采集的能产生足够分生孢子的病叶自然晾干后,于-20℃冰箱冷冻保存,用于抗性鉴定或接种体的繁殖。

3.2.2 接种体繁殖

当保存的梨黑星病病原物少或致病性弱时,需要提前在温室内种植的感病品种上进行繁殖;将从冷冻保存叶片获得的孢子悬浮液喷雾接种于感病品种的叶片上,控制温室湿度80%以上,温度20℃～25℃范围内,待叶片上布满分生孢子即可用于采集病菌。

3.2.3 接种悬浮液配置

接种前,将叶片上长出的新鲜分生孢子用干净毛刷刷到盛有无菌水的烧杯中,双层纱布过滤后,分生孢子液稀释至$5×10^5$个/mL,用于接种。

4 抗性鉴定

4.1 田间抗性鉴定

4.1.1 鉴定圃位置要求

选择梨黑星病自然发病环境适宜地区建立鉴定圃,圃区为平地或缓坡地,土壤肥沃,具备排灌条件,周边设隔离区,无大型梨树生产园,防止病害传播干扰鉴定结果。

4.1.2 鉴定圃田间配置

根据当地自然条件,选择适宜的砧木类型对梨资源进行嫁接;每份待鉴定材料保存3株以上;植株株行距(2～3)m×(3～4)m,南北行向,树形保证树体通风透光;按标准生产园要求进行管理,鉴定前一年对植株进行合理的修剪促发新梢,树龄保证基本一致。

4.1.3 接种

植株定植后树体生长良好,且具有足够数量鉴定枝条时进行田间抗性鉴定,接种选择田间生长1个月内没有病叶的新梢。接种采用喷雾接种法,田间接种最好在阴天或傍晚进行,把备好的分生孢子液喷雾接种在待鉴定枝条叶片上至淋湿程度,宜套硫酸纸袋,每袋放2个湿棉球保湿,48 h后撤袋,并标记枝条,每份材料接20个新梢。接种前一周对鉴定圃进行田间灌溉,接种后至发病前多次进行,如遇持续干旱需增加灌溉次数,保持土壤较高湿度;鉴定圃在接种前后不能喷施任何杀菌剂。

4.2 室内抗性鉴定

4.2.1 鉴定室条件要求

人工接种鉴定室应具备人工调节温度、湿度及光照的条件,使人工接种后具备良好的发病环境。根据当地自然条件,选择适宜的砧木类型对梨资源进行嫁接,每份待鉴定材料保存5株以上;植株株行距(40～50)cm×(80～100)cm,南北行向;按设施栽培要求进行管理,鉴定前一年对植株进行合理的修剪促发新梢,树龄保证基本一致。

4.2.2 室内接种

植株定植后第二年,具有足够数量鉴定枝条时进行室内抗性鉴定;枝条选择及喷雾接种方法见4.1.3,无需套袋处理。

4.2.3 接种前后鉴定室管理

接种前一周对鉴定室进行灌溉,接种后至发病前多次进行灌溉,并黑暗保湿48 h(空气相对湿度为100%,温度20℃),之后保持鉴定室空气相对湿度80%以上,温度控制在20℃～25℃。

4.3 感病对照品种选择

鉴定所用感病对照品种采用鸭梨等高感品种。

5 病情调查

5.1 调查时间

病情调查于接种后 30 d～40 d 病情基本稳定后进行。

5.2 调查方法

调查每份材料所有接种叶片发病情况,根据病害症状描述,记载叶片病情级别,计算出病情指数(DI)。重复 3 次,计算平均值。

病情指数(DI)按式(1)计算。

$$DI = \frac{\sum (s \times n)}{S \times N} \times 100 \quad \cdots\cdots\cdots\cdots\cdots\cdots\cdots\cdots\cdots\cdots \quad (1)$$

式中:

DI ——梨黑星病病情指数;

$\sum$ ——各病情级别数值与相对应的各病情级别叶数乘积的总和;

s ——各病情级别数值;

n ——各病情级别叶数;

S ——病情级别最高数值;

N ——调查的总叶数。

5.3 病情分级

病情分级及其对应的症状描述见表 1。

表 1 梨黑星病病情级别划分

病情级别	症状描述
0	无病斑
1	病斑占叶面积的 10% 以下
3	病斑占叶面积的 11%～25%
5	病斑占叶面积的 26%～40%
7	病斑占叶面积的 41%～65%
9	病斑占叶面积的 65% 以上

6 抗性评价

6.1 鉴定有效性判别

当感病对照品种表现高感时(DI>65.0),该批次鉴定结果视为有效。

6.2 抗病评价标准

根据病情指数确定待鉴定材料对黑星病的抗性,划分标准见表 2。

表 2 梨黑星病抗性划分标准

病情指数(DI)	抗性评价
DI<10.0	高抗(HR)
10.0≤DI<25.0	抗病(R)
25.0≤DI<40.0	中抗(MR)
40.0≤DI<65.0	感病(S)
DI≥65.0	高感(HS)

7 鉴定记载表格

梨黑星病鉴定原始记录及结果记载见附录 B。

附 录 A

（资料性附录）

梨黑星病病原菌及危害症状

A.1 学名

梨黑星孢菌（*Venturia nashicola* Tanaka et Yamamoto）。

A.2 田间症状

梨黑星病是我国梨果生产上的主要病害，主要危害幼嫩组织，以果实和叶片为主。果实受害初期，果面产生淡黄褐色圆形小病斑。条件合适时，病斑上长满黑色霉层，随果实增大，果实病部渐凹陷，木栓化，坚硬并龟裂。叶片受害初期在主脉和支脉间产生圆形或不规则形状淡黄色小斑点，界限不明显，之后形成黑霉斑。严重时，整个叶片布满黑色霉层。叶柄、果梗症状相似，可致叶片或果实早落。

A.3 形态描述

有性态属于子囊菌亚门（Ascomycotina）腔菌纲（Loculoascomycetes）格孢菌目（Pleosporales）黑星菌科（Venturiaceae）黑星菌属（*Venturia* de Not.），无性态为梨黑星孢［*Fusiclasium pirinum*（Lib.）Fuckel］，属丝孢纲（Hyphomycetes）丝孢目（Moniliales）黑星孢属（*Fusiclasium*）。

梨黑星孢菌分生孢子梗单生或丛生，倒棒形，暗褐色，产孢部位合轴式延伸，顶端着生分生孢子，孢子脱落后有明显的孢子痕。分生孢子柠檬形、梭形、梨形，淡褐色，单胞，两端略尖，基部平截$(12\sim24)$ μm$\times(6\sim8)$ μm。梨黑星病菌所属的黑星菌属有性生殖产生子囊和子囊孢子，每个子囊含有 8 个子囊孢子。有性生殖之前，先形成子座，子囊发育过程中，子座中心组织瓦解，形成容纳子囊的子囊腔，每个子座形成一个子囊腔，顶端有溶化的假孔口，外形很像子囊壳，称为假囊壳。子囊棍棒形，无色透明，$(60\sim75)$ μm$\times(10\sim12)$ μm。子囊孢子最初无色，成熟后淡褐色，长卵形或椭圆形，$(10\sim15)$ μm$\times(3.8\sim6.3)$ μm，双细胞，上部细胞较大（见图 A.1）。

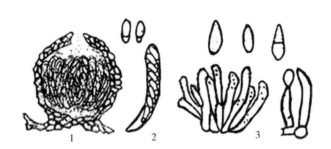

说明：
1——假囊壳；   3——分生孢子座、分生孢子梗及分生孢子。
2——子囊及子囊孢子；

图 A.1 梨黑星病菌形态特征图

附 录 B

（规范性附录）

梨黑星病抗性鉴定结果记载表

梨黑星病抗性鉴定结果记载表见表 B.1。

表 B.1 梨黑星病抗性鉴定结果记载表

编号	品种名称	来源	病情级别						病情指数	抗性评价
			0级	1级	3级	5级	7级	9级		

1. 鉴定地点	5. 接种病原菌制备时间
2. 品种定植日期	6. 接种日期
3. 病原物采集地	7. 调查日期
4. 病原菌保存方式	

鉴定技术负责人（签字）：

ICS 65.020.01
B 04

中华人民共和国农业行业标准

NY/T 3346—2019

马铃薯抗青枯病鉴定技术规程

Technical code of practice for evaluation of potato resistance to bacterial wilt

2019-01-17 发布

2019-09-01 实施

中华人民共和国农业农村部 发布

前　言

本标准按照 GB/T 1.1—2009 给出的规则起草。

本标准由农业农村部种植业管理司提出并归口。

本标准起草单位:中国农业科学院蔬菜花卉研究所。

本标准主要起草人:杨宇红、谢丙炎、茆振川、凌键、李彦。

马铃薯抗青枯病鉴定技术规程

1 范围

本标准规定了马铃薯抗青枯病(bacterial wilt)鉴定方法与评价标准。

本标准适用于马铃薯(*Solanum tuberosum* L.)品种和材料对青枯病抗性的室内鉴定及评价。

2 规范性引用文件

下列文件对于本文件的应用是必不可少的。凡是注日期的引用文件,仅注日期的版本适用于本文件。凡是不注日期的引用文件,其最新版本(包括所有的修改单)适用于本文件。

NY/T 1858.4 番茄抗青枯病鉴定技术规程

SN/T 1135.9 马铃薯青枯病菌检疫鉴定方法

3 术语和定义

NY/T 1858.4 界定的以及下列术语和定义适用于本文件。

3.1

马铃薯青枯病 Potato bacterial wilt

由茄科劳尔氏菌[*Ralstonia solanacearum*(Smith)Yabuuchi et al.]侵染马铃薯植株引起的一种全株性萎蔫的细菌性维管束病害。病害症状及病原菌生物学性状参见附录 A。

3.2

生理小种 physiological race

病原物种内在形态上无差异,但在不同种植物和品种上具有显著致病性差异的类群。

4 试剂与材料

除非另有说明,本方法所用试剂均为分析纯或生化试剂。

4.1 TTC(2,3,5-氯化三苯基四氮唑)母液

称取 1 g TTC 溶于 100 mL 蒸馏水中,完全溶解后,用细菌过滤器过滤灭菌,保存于 4℃的棕色试剂瓶中备用。

4.2 培养基

培养基包括青枯菌培养基和马铃薯组培苗培养基。各种培养基的配方及配制方法见附录 B。

4.3 对照材料

以马铃薯'米拉'或'合作-88'等感病品种为感病对照。

4.4 育苗基质

直接购买商品化蔬菜育苗基质。亦可将草炭、蛭石和菜田土按体积 2∶1∶1 的比例混合均匀,于(134±1)℃湿热灭菌 1 h。

4.5 其他用品

培养皿、离心管、枪头、冻存管、手术刀、剪刀、移植环、烧杯、量筒、试剂瓶、锥形瓶、酒精灯、组培苗培养盒、育苗钵等。

5 仪器设备和设施

恒温光照培养箱、高压灭菌锅、移液器、电子天平、超净工作台、冰箱、人工接种鉴定室等。

6 材料育苗

育苗包括试管苗培养和盆栽育苗,见附录 C。

7 接种体制备

7.1 青枯病菌分离、纯化

按照 SN/T 1135.9 的规定进行青枯病菌的分离、纯化、鉴定和保存。

7.2 接种体繁殖、制备

选择马铃薯青枯菌的优势小种生理小种 3 号作为接种病原菌,小种鉴定方法参见附录 D。用接种环蘸取菌液在 TTC 培养基平板上划线,在 28℃恒温培养箱中培养 48 h 后,挑取边缘乳白色、中间部位淡红色、流动性好的毒性单菌落,移入青枯菌液体培养基中,28℃ 200 r/min 振荡培养 16 h～18 h,加适量无菌水配成接种的病菌悬浮液。

8 鉴定方法

8.1 试管苗接种鉴定

8.1.1 接种时期

在组培苗培养基中培养 3 周的试管苗。

8.1.2 接种浓度

约 1×10^8 CFU/mL(OD$_{600}$=0.1)。

8.1.3 接种方法

采用伤根接种法。选用生长一致的马铃薯试管苗 3 盒,试管苗繁殖见 C.1.3,使用手术刀片于无菌环境下围绕植株根部在培养基划"♯"伤根,随后每盒试管苗注入接种菌液 5 mL。每份材料设 3 个重复,每重复不少于 10 株苗。

8.1.4 接种后管理

接种后置于(28±1)℃的光照培养箱内,在每日光照 16 h、黑暗 8 h 条件下培养。

8.1.5 病情调查

8.1.5.1 调查方法

从接种后第 2 d 开始,每隔 2 d 观察鉴定材料的发病情况,待感病对照达到相应病级后,调查每份鉴定材料接种株发病情况,根据表 1 中的病害症状描述,逐份材料逐株进行调查,记载接种株病情级别,按式(1)计算病情指数(disease index,DI)。

$$DI = \frac{\sum(s \times n)}{N \times S} \times 100 \quad\cdots\cdots\cdots\cdots\cdots\cdots\cdots\cdots\cdots\cdots\cdots (1)$$

式中:

DI ——病情指数;

$\sum$ ——各病情级别数值与相对应的各病情级别植株数乘积的总和;

s ——各病情级别数值;

n ——各病情级别的病株数,单位为株;

N ——调查的总株数,单位为株;

S ——病情级别的最高数值。

8.1.5.2 病情级别划分

试管苗植株病情分级及其对应的症状描述见表 1。

表 1 马铃薯抗青枯病接种鉴定的病情级别划分

病情级别	症状描述
0	无发病症状
1	1%～25%的叶片萎蔫
2	26%～50%的叶片萎蔫
3	51%～75%的叶片萎蔫
4	75%以上叶片萎蔫或植株死亡

8.2 温室盆栽鉴定

8.2.1 接种时期

待幼苗长到 6 片～8 片复叶时,选择生长一致、健壮的幼苗用于抗病性鉴定。

8.2.2 接种浓度

同 8.1.2。

8.2.3 接种方法

采用菌液灌根接种法。接种前 2 d 暂停浇水,接种时用锋利的刀片在距根部 1 cm～2 cm 处,下切 5 cm 左右深度将幼苗根部切伤,沿切口倒入 10 mL 青枯菌接种液。鉴定材料随机或顺序排列,每份鉴定材料设 3 个重复,每一重复不少于 10 株苗。

8.2.4 接种后管理

接种后浇水使土壤湿度保持在 85%～90%。置于室温 28℃～30℃、空气相对湿度 75%左右的日光温室中,自然光照。

8.2.5 病情调查

8.2.5.1 调查方法

调查及计算方法同 8.1.5.1。

8.2.5.2 病情级别划分

接种植株病情级别划分同 8.1.5.2,病情分级及其对应的症状描述见表1。

8.2.6 鉴定材料处理

鉴定完毕后,将马铃薯发病植株、残体集中进行无害化处理,用于鉴定的育苗基质采用高温灭菌。

9 抗病性评价

9.1 试管苗接种鉴定抗病性评价

9.1.1 评价标准

抗性划分标准见表2。

表 2 马铃薯抗青枯病试管苗接种鉴定的评价标准

病情指数(DI)	抗性评价
$DI \leqslant 20$	高抗(HR)
$20 < DI \leqslant 40$	抗病(R)
$40 < DI \leqslant 60$	中抗(MR)
$60 < DI \leqslant 80$	感病(S)
$DI > 80$	高感(HS)

9.1.2 鉴定有效性判别

当感病对照材料达到其相应感病程度($DI > 60$),该批次抗青枯病鉴定结果视为有效。

9.1.3 抗性判断

依据鉴定材料 3 个重复的平均病情指数（DI）确定其抗性水平，写出正式鉴定报告，并附原始记录。鉴定结果记录见附录 E。

9.2 温室盆栽鉴定抗病性评价

9.2.1 评价标准

抗性划分标准见表 3。

表 3 马铃薯抗青枯病温室盆栽鉴定的评价标准

病害指数（DI）	抗性评价
$DI \leqslant 10$	高抗（HR）
$10 < DI \leqslant 25$	抗病（R）
$25 < DI \leqslant 50$	中抗（MR）
$50 < DI \leqslant 75$	感病（S）
$DI > 75$	高感（HS）

9.2.2 鉴定有效性判别

当感病对照的植株达到其相应感病程度（$DI > 50$），该批次鉴定结果视为有效。

9.2.3 抗性判断

判断方法同 9.1.3。

附　录　A
（资料性附录）
马　铃　薯　青　枯　病

A.1　症状描述

幼苗和成株期均能发生，多从现蕾开花后急性显症，表现为叶片、分枝和植株急性萎蔫，开始时早晚尚可恢复，4 d～5 d 全株茎叶萎蔫枯死，但病株短期内仍保持绿色，叶片不脱落，随后叶脉逐渐变褐，茎部出现褐色条纹，横切病株茎部可见维管束变褐，用手挤压可见乳白色菌脓从切口处溢出。如将病茎切面插入清水中，约 0.5 min 后可见雾状的菌液自切口处排出。块茎染病后，脐部呈灰褐色水渍状，切开病薯，维管束环变褐，稍挤压便溢出乳白色细菌脓液，严重时块茎外皮龟裂，髓部软腐溃烂。

A.2　病原菌

A.2.1　学名

茄科劳尔氏菌［*Ralstonia solanacearum*（Smith）Yabuuchi et al.］，属于薄壁菌门劳尔氏菌属。

A.2.2　形态描述

菌体单细胞，短杆状，两端钝圆，大小为（0.9～2.0）μm×（0.5～0.8）μm，单生或双生，极生鞭毛 1 根～3 根，无芽孢和荚膜。在肉汁葡萄糖琼脂培养基上，菌落呈圆形或不规则形，稍隆起，平滑有光泽。

A.2.3　生物学特性

革兰氏染色阴性，病菌在 10℃～40℃均可发育，生长发育最适温度为 30℃～37℃，致死温度为 52℃；酸碱度的适宜范围为 pH 6～8，最适土壤 pH 为 6.6，具有明显的生理分化和菌系多样性，长期人工培养后易失去致病力。

附　录　B
（规范性附录）
培　养　基

B.1　青枯菌培养基

B.1.1　基本培养基

NA 培养基（牛肉膏蛋白胨培养基）：牛肉浸膏 3 g、蛋白胨 5 g、葡萄糖 2.5 g、琼脂 17 g、蒸馏水 1 L。

CPG 培养基（酪蛋白氨基酸-蛋白胨-葡萄糖培养基）：水解酪蛋白氨基酸 1 g、蛋白胨 10 g、葡萄糖 5 g、琼脂 18 g、蒸馏水 1 L。

YPGA 培养基（酵母膏-蛋白胨-葡萄糖培养基）：酵母膏 7 g、蛋白胨 7 g、葡萄糖 7 g、琼脂 15 g、蒸馏水 1 L。

称取培养基的各成分，溶于 1 L 蒸馏水中，用 40%（W/V）NaOH 溶液调节 pH 至 7.0～7.1，加热搅拌以溶解琼脂，分装后于 121℃ 高压灭菌 20 min。在上述固体培养基配方中不加入琼脂，则为相应的液体培养基。

B.1.2　TTC 培养基

将基本培养基加热融化后冷却至 60℃ 左右，加入 TTC 母液，使 TTC 的终浓度达 0.005%（W/V），摇匀。

B.2　马铃薯组培苗培养基

MS 固体培养基（0.5% 甘氨酸＋0.5% 铁盐＋0.5% 肌醇＋0.5% 微量元素＋5% 大量元素）：20 倍大量元素母液 50 mL，20 倍的维生素、微量元素、肌醇、铁盐、甘氨酸各 5 mL，加蒸馏水至 1 000 mL，加 8 g 琼脂加热溶解，高压灭菌备用。

以 MS 固体培养基为基本培养基，附加 4% 蔗糖和 0.7% 琼脂，灭菌前 pH 调到 5.8，pH 调节和灭菌方法同 B.1.1。

附　录　C
（规范性附录）
材　料　育　苗

C.1　试管苗培养

C.1.1　实生籽试管育苗

将实生籽放置于 1.5 mL～2 mL 离心管中，加入少量 65℃温水热激，室温下自然冷却后浸泡于 0.7 mg/L 的赤霉素（GA3）溶液中 2 d～3 d，用无菌水冲洗 2 次～3 次后，在超净工作台上将实生籽浸泡于 0.1% HgCl₂ 溶液中消毒 2 min～3 min，再用无菌水清洗 2 次～3 次，移至 MS 固体无糖培养基中。置于温度（20±1）℃，光强度 3 000 lx～4 000 lx，每日光照 16 h 的条件下培养。

C.1.2　薯块试管育苗

将供试薯块材料置于室温黑暗处，任其自然发芽，待发芽后，掰取所长出的幼芽，用清水冲洗干净，以 0.1% 的 HgCl₂ 溶液消毒 5 min～8 min，然后用无菌水冲洗 3 次，接种于组培苗培养基中。培养条件同 C.1.1。

C.1.3　试管苗的繁殖和保存

上述试管育苗的材料成活且长出新芽后，切取腋芽茎段和茎尖移入组培苗培养基中进行繁殖和保存，培养条件同 C.1.1，相对湿度为 60%，采用单节段繁殖。

试管苗接种鉴定时，每份材料按照马铃薯切段培养方法在装有组培苗培养基的培养盒中接入 10 个节段，每份材料接种数盒，培养 3 周后待用。

C.2　盆栽育苗

C.2.1　组培苗盆栽培养

将培养 3 周的组培苗移栽至装有育苗基质的 10 cm×10 cm 的育苗钵中，每钵 1 株苗。置于日光温室里，第 1 周温度保持在 22℃～25℃，相对湿度 70%～90%，然后温度调至 26℃～30℃至全试验期。常规水肥管理，自然光照。

C.2.2　种薯盆栽培养

将供鉴定材料的种薯置于 15℃～20℃下催芽。待薯芽长为 1 cm～1.5 cm 时，将种薯切成每块只带一个健康芽眼的薯块，播于装有育苗基质的 10 cm×10 cm 的育苗钵内，每钵播种 1 块，置于日光温室中培养，培养条件同 C.2.1。

附 录 D
（资料性附录）
青枯病菌生理小种

青枯病菌鉴别寄主谱有烟草、番茄、马铃薯、茄子、香蕉、姜、桑树和海里康等，按照寄主的不同将青枯病菌划分为5个生理小种(表 D.1)。

表 D.1 青枯病菌生理小种的划分

生理小种	寄　　主
生理小种 1 号	大多数茄科植物（番茄、马铃薯、茄子、烟草等）
生理小种 2 号	3 倍体香蕉、海里康和大蕉
生理小种 3 号	马铃薯（主要）、番茄和烟草
生理小种 4 号	姜
生理小种 5 号	桑

附 录 E

（规范性附录）

鉴定结果原始记录表

马铃薯抗青枯病接种鉴定见表 E.1。

表 E.1 马铃薯抗青枯病鉴定结果原始记录表

编 号	品种/种质 名 称	来 源	重复 区号	病情级别					病情 指数	平均 病指	抗性 评价
				0	1	2	3	4			
			I								
			II								
			III								
	感病对照		I								
			II								
			III								
播种日期			接种日期								
接种生育期			接种病原菌菌株编号								
小种类型			调查日期								

鉴定技术负责人(签字)：

————————————

ICS 65.020.01
B 15

中华人民共和国农业行业标准

NY/T 3413—2019

葡萄病虫害防治技术规程

Technical code of practice for grape insects and diseases management

2019-01-17 发布
2019-09-01 实施

中华人民共和国农业农村部 发布

前　言

本标准按照 GB/T 1.1—2009 给出的规则起草。

本标准由农业农村部种植业管理司提出并归口。

本标准起草单位:中国农业科学院果树研究所、中国农业科学院植物保护研究所、全国农业技术推广服务中心。

本标准主要起草人:张怀江、仇贵生、闫文涛、周宗山、王忠跃、岳强、孙丽娜、李艳艳、杨清坡。

葡萄病虫害防治技术规程

1 范围

本标准规定了葡萄病虫害防治的原则和防治方法。

本标准适用于我国葡萄产区内主要病虫害的防治。

2 规范性引用文件

下列文件对于本文件的应用是必不可少的。凡是注明日期的引用文件，仅注日期的版本适用于本文件。凡是不注日期的引用文件，其最新版本（包括所有的修改单）适用于本文件。

GB 4285　农药安全使用标准

GB/T 8321(所有部分)　农药合理使用准则

NY 469　葡萄苗木

NY/T 857　葡萄产地环境技术条件

NY/T 1843　葡萄无病毒母本树和苗木

NY/T 1868　肥料合理使用准则　有机肥料

NY/T 1869　肥料合理使用准则　钾肥

SN/T 1366　葡萄根瘤蚜的检疫鉴定方法

3 防治原则

3.1　以农业和物理防治为基础、生物防治为核心，按照病虫害发生规律，科学使用化学防治措施减少各类病虫害造成的损失。

3.2　按照《农药管理条例》的规定，使用的药剂均应为在国家农药管理部门登记允许在葡萄上用于防治该病虫的种类，如有调整，按照新的管理规定执行。

3.3　禁止使用剧毒、高毒、高残留农药和致畸、致癌、致突变农药（在果树上禁用的农药名单参见附录 A，并根据国家发布的最新公告及时调整）。

3.4　农药安全、合理使用按照 GB 4285、GB/T 8321 的规定执行。

4 主要防治对象及适宜发生条件

4.1 病害

葡萄霜霉病、葡萄黑痘病、葡萄灰霉病、葡萄白粉病、葡萄白腐病。

4.2 虫害

葡萄根瘤蚜、葡萄透翅蛾、绿盲蝽、葡萄缺节瘿螨。

4.3 葡萄主要病虫害适宜发生条件

参见附录 B。

5 防治措施

5.1 植物检疫

按照动植物检疫法规的有关要求，严格防止检疫对象从疫区传到非疫区。

按照 SN/T 1366 的规定进行葡萄根瘤蚜检疫。

5.2 农业防治

5.2.1 园址选择

新建果园应按照 NY/T 857 的规定进行园地选择和规划。

5.2.2 品种选择

根据当地病虫发生情况,选择抗病性、抗逆性较强的优良品种和砧木;可按照 NY/T 1843 的规定种植无病毒苗木;苗木的质量应符合 NY 469 的要求。

5.2.3 肥水管理

加强土、肥、水管理,提高植株抗性。增施有机肥,有机肥料使用的原则和技术按照 NY/T 1868 的规定执行。按比例使用氮磷钾肥及微量元素。钾肥使用的原则和技术按照 NY/T 1869 的规定执行。

5.2.4 清理果园

清理落叶、落果、病残枝,带出园外并集中销毁。田间发现感染病毒的病植株,应尽早刨除并销毁,并对土壤进行消毒处理。对葡萄园内传毒昆虫及时进行防治,切断病毒传播媒介。

5.2.5 推广避雨栽培措施

降雨较多地区,可推广避雨栽培措施,减轻葡萄病害的发生。

5.3 物理防治

5.3.1 灯光诱杀

每 2 hm² ～ 3 hm² 用 20 W 杀虫灯或黑光灯 1 盏,诱杀葡萄透翅蛾或绿盲蝽成虫。

5.3.2 温汤浸苗

使用 52℃ ～ 54℃ 的温水浸泡苗木 5 min,杀灭种条、种苗上潜在的根瘤蚜。

从葡萄缺节瘿螨地区引进苗木,定植前把插条或苗木放入 30℃ ～ 40℃ 的温水浸泡苗木 5 min ～ 7 min,再移入 50℃ 热水中浸泡 5 min ～ 7 min,杀死潜伏的葡萄缺节瘿螨。

5.3.3 糖醋液诱杀

成虫发生盛期,用糖醋液(质量比为红糖：醋：酒：水＝6：3：1：10)诱杀葡萄透翅蛾或金龟子类害虫。

5.3.4 果穗套袋

推广果穗套袋,减轻炭疽病、白腐病等病害及金龟子类害虫为害。

5.3.5 黄板诱杀

悬挂黄板诱杀葡萄叶蝉成蚜或和葡萄根瘤蚜有翅型成蚜,密度不低于每 667 m² 20 张。

5.3.6 剖茎灭虫

使用铁丝从蛀孔处导入较粗枝条的髓部刺杀葡萄透翅蛾幼虫。

5.4 生物防治

5.4.1 性诱剂迷向

绿盲蝽或葡萄透翅蛾成虫发生期,使用性诱剂诱捕器干扰成虫交配,诱捕器密度不低于每 667 m² 25 个。

5.4.2 天敌利用

加强对自然天敌的保护和利用,选择对天敌安全的选择性农药或生物制剂,合理减施化学农药。

5.4.3 应用生物制剂

使用蛇床子素、嘧啶核苷类抗生素等生物防治药剂防治葡萄白粉病。

5.5 化学防治

5.5.1 葡萄霜霉病

开花前或落花后,昼夜平均气温为 13℃ ～ 15℃,同时有高湿条件时,为霜霉病的防治关键时期,即为第 1 次喷药时期,选择代森锰锌、波尔多液、硫酸铜钙、嘧菌酯、烯酰吗啉、啶氧菌酯、丙森锌等药剂进行喷雾处理。

5.5.2 葡萄黑痘病

在南方葡萄产区,萌芽后半月左右开始喷药,10 d～15 d 喷 1 次,连续喷至落花后半个月左右。北方葡萄产区,开花期、落花 70%～80%、落花后 15 d 左右是药剂防治的 3 个关键时期。可选择咪鲜胺、嘧菌酯、百菌清、啶氧菌酯、代森锰锌、氟硅唑等药剂进行喷雾处理。

5.5.3 葡萄灰霉病

开花前后及果实近成熟期是灰霉病防治的两个关键时期。开花前 5 d～7 d 喷药 1 次,落花后再喷 1 次～2 次。果实套袋前喷药 1 次,不套袋果采收前按照农药安全间隔期要求喷药 1 次～2 次。可选择嘧菌环胺、异菌脲、腐霉利、啶酰菌胺、双胍三辛烷基苯磺酸盐、嘧霉胺等药剂进行喷雾处理。

5.5.4 葡萄白粉病

从白粉病发病初期开始喷药,10 d 左右喷 1 次,北方葡萄产区连续喷药 2 次～3 次,南方葡萄产区连喷 3 次～4 次。可选择戊菌唑、百菌清、己唑醇、氟菌唑、乙嘧酚磺酸酯、嘧啶核苷类抗生素等药剂喷雾处理。

5.5.5 葡萄白腐病

从果粒着色前开始喷药,10 d 左右喷 1 次,果实采收前 15 d 禁止使用化学农药防治。可选用戊唑醇、代森锰锌、嘧菌酯、氟硅唑、苯醚甲环唑等药剂喷雾处理。

附　录　A
（资料性附录）
国家禁止和限制使用的农药

A.1　国内禁止生产销售和使用的农药

六六六、滴滴涕、毒杀芬、二溴氯丙烷、杀虫脒、二溴乙烷、除草醚、艾氏剂、狄氏剂、汞制剂、砷、铅类、敌枯双、氟乙酰胺、甘氟、毒鼠强、氟乙酸钠、毒鼠硅、甲胺磷、甲基对硫磷、对硫磷、久效磷、磷胺、苯线磷、地虫硫磷、甲基硫环磷、磷化钙、磷化镁、磷化锌、硫线磷、蝇毒磷、治螟磷、特丁硫磷、氯磺隆、福美胂、福美甲胂、胺苯磺隆、甲磺隆、三氯杀螨醇。

A.2　限制使用的农药

国内限制使用的农药种类及禁止使用范围见表 A.1。

表 A.1　限制使用的农药

中文通用名	禁止使用范围
甲拌磷、甲基异柳磷、内吸磷、克百威、涕灭威、灭线磷、硫环磷、氯唑磷	蔬菜、果树、茶树、中草药材
水胺硫磷	柑橘树
灭多威	柑橘树、苹果树、茶树、十字花科蔬菜
硫丹	苹果树、茶树
百草枯	禁止水剂销售和使用
溴甲烷、氯化苦	禁止用于土壤熏蒸以外的其他用途
氧乐果	甘蓝、柑橘树
氰戊菊酯	茶树
丁酰肼	花生
氟虫腈	除卫生用、玉米等部分旱田种子包衣剂外的其他用途
毒死蜱、三唑磷	禁止在蔬菜上使用

附　录　B

（资料性附录）

葡萄主要病虫害适宜发生条件

葡萄主要病虫害适宜发生条件见表 B.1。

表 B.1　葡萄主要病虫害适宜发生条件

病虫害名称	分类地位	传播途径	适宜发生条件
葡萄霜霉病 *Plasmopara viticola*	真菌,卵菌门单轴霉属	风雨传播	感病品种、湿度大
葡萄黑痘病 *Sphaceloma ampelinum*	真菌,半知菌类,痂圆孢属	风雨传播、自然孔口侵染	幼嫩枝条,雨量充沛
葡萄灰霉病 *Botryotinia fuckeliana*	真菌,子囊菌门葡萄孢盘菌属	风雨传播,伤口侵入	春季多雨、湿度高,气温 20℃ 左右、伤口多
葡萄白粉病 *Uncinula necator*	真菌,子囊菌门钩丝壳属	借助气流或昆虫传播,直接侵入	夏季干旱、高温、寡日照发病重
葡萄白腐病 *Coniella diplodiella*	真菌,半知菌类,垫壳孢属	风雨、昆虫、农事操作传播,主要经伤口侵入	降雨多,伤口多
葡萄根瘤蚜 *Daktulosphaira vitifoliae*	节肢动物门昆虫纲半翅目根瘤蚜科	农事操作借助工具传播;若虫爬行或成蚜迁飞;远距离苗木调运	土壤干旱、黏质土壤发生重
葡萄透翅蛾 *Sciapteron regale*	节肢动物门昆虫纲鳞翅目透翅蛾科	成虫迁飞产卵扩散	树龄高、管理水平低危害重
绿盲蝽 *Apolygus lucorum*	节肢动物门昆虫纲半翅目盲蝽科	成虫迁飞产卵扩散	温度为 20℃～30℃,相对湿度为 80% 左右
葡萄缺节瘿螨 *Colomerus vitis*	蜱螨亚纲真螨总目绒螨目瘿螨总科	虫体自然扩散、风雨传播	易感品种、温度 22℃～25℃,相对湿度在 40% 左右

ICS 65.020
B 16

中华人民共和国农业行业标准

NY/T 3414—2019

日晒高温覆膜法防治韭蛆技术规程

Technical code of practice for chive gnat control by soil solarization method

2019-01-17 发布

2019-09-01 实施

中华人民共和国农业农村部 发布

NY/T 3414—2019

前　言

本标准按照 GB/T 1.1—2009 给出的规则起草。
本标准由农业农村部种植业管理司提出并归口。
本标准起草单位：全国农业技术推广服务中心、中国农业科学院蔬菜花卉研究所。
本标准主要起草人：张友军、魏启文、史彩华、李萍、吴青君、徐宝云、杨普云。

日晒高温覆膜法防治韭蛆技术规程

1 范围

本标准规定了日晒高温覆膜法防治韭蛆的术语和定义、技术要求。

本标准适用于对危害韭菜(*Allium tuberosum* Rottler ex Sprengl)的韭菜迟眼蕈蚊(*Bradysia odor-iphaga* Yang et Zhang)和异迟眼蕈蚊(*B. difformis* Frey)两种韭蛆的防治。

2 规范性引用文件

下列文件对于本文件的应用是必不可少的。凡是注日期的引用文件,仅注日期的版本适用于本文件。凡是不注日期的引用文件,其最新版本(包括所有的修改单)适用于本文件。

GB 4455　农业用聚乙烯吹塑薄膜

NY/T 1224—2006　农用塑料薄膜安全使用控制技术规范

3 术语和定义

下列术语和定义适用于本文件。

3.1

日晒高温覆膜法　soil solarization method

利用韭蛆(参见附录 A 中图 A.1)与其寄主作物的高温耐受性差异设计的一种韭蛆物理防治方法。采用高透光性无滴膜,利用太阳光照能提高土壤温度至韭蛆的致死高温区,但该高温对韭菜生长无明显影响。

3.2

多功能农用塑料膜(又称无滴膜)　multi-functional agricultural plastic membrane(Anti-fogging film)

具有高透明、高保温、无滴消雾、高效转光等功能的农用塑料薄膜。

注:该术语直接采用 NY/T 1224—2006 中 3.4 的定义。

4 技术要求

4.1 膜材料

选择厚度为 0.10 mm～0.12 mm 的浅蓝色无滴膜,膜质量符合 GB 4455 的要求。

4.2 天气条件

天气晴好(太阳光照强度超过 55 000 lx),且日最高气温超过 25℃。

4.3 覆膜

8:00 左右覆膜,18:00 左右可揭膜。或覆膜后膜下土壤 5 cm 处的温度达到 40℃以上且持续 4 h 可揭膜。若覆膜后遇阴雨天气,可以延长覆膜时间,直到土壤温度达到要求后立即揭膜。

4.4 操作步骤

4.4.1 割除韭菜

覆膜前 1 d～2 d 贴近地表面割除韭菜,并清出菜地。

4.4.2 覆膜压土

覆膜边缘应超出所覆田块 40 cm～50 cm,四周用土壤压实,避免漏气影响增温。

4.4.3 去土揭膜

当土壤温度达到要求后即可揭膜。正常天气下，当天 18:00 左右揭膜。

4.4.4 浇水缓苗

揭膜 1 h 后浇水，保持土壤湿润。具体操作步骤见附录 B 中图 B.1。

附　录　A

（资料性附录）

韭菜迟眼蕈蚊的 4 种虫态

　　韭菜迟眼蕈蚊,俗称韭蛆,中国特有的根蛆类害虫。隶属双翅目(Diptera)长角亚目(Nematocera)蕈蚊总科(Mycetophiloidea)眼蕈蚊科(Sciaridae)迟眼蕈蚊属(*Bradysia*)。可危害 7 科 30 多种蔬菜,尤其喜欢取食百合科的韭菜。韭菜迟眼蕈蚊有成虫(图 A.1①②)、卵(图 A.1③)、幼虫(图 A.1④)和蛹(图 A.1⑤)4 种虫态,其中仅以幼虫发生危害,初孵幼虫首先水平扩散,钻入叶鞘内危害与叶鞘相邻的假茎、鳞茎,引起韭菜叶片发黄或生长变畸;随后幼虫龄期变大,食量增加,咬断鳞茎蛀入其内,造成韭菜植株倒伏,甚至死亡。4 种虫态见图 A.1。

说明:

1——雄性成虫;　　　　　　　　　　　　　　　　　4——幼虫;

2——雌性成虫;　　　　　　　　　　　　　　　　　5——蛹。

3——卵;

图 A.1　韭菜迟眼蕈蚊的 4 种虫态

附　录　B
（规范性附录）
日晒高温覆膜法操作流程

日晒高温覆膜法操作流程见图 B.1。

| 割去韭菜
覆膜前 1 d~2 d 内完成 | 覆膜压土
太阳光照强烈天气，
8:00 左右完成 | 去土揭膜
当日太阳光照强烈，
18:00 左右揭膜 | 浇水灌溉
揭膜降温后灌水缓苗 |

图 B.1　日晒高温覆膜法操作流程

ICS 65.020.01
B 15

中华人民共和国农业行业标准

NY/T 3417—2019

苹果树主要害虫调查方法

Investigation method of main pests in apple orchard

2019-01-17 发布

2019-09-01 实施

中华人民共和国农业农村部 发布

前　言

本标准按照 GB/T 1.1—2009 给出的规则起草。

本标准由农业农村部种植业管理司提出并归口。

本标准起草单位:中国农业科学院果树研究所、中国农业科学院郑州果树研究所、全国农业技术推广服务中心。

本标准主要起草人:仇贵生、张怀江、闫文涛、岳强、陈汉杰、张金勇、涂洪涛、孙丽娜、李艳艳、杨清坡。

苹果树主要害虫调查方法

1 范围

本标准规定了我国苹果树主要害虫桃小食心虫（*Carposina sasakii* Matsumura）、苹果全爪螨（*Panonychus ulmi* Koch）、山楂叶螨（*Tetranychus viennensis* Zacher）、二斑叶螨（*Tetranychus urticae* Koch）、苹果绣线菊蚜（*Aphis citricola* Van der Goot）、苹果绵蚜（*Eriosoma lanigerum* Hausmann）、苹果小卷叶蛾（*Adoxophyes orana* Fischer von Roslerstamm）、金纹细蛾（*Phyllonorycter ringoniella* Matsumura）的调查方法。

本标准适用于我国各苹果主产区主要害虫的调查。

2 规范性引用文件

下列文件对于本文件的应用是必不可少的。凡是注日期的引用文件，仅注日期的版本适用于本文件。凡是不注日期的引用文件，其最新版本（包括所有的修改单）适用于本文件。

NY/T 1610　桃小食心虫测报技术规范

NY/T 2734　桃小食心虫监测性诱芯应用技术规范

3 术语和定义

下列术语和定义适用于本文件。

3.1

棋盘式抽样　checkerboard sampling

将所调查的田块均匀划分成许多小区，形如棋盘方格，然后将取样点均匀分配在田块一定区域的取样方法。

3.2

性信息素　sex pheromone

昆虫成虫分泌和释放且对同种异性个体有引诱作用的信息化学物质。

3.3

性诱剂　sex attractant

人工合成的昆虫性信息素或类似物，称为昆虫性引诱剂，简称"性诱剂"。

3.4

虫落　colony

害虫在田间聚集成的虫块。

3.5

系统调查　systematic investigation

为了解一个地区病虫发生消长动态，进行多次定时、定点、定方法的调查。

3.6

普查　survey

为了解一个地区病虫整体发生情况，在较大范围内进行的多点调查。

4 桃小食心虫

4.1 系统调查

4.1.1 越冬幼虫

4.1.1.1 调查时间

苹果落花后开始,至7月中下旬越冬幼虫全部出土结束。

4.1.1.2 调查方法

按照 NY/T 1610 的要求取样和调查,结果填入调查表(参见附录A中的表 A.1)。

4.1.2 成虫种群动态

4.1.2.1 调查时间

始见出土幼虫开始,每天调查1次,至各诱捕器连续5 d诱蛾量为0时结束。

4.1.2.2 性诱剂种类

含人工合成桃小食心虫性信息素的普通诱芯。

4.1.2.3 诱捕器种类

按照 NY/T 2734 的要求制作诱捕器,2种诱捕器任选其一。

4.1.2.4 诱捕器设置

按照5株/667 m² 的取样量确定调查树数量,采用棋盘式抽样法固定调查树,每株悬挂1个性诱剂诱捕器,诱捕器悬挂在树冠外围背阴距地面高1.5 m树荫处。果园边缘的两行树不能作为调查树。

4.1.2.5 管理和数据记录

水盆型诱捕器应经常清洗和加水,雨后将多余的水倒掉,并加少量洗衣粉水。黏胶板诱捕器检查完后应及时清除板上的虫尸等杂物,黏虫板每15 d更换1次。诱芯根据有效期及时更换。每日上午检查诱蛾数,记录日诱蛾量,结果填入调查表(参见表 A.2)。

4.1.3 田间卵量

4.1.3.1 调查时间

成虫始见至成虫发生期结束或果实采收,每5 d调查1次,以先到者为结束时间。

4.1.3.2 调查方法

按照5株/667 m² 的取样量确定调查树数量,采用棋盘式抽样法固定调查树。在每株树的东、西、南、北、中5个方位随机调查20个果实,每株树调查100个,记录卵果数。随后,将卵去掉,将结果记入调查表(参见表 A.3)。

4.1.4 幼虫危害率

按照 NY/T 1610 的要求取样和调查,检查果实被害情况,记录调查果中的虫果数,计算虫果率,将结果记入调查表(参见表 A.4)。

4.2 普查

桃小食心虫发生期,共调查2次,第一次为果实膨大期,第二次为采收前,调查卵果数和虫果数。取样方法见4.1.3.2。统计结果记入调查表(参见表 A.5)。

5 苹果全爪螨

5.1 系统调查

5.1.1 越冬卵量

5.1.1.1 调查时间

苹果树花芽萌动前调查1次。

5.1.1.2 调查方法

按5株/667 m² 的取样量确定调查树数量,采用棋盘式抽样法固定调查树。从调查树的树冠内、外部随机选取枝条,共取100个枝条(长、中、短枝比例为1∶2∶7),调查芽痕处的越冬卵量,将结果记入调查表(参见表 A.6)。

5.1.2 越冬卵孵化期

5.1.2.1 调查时间

苹果树萌芽前,越冬卵临近孵化前开始调查,至连续 5 d 不再有卵孵化时结束。

5.1.2.2 调查方法

按照 5 株/667 m² 的取样量确定调查树数量,棋盘式抽样法固定调查树;每株树上截取 5 个～10 个 3 cm 长的小段,每段含 50 粒～100 粒越冬卵,将枝段固定在一块 10 cm×10 cm 的白色小木板上,周围涂 1 cm 宽的凡士林,防止幼螨逃逸;将小木板固定在树体的背阴处,从卵孵化之日起,每日统计孵化的幼螨数,并统计孵化率,将结果记入调查表(参见表 A.7)。

5.1.3 活动态螨和夏卵

5.1.3.1 调查时间

从苹果树开花到 9 月底,每 7 d 调查 1 次。

5.1.3.2 调查方法

按照 5 株/667 m² 的取样量确定调查树数量,采用棋盘式抽样法固定调查树。每株树在东、西、南、北、中 5 个方位随机取 5 片成龄叶片,每株 25 片,用手持扩大镜检查其上活动态螨和卵的数量。将结果记入调查表(参见表 A.8)。

5.2 普查

夏季发生盛期调查 4 次～6 次。调查方法见 5.1.3.2。

6 苹果树山楂叶螨

6.1 系统调查

6.1.1 越冬雌成螨量

6.1.1.1 调查时间

苹果树花芽萌动前调查 1 次。

6.1.1.2 调查方法

按照 5 株/667 m² 的取样量确定调查树数量,采用棋盘式抽样法固定调查树。从根茎部向上 5 cm 处,调查宽度为 10 cm 环树干一周的翘皮下越冬雌成螨的数量。将结果记入调查表(参见表 A.9)。

6.1.2 越冬雌成螨出蛰期

6.1.2.1 调查时间

苹果树萌芽期至盛花期,从临近萌芽时开始每天调查 1 次,至盛花期结束。

6.1.2.2 调查方法

按照 5 株/667 m² 的取样量确定调查树数量,采用棋盘式抽样法固定调查树。每株树在树冠内膛枝和基部主枝上各标定 10 个顶芽,共 20 个。观察记录爬上芽的螨量。将结果记入调查表(参见表 A.10)。

6.1.3 活动态螨和夏卵

6.1.3.1 调查时间

从苹果树开花开始,每 7 d 调查 1 次,至落叶前结束。

6.1.3.2 调查方法

见 5.1.3.2。

6.2 普查

在山楂叶螨夏季发生盛期调查 4 次～6 次,调查方法见 5.1.3.2。

7 二斑叶螨

7.1 系统调查

7.1.1 越冬雌成螨量

7.1.1.1 调查时间

早春苹果花芽萌动前调查1次。

7.1.1.2 调查方法

按照5株/667 m²的取样量确定调查树数量,采用棋盘式抽样法固定调查树。从根茎部向上5 cm处,调查宽度为10 cm环树干一周的翘皮下越冬雌成螨的数量。同时,在树东、西、南、北4个方位调查面积为25 cm×25 cm杂草上二斑叶螨雌成螨的数量,将结果记入调查表(参见表A.11)。

7.1.2 活动态螨和夏卵

7.1.2.1 调查时间

从落花后开始,每7 d调查1次,苹果树落叶前结束。

7.1.2.2 调查方法

见5.1.3.2。

7.2 普查

在二斑叶螨发生盛期调查4次~6次,调查方法见5.1.3.2。

8 苹果绣线菊蚜

8.1 系统调查

8.1.1 越冬卵量

8.1.1.1 调查时间

苹果花芽萌动前调查1次。

8.1.1.2 调查方法

按5株/667 m²的取样量确定调查树数量,采用棋盘式抽样法固定调查树。每株树固定10个2年~3年生枝条,调查枝条分叉和鳞芽缝处的越冬卵数量。将结果记入调查表(参见表A.12)。

8.1.2 生长期种群动态

8.1.2.1 调查时间

从苹果树开花开始,每7 d调查1次,当年9月底结束。

8.1.2.2 调查方法

按5株/667 m²的取样量确定调查树数量,采用棋盘式抽样法固定调查树。每株树按东、南、西、北、中随机选取5个新梢,调查每梢5片~10片叶的活虫数。将结果记入调查表(参见表A.13)。

8.2 普查

在绣线菊蚜发生盛期调查4次~6次,调查方法见8.1.2.2。

9 苹果绵蚜

9.1 系统调查

9.1.1 越冬若虫量

9.1.1.1 调查时间

春季苹果树花芽萌动前调查1次。

9.1.1.2 调查方法

按照 5 株/667 m² 的取样量确定调查树数量,采用棋盘式抽样法固定调查树;调查全树虫落的数量,把绵蚜虫落分割成规则的小虫落并估计每个虫落的面积和全树虫落面积;同时,在非调查树上随机选取 20 个不同面积的虫落,去掉絮状物,用手持扩大镜统计每个虫落中的活虫数,按式(1)计算蚜虫株均活虫数。将结果记入调查表(参见表 A.14)。

$$M = S \times \frac{Q}{A} \quad \cdots\cdots\cdots\cdots\cdots\cdots\cdots\cdots\cdots\cdots\cdots\cdots\cdots\cdots\cdots (1)$$

式中:

M —— 株均活虫数,单位为头;

S —— 全树虫落总面积,单位为平方厘米(cm²);

Q —— 调查虫落中蚜虫数量,单位为头;

A —— 调查虫落面积,单位为平方厘米(cm²)。

9.1.2 生长期种群动态

9.1.2.1 调查时间

苹果开花后开始,每 7 d 调查 1 次,至落叶前结束。

9.1.2.2 调查方法

见 9.1.1.2,将结果记入调查表(参见表 A.15)。

9.2 普查

在苹果绵蚜发生盛期调查 6 次~8 次,记录整株树的所有活动的苹果绵蚜虫落数,并将结果填入调查表(参见表 A.16)。

10 苹果小卷叶蛾

10.1 系统调查

10.1.1 越冬幼虫量

10.1.1.1 调查时间

苹果花芽萌动前调查 1 次。

10.1.1.2 调查方法

按 5 株/667 m² 的取样量确定调查树数量,采用棋盘式抽样法固定调查树。调查中心干和骨干枝所有的剪锯口及中心干上不少于 100 cm² 老翘皮下越冬茧的数量,同时剥开茧统计其中活虫数。将结果记入调查表(参见表 A.17)。

10.1.2 成虫种群动态

10.1.2.1 调查时间

苹果树萌芽期开始,每天调查 1 次,至连续 5 d 诱蛾量为 0 时结束。

10.1.2.2 调查方法

性诱剂种类为含人工合成苹果小卷叶蛾性信息素的普通诱芯。诱捕器的种类、设置、管理和数据记录见 4.1.2。

10.1.3 幼虫危害率

10.1.3.1 调查时间

苹果树萌芽期开始,每 7 d 调查 1 次,至成虫发生结束后 15 d。

10.1.3.2 调查方法

按 5 株/667 m² 的取样量确定调查树数量,采用棋盘式抽样法固定调查树;每株树记录树冠 200 个枝条的虫包数,记录枝条被害率;在非调查树上调查 100 虫包的有虫(幼虫、蛹及蛹壳)数及死亡虫数,统计百枝活虫数;将结果记入调查表(参见表 A.18)。

10.2 普查

在成虫发生期每 15 d 调查 1 次,调查方法及数据记录见 10.1.3.2。

11 金纹细蛾

11.1 系统调查

11.1.1 越冬蛹量

11.1.1.1 调查时间

越冬前,当落叶率达到 50% 左右时调查 1 次。

11.1.1.2 调查方法

按照 5 株/667 m² 的取样量确定调查树数量,采用棋盘式抽样法固定调查树;树上按照东、西、南、北、中 5 个方位共调查 100 片树叶,树下调查树冠下的落叶,随机抽查 100 片树叶,调查越冬蛹量。将结果记入调查表(参见表 A.19)。

11.1.2 成虫种群动态

11.1.2.1 调查时间

苹果萌芽期开始,每天调查 1 次,至连续 5 d 诱蛾量为 0 时结束。

11.1.2.2 调查方法

性诱剂种类为含人工合成金纹细蛾性信息素的普通诱芯,诱捕器的种类、设置、管理和数据记录见4.1.2。

11.1.3 幼虫危害率

11.1.3.1 调查时间

苹果树展叶期开始,每 5 d 调查 1 次,至成虫发生结束后 15 d 结束。

11.1.3.2 调查方法

按照 5 株/667 m² 的取样量确定调查树数量,采用棋盘式抽样法固定调查树。每株树按东、西、南、北、中 5 个方位随机选取 50 片叶,共调查 250 片,调查有虫斑叶数、虫斑数及幼虫数量,计算虫叶率、百叶虫斑数、百叶虫量等。将结果记入调查表(参见表 A.20)。

11.2 普查

在金纹细蛾 1 代~4 代危害盛期,主害代在危害盛期前需再调查 1 次,共调查 5 次~6 次。调查方法及记录内容见 11.1.3.2。

附　录　A

（资料性附录）

苹果树主要害虫调查资料表册

A.1　表册封面要求

制作苹果树害虫调查资料表册时，参照图 A.1 调查资料表册封面示意图的样式制作封面。

调查对象：＿＿＿＿＿＿＿＿＿＿＿＿＿＿＿＿＿＿

调查地点：＿＿＿＿＿＿＿＿＿＿＿＿＿＿＿＿＿＿

（北纬：＿＿＿＿＿＿东经：＿＿＿＿＿＿海拔：＿＿＿＿＿＿）

调查起止时间：＿＿＿＿＿＿＿＿＿＿＿＿＿＿＿＿

调查人员：＿＿＿＿＿＿＿＿＿＿＿＿＿＿＿＿＿＿

负 责 人：＿＿＿＿＿＿＿＿＿＿＿＿＿＿＿＿＿＿

图 A.1　调查资料表册封面示意图

A.2　表格的选用

每次进行系统调查和普查时，应根据工作内容和调查对象填写相应的表格。

A.2.1　桃小食心虫

越冬幼虫调查填写表 A.1，成虫种群动态调查填写表 A.2，田间卵量和幼虫危害率调查填写表 A.3 和表 A.4，发生情况普查填写表 A.5。

A.2.2　苹果全爪螨

越冬卵量和越冬卵孵化期调查分别填写表 A.6 和表 A.7，活动态螨、夏卵数量调查及发生情况普查填写表 A.8。

A.2.3　山楂叶螨

越冬雌成螨量和出蛰危害期调查分别填写表 A.9 和表 A.10，活动态螨、夏卵数量调查及发生情况普查填写表 A.8。

A.2.4　二斑叶螨

越冬雌成螨量调查填写表 A.11，活动态螨、夏卵数量调查及发生情况普查填写表 A.8。

A.2.5　苹果绣线菊蚜

越冬卵量调查填写表 A.12，生长期种群动态分别调查和发生情况普查填写表 A.13。

A.2.6　苹果绵蚜

越冬若虫量、生长期种群动态调查和发生情况普查分别填写表 A.14、表 A.15 和表 A.16。

A.2.7　苹果小卷叶蛾

越冬幼虫调查填写表 A.17，生长期幼虫发生危害情况调查和发生情况普查填写表 A.18，成虫种群动态调查填写表 A.2。

A.2.8　金纹细蛾

越冬蛹量调查填写表 A.19，生长期幼虫危害率调查和发生情况普查填写表 A.20，成虫种群动态调查填写表 A.2。

A.3 表格的样式

表 A.1 桃小食心虫越冬幼虫调查表

调查日期 月/日	越冬幼虫出土数量 头/株					合计 头	平均 头/株	备注
	1	2	3	4	…			
…								

表 A.2 ＿＿＿成虫种群动态调查表

调查日期 月/日	诱捕器诱蛾量 头					合计 头	平均 头/诱捕器	备注
	1	2	3	4	…			
…								

表 A.3 桃小食心虫田间卵量调查表

调查日期 月/日	调查株数	调查果数 个	卵果数 个	卵果率 ％	备注
…					

表 A.4 桃小食心虫幼虫危害率调查表

调查日期 月/日	调查株数	调查果数 个	虫果数 个	虫果率 ％	备注
…					

表 A.5 桃小食心虫发生情况普查表

调查日期 月/日	调查果数 个	虫果数 个	虫果率 ％	卵果数 个	卵果率 ％	备注
…						

表 A.6　苹果全爪螨越冬卵量调查表(调查日期：　　　)

树号	调查枝条数 个	越冬卵数 个	平均卵数 粒/百枝	备注
1				
2				
…				

表 A.7　苹果全爪螨越冬卵孵化期调查表

调查日期 月/日	树号	各枝段越冬卵孵化率 %				平均孵化率 %
		1	2	3	…	
	1					
	2					
	…					
	1					
	2					
	…					

表 A.8　＿＿＿＿活动态螨和夏卵数量调查表

调查日期 月/日	树号	活动态螨数 头					夏卵数 粒				
		1	2	3	…	叶均螨量 头/叶	1	2	3	…	叶均卵量 粒/叶
	1										
	2										
	…										
	1										
	2										
	…										

表 A.9　山楂叶螨越冬雌成螨量调查表(调查日期：　　　)

树号	调查面积 cm²	雌成螨数 头	螨量 头/100 cm²	备注
1				
2				
…				

表 A.10　山楂叶螨越冬雌成螨出蛰危害期调查表

调查日期 月/日	树号	芽号				累计 头	平均 头/株	备注
		1	2	3	…			
	1							
	2							
	…							
	1							
	2							
	…							

表 A.11 二斑叶螨越冬雌成螨量调查表（调查日期：　　）

树号	树 干		杂 草		平均螨量 头/100 cm²	备注
	调查面积 cm²	雌成螨数 头	调查面积 cm²	雌成螨数 头		
1						
2						
…						

表 A.12 苹果绣线菊蚜越冬卵调查表（调查日期：　　）

树号	调查枝条数 条	总卵量 粒	百枝卵数 粒	备注
1				
2				
…				

表 A.13 苹果绣线菊蚜生长期种群动态调查表

调查日期 月/日	树号	调查枝条数 个	活虫数 头	梢均虫数 头	备注
	1				
	2				
	…				
	1				
	2				
	…				

表 A.14 苹果绵蚜越冬若虫量调查表（调查日期：　　）

树号	总虫落数 个	虫落总面积 cm²	绵蚜密度 个/cm²	活虫数 头/株	备注
1					
2					
…					

表 A.15 苹果绵蚜生长期种群动态调查表

调查日期 月/日	树号	总虫落数 个	虫落总面积 cm²	绵蚜密度 头/cm²	活虫数 头/株	备注
	1					
	2					
	…					
	1					
	2					
	…					

表 A.16　苹果绵蚜发生情况普查表

调查日期 月/日	调查株数 株	总虫落数 个	株均虫落数 个/株	备注

表 A.17　苹果小卷叶蛾越冬幼虫调查表（调查日期：　　　）

树号	调查剪锯口数 个	剪锯口越冬茧存活数 个	调查翘皮面积 cm²	翘皮下越冬茧存活数 个	活虫数 头/株	备注
1						
2						
…						

表 A.18　苹果小卷叶蛾幼虫发生危害情况调查表

调查日期 月/日	树号	调查枝条数 个	枝条被害数 个	枝条被害率 %	百枝活虫数 头	备注
	1					
	2					
	…					
	1					
	2					
	…					

表 A.19　金纹细蛾越冬蛹量调查表（调查日期：　　　）

树号	调查叶片数 片	被害叶片 片	虫蛹量 头	百叶虫蛹量 头	叶片被害率 %	备注
1						
2						
…						

表 A.20　金纹细蛾幼虫危害率调查表

调查日期 月/日	树号	调查叶数 片	叶片被害率 %	活虫数 头	百叶活虫量 头	百叶虫斑数 个	备注
	1						
	2						
	…						
	1						
	2						
	…						

ICS 67.140.10
B 35

中华人民共和国农业行业标准

NY/T 3419—2019

茶树高温热害等级

Grade of heat injury for tea plant[*Camellia sinensis*(L.)O. Kuntze]

2019-01-17 发布

2019-09-01 实施

中华人民共和国农业农村部 发布

前　言

本标准按照 GB/T 1.1—2009 给出的规则起草。

本标准由农业农村部种植业管理司提出并归口。

本标准起草单位:浙江省农业科学院、新昌县气象局、宁德市气象局、杭州尚量标准化管理技术咨询有限公司。

本标准主要起草人:娄伟平、孙彩霞、戴芬、王强、郑蔚然、于国光、孙科、余会康、夏兵、杜爱红、李艳杰、姚佳蓉、陈莉莉。

茶树高温热害等级

1 范围

本标准规定了茶树高温热害的术语和定义、高温热害等级、茶树高温热害的防御措施等技术要求。

本标准适用于茶树种植区夏秋茶采收期高温热害的监测、预警、防御和评估等。

2 规范性引用文件

下列文件对于本文件的应用是必不可少的。凡是注日期的引用文件,仅注日期的版本适用于本文件。凡是不注日期的引用文件,其最新版本(包括所有的修改单)适用于本文件。

QX/T 50—2007 地面气象观测规范 第 6 部分:空气温度和湿度观测

3 术语和定义

下列术语和定义适用于本文件。

3.1

日平均气温 daily mean air temperature

前一日 20 时至当日 20 时之间 02 时、08 时、14 时和 20 时 4 次气温的平均值,单位为摄氏度(℃)。

[QX/T 50—2007,定义 3.1]

3.2

日最高气温 daily maximum air temperature

前一日 20 时至当日 20 时之间气温的最高值,单位为摄氏度(℃)。

3.3

相对湿度 relative humidity

空气中实际水汽压与当时气温下的饱和水汽压之比,单位为百分比(%)。

3.4

日平均相对湿度 daily mean relative humidity

前一日 20 时至当日 20 时之间 02 时、08 时、14 时和 20 时 4 次相对湿度的平均值,单位为百分比(%)。

3.5

气温直减率 lapse rate of air temperature

气温随垂直高度的增加而降低的变化率。

3.6

茶树高温热害 tea heat injury of tea plant

日平均气温上升到 30℃以上、日最高气温上升到 35℃以上。使茶树芽叶、枝条等受到损害的一种农业气象灾害。

3.7

芽叶受害率 percentage of heat injury on tea leaves and buds of tea plant

茶树遭受高温热害后,单位面积茶园上受到伤害的茶芽和叶片占全部茶芽和叶片的百分比。

3.8

耐热性 heat tolerance

茶树对高温的适应性。

4 高温热害等级

4.1 茶树高温热害等级指标

包括气象指标和受害情况,见表1。

气象指标包括6月下旬到9月上旬逐日的日平均气温、最高气温和日平均相对湿度。

表1 茶树高温热害等级判定标准

等级	气象指标			受害情况
	强耐热性品种	中耐热性品种	弱耐热性品种	
四级 (轻度热害)	$T \geq 30$ 且 $U \leq 65$ 且 $Th \geq 35$ 且 $D \geq 8$ 或 $Th \geq 38$ 且 $D \geq 8$ 或 $Th \geq 40$ 且 $D \geq 5$	$T \geq 30$ 且 $U \leq 65$ 且 $Th \geq 35$ 且 $D \geq 6$ 或 $Th \geq 38$ 且 $D \geq 6$ 或 $Th \geq 40$ 且 $D \geq 3$	$T \geq 30$ 且 $U \leq 65$ 且 $Th \geq 35$ 且 $D \geq 4$ 或 $Th \geq 38$ 且 $D \geq 4$ 或 $Th \geq 40$ 且 $D \geq 1$	受害茶树上部成叶出现变色、枯焦,茶芽仍呈现绿色,芽叶受害率<20%
三级 (中度热害)	$T \geq 30$ 且 $U \leq 65$ 且 $Th \geq 35$ 且 $D \geq 12$ 或 $Th \geq 38$ 且 $D \geq 12$ 或 $Th \geq 40$ 且 $D \geq 9$	$T \geq 30$ 且 $U \leq 65$ 且 $Th \geq 35$ 且 $D \geq 10$ 或 $Th \geq 38$ 且 $D \geq 10$ 或 $Th \geq 40$ 且 $D \geq 7$	$T \geq 30$ 且 $U \leq 65$ 且 $Th \geq 35$ 且 $D \geq 8$ 或 $Th \geq 38$ 且 $D \geq 8$ 或 $Th \geq 40$ 且 $D \geq 5$	受害茶树上部成叶出现变色、枯焦或脱落,茶芽萎蔫、枯焦,芽叶受害率在20%~50%
二级 (重度热害)	$T \geq 30$ 且 $U \leq 65$ 且 $Th \geq 35$ 且 $D \geq 15$ 或 $Th \geq 38$ 且 $D \geq 15$ 或 $Th \geq 40$ 且 $D \geq 13$	$T \geq 30$ 且 $U \leq 65$ 且 $Th \geq 35$ 且 $D \geq 13$ 或 $Th \geq 38$ 且 $D \geq 13$ 或 $Th \geq 40$ 且 $D \geq 11$	$T \geq 30$ 且 $U \leq 65$ 且 $Th \geq 35$ 且 $D \geq 12$ 或 $Th \geq 38$ 且 $D \geq 12$ 或 $Th \geq 40$ 且 $D \geq 9$	受害茶树叶片变色、枯焦或脱落,且蓬面嫩枝已出现干枯,芽叶受害率在50%~80%
一级 (特重热害)	$T \geq 30$ 且 $U \leq 65$ 且 $Th \geq 35$ 且 $D \geq 17$ 或 $Th \geq 38$ 且 $D \geq 17$ 或 $Th \geq 40$ 且 $D \geq 16$	$T \geq 30$ 且 $U \leq 65$ 且 $Th \geq 35$ 且 $D \geq 16$ 或 $Th \geq 38$ 且 $D \geq 16$ 或 $Th \geq 40$ 且 $D \geq 14$	$T \geq 30$ 且 $U \leq 65$ 且 $Th \geq 35$ 且 $D \geq 15$ 或 $Th \geq 38$ 且 $D \geq 15$ 或 $Th \geq 40$ 且 $D \geq 12$	受害茶树叶片变色、枯焦或脱落,且有成熟枝条出现干枯甚至整株死亡,芽叶受害率>80%

注:T 和 Th 分别为日平均气温、日最高气温,单位摄氏度(℃);U 为日平均相对湿度,单位为百分比(%);D 为持续天数,单位为天(d)。强耐热性品种:鸠坑种、龙井种、福鼎大白茶、白毫早等;中耐热性品种:嘉茗1号、龙井长叶、槠叶齐等;弱耐热性品种:白叶1号、龙井43、尖波黄13号、福云6号等。

4.2 等级划分

茶树高温热害划分为四级(轻度热害)、三级(中度热害)、二级(重度热害)和一级(特重热害)4个等级。

4.3 等级判定

各单项指标的等级判定标准见表1。当判定热害等级出现不一致时,按照等级高的确定。

4.4 茶园气温

茶园气温宜按茶园内小气候观测站实测气温确定。当园内无小气候观测站时,茶园气温的估算按式(1)计算。

$$T_0 = T - (H_0 - H) \times \gamma \cdots\cdots (1)$$

式中:

T_0——茶园气温,单位为摄氏度(℃);

T——茶园所在地气象台站(常规站或自动站)观测的空气温度,单位为摄氏度(℃);

H_0——茶园的海拔高度,单位为米(m);

H——茶园所在地气象台站的海拔高度,单位为米(m);

γ——茶园所在地气温直减率,单位为摄氏度每100米(℃/hm)。

4.5 芽叶受害率估算方法

田间直接观测,在高温热害后,叶片只要出现变色、枯焦或脱落即为受害叶,茶芽出现萎蔫、枯焦即为受害芽,调查统计 10 株茶树上的芽叶总数(包括脱落叶片)和受害芽叶总数,芽叶受害率单位为百分比(%),按式(2)计算。

$$DR = \frac{DL}{TL} \times 100 \quad \cdots\cdots\cdots\cdots\cdots\cdots\cdots\cdots\cdots\cdots\cdots\cdots \quad (2)$$

式中:

DR ——芽叶受害率,单位为百分率(%);

DL ——受害芽叶总数,单位为个;

TL ——芽叶总数,单位为个。

5 茶树高温热害的防御措施

茶树高温热害的防御措施参见附录 A。

附　录　A

（资料性附录）

茶树高温热害的防御措施

A.1　高温预防措施

A.1.1　茶园选址：选择坡度在25°以下的丘陵和山地缓坡地带，以坡度在3°～15°最为适宜；以土层深厚，通透性良好，土壤pH在4.0～6.5为宜。

A.1.2　茶园生态建设：在茶园行间种植遮阴树，每667 m² 5株～8株；茶园四周空地，主要道路、沟、渠两边种植行道树和遮阴树；茶园空地或幼龄茶园中套种矮秆豆科作物。

A.1.3　茶园基础设施建设：在茶园周围雨水集中处建设中型或小型蓄水池，中顶部建设横向排水沟；在茶园内侧挖"竹节沟"、四周挖排水沟或隔离沟；建设滴灌、喷灌、流灌等灌溉系统。

A.1.4　茶树高温热害预警：气象部门开展茶树高温热害精细化风险评估；加强茶树高温热害监测预警，把茶叶大户列为重点服务对象，通过电视、广播、网络、电话、短信等多种渠道提前及时发布定点定时的高温热害预警信息。

A.1.5　茶园管理：适时适量平衡施肥，宜以有机肥为主；及时进行病虫防治和中耕除草；习惯在春茶后修剪的茶区，应在"梅雨"前进行。

A.2　高温期间防控措施

A.2.1　灌溉：在早晚或夜间进行浇灌、喷灌和滴灌，隔2 d～3 d灌溉一次。每次灌水量宜为10 mm～20 mm或每667 m² 灌水6.67 m³～13.34 m³。

A.2.2　地表覆盖：在茶树行间或茶行两侧覆盖作物秸秆或杂草，厚度宜为8 cm～12 cm。

A.2.3　搭盖遮阳网：在茶树上方搭建架子，覆盖遮阳网，遮阳网与茶树蓬面的距离宜为50 cm～80 cm；不应直接覆盖在蓬面上，避免加重危害。

A.2.4　停止田间作业：在高温缓解前，全面停止采摘、修剪、打顶、耕作、施肥和除草等农事作业。

A.3　灾后措施

A.3.1　以灾定剪：轻度或中度热害茶园应留枝养蓬，不修剪。重度或特重热害茶园在高温缓解后，根据气象预报，若还将有高温出现，不修剪；若没有高温出现，可修剪，将枝条的枯死部分剪除。

A.3.2　追施肥料：高温缓解、土壤湿润后，及时开沟深施氮（N）、磷（P_2O_5）、钾（K_2O）总量为45%的复合肥每667 m² 15 kg～20 kg，幼龄茶园酌减。

A.3.3　秋茶留养：受热害的茶园无论是否修剪，秋茶均应留养，以复壮树冠。秋末茶树停止生长后，茶芽尚嫩绿的宜进行一次打顶或轻修剪。

————————

ICS 65.020.01
B 04

中华人民共和国农业行业标准

NY/T 3427—2019

棉花品种枯萎病抗性鉴定技术规程

Technical code of practice for identification of cotton variety resistance
to Fusarium wilt

2019-01-17 发布

2019-09-01 实施

中华人民共和国农业农村部 发布

前　言

本标准按照 GB/T 1.1—2009 给出的规则起草。

本标准由农业农村部种业管理司提出并归口。

本标准起草单位:全国农业技术推广服务中心、中国农业科学院棉花研究所。

本标准主要起草人:张毅、朱荷琴、冯自力、张芳、冯鸿杰、魏锋、赵丽红、师勇强。

棉花品种枯萎病抗性鉴定技术规程

1 范围

本标准规定了棉花品种对枯萎病［病原菌：尖孢镰刀菌萎蔫专化型 *Fusarium oxysporum* Schlectend：Fr. F. sp. *vasinfectum*（Atk.）W. C. Snyd. & H. N. Hans.］抗性的人工接菌鉴定技术方法和程序。

本标准适用于棉花品种区域试验枯萎病抗性室内鉴定。

2 规范性引用文件

下列文件对于本文件的应用是必不可少的。凡是注日期的引用文件，仅注日期的版本适用于本文件。凡是不注日期的引用文件，其最新版本（包括所有的修改单）适用于本文件。

GB 4407.1 经济作物种子 第1部分：纤维类

GB/T 22101.4 棉花抗病虫性评价技术规范 第4部分：枯萎病

3 术语和定义

下列术语和定义适用于本文件。

3.1 病株率 disease incidence

衡量发病植株多少的指标。用发病植株数占全部调查植株数的百分率表示，记作 Di。本标准中病株率仅作为辅助指标。

3.2 病情指数 disease index

衡量发病株率和严重度的综合指标。用发病植株的总病级数与全部调查植株的理论最高总病级数的比较相对数表示，记作 DI。

3.3 病情指数校正系数 correction coefficient of disease index

修正病情指数使其标准化的系数，用标准病情指数（50.0）与当次鉴定感病对照品种病情指数的比值表示，记作 K。

3.4 相对病情指数 relative disease index

为消除地区间、年度间、批次间鉴定结果的差异，使鉴定结果间具有可比性而对病情指数进行标准化的指标，用供试棉花品种的病情指数与病情指数校正系数的乘积表示，记作 RDI。

4 鉴定条件要求

4.1 病原菌培养所需仪器设备

恒温摇床、恒温培养箱、超净工作台、高压灭菌锅、冰箱、培养皿、试管、剪刀、镊子、广口瓶、酒精灯等。

4.2 鉴定温室所需条件

鉴定温室应具备控制温度在 20℃～28℃，能够随时通风，不同部位光照一致。

5 鉴定前准备

5.1 病原菌选择与培养

5.1.1 病原菌选择

选用棉花枯萎病菌 7 号小种;如当地的枯萎病菌小种相对于 7 号小种为优势小种,则选择当地优势小种作为鉴定用病原菌。

5.1.2 病原菌培养

在超净工作台上,将保存的棉花枯萎病菌试管斜面菌种,转接到马铃薯琼脂培养基(PDA)平板上,置 25℃下培养 6 d。挑取菌落边缘 2 mm² 的新鲜菌块,接种到查比克(Czapek)液体培养基中,置 25℃下,150 r/min,黑暗培养 6 d 备用。吸取 15 mL 上述菌液转接至装有玉米沙粒培养基的聚丙烯菌种袋中,混匀后置 25℃培养箱中静置培养 7 d,待枯萎病菌的菌丝布满后,取出培养物,自然风干备用。

培养基配制见附录 A。

5.2 带菌土准备及纸钵制作

将沙壤土过筛(孔径 5 mm)后,和泥炭土、沙子分别经 0.1 MPa、121℃、湿热灭菌 30 min,按 3∶1∶1 混匀称重,加入总干重 0.8% 的枯萎病菌玉米沙粒培养物,混合均匀。

用干净的纸做直径 6 cm、高 10 cm 的纸钵,均匀排列在塑料盘(30 cm×20 cm×9 cm)中,每盘 3 排 4 列,将已混均匀的带菌土装入纸钵中,至 3/4 高度,待用。

5.3 对照品种选择

选用感病对照和抗病对照各 1 个。感病对照要求高度感枯萎病的常规棉花品种或材料,选择标准为规定接种量及适宜环境条件下病情指数能达到 50.0 左右,且感病性稳定;抗病对照选用抗枯萎病常规品种,规定接种量及适宜环境条件下病情指数在 10.0 以下,且抗病性稳定。为减缓抗、感对照的抗性变异,可将对照品种在无病地隔离繁殖,冷库保存,一次繁殖,供 5 年以上使用。

6 鉴定程序

6.1 试验材料处理

鉴定的棉花材料应为硫酸脱绒未包衣的种子,符合 GB 4407.1 的要求。

6.2 试验材料种植

播种前,依次从纸钵空隙间均匀浇水,每盘 300 mL;随后将鉴定品种的种子摆放于纸钵中,每钵 8 粒～10 粒。每品种 3 次重复,每重复 1 盘 12 钵;然后用灭菌沙子覆盖至与钵体平齐。

6.3 温室管理

播种后,温度控制在 23℃～28℃;出苗后,及时疏苗,每钵留苗 3 棵～5 棵;土壤湿度控制在 60%～80%。

6.4 病情调查记载

棉花播种出苗后,实时监测感病对照的发病情况,当感病对照的病情指数达到 35.0 以上时,进行全面病情调查,每 3 d～5 d 1 次,调查 2 次～3 次,具体发病症状参见 B.3;病情调查表见附录 C;病情分级标准见表 1。

表 1 枯萎病苗期分级标准

级别	1 片真叶期	2 片真叶期
0	棉株健康,无病状	棉株健康,无病状
1	1 片子叶表现病状,真叶不显病状	1 片～2 片子叶表现病状,真叶不显病状
2	2 片子叶表现病状	子叶和 1 片真叶表现病状
3	1 片真叶表现病状	2 片真叶表现病状
4	全部叶片表现病状,严重时叶片脱落,顶心枯死	全部叶片表现病状,严重时叶片脱落,顶心枯死

7 结果计算

7.1 病株率

病株率(Di)按式(1)计算。

$$Di = \frac{n_i}{n_t} \times 100 \quad \cdots\cdots\cdots\cdots\cdots\cdots\cdots\cdots\cdots\cdots\cdots\cdots\cdots\cdots\cdots\cdots \quad (1)$$

式中：

Di ——病株率，单位为百分率(%)；

n_i ——发病株数，单位为株；

n_t ——总株数，单位为株。

计算结果保留1位小数。

7.2　病株率均值

病株率均值(ADi)按式(2)计算。

$$ADi = \frac{\sum\limits_{i}^{n}(Di_i)}{n} \quad \cdots\cdots\cdots\cdots\cdots\cdots\cdots\cdots\cdots\cdots\cdots\cdots\cdots\cdots \quad (2)$$

式中：

ADi ——病株率均值，单位为百分率(%)；

Di_i ——第i重复的病株率，单位为百分率(%)；

n　　——每品种重复的次数，单位为次。

计算结果保留1位小数。

7.3　病情指数

病情指数(DI)按式(3)计算。

$$DI = \frac{\sum(d_c \times n_c)}{n_t \times 4} \times 100 \quad \cdots\cdots\cdots\cdots\cdots\cdots\cdots\cdots\cdots\cdots\cdots \quad (3)$$

式中：

DI ——病情指数；

d_c ——相应病级；

n_c ——各病级病株数，单位为株；

n_t ——总株数，单位为株。

计算结果保留1位小数。

7.4　病情指数均值

病情指数均值(ADI)按式(4)计算。

$$ADI = \frac{\sum\limits_{i}^{n}(DI_i)}{n} \quad \cdots\cdots\cdots\cdots\cdots\cdots\cdots\cdots\cdots\cdots\cdots\cdots\cdots \quad (4)$$

式中：

ADI ——病情指数均值；

DI_i ——第i重复的病情指数。

计算结果保留1位小数。

7.5　相对病情指数

校正系数按式(5)计算。

$$K = \frac{50.0}{ADI_{CK}} \quad \cdots\cdots\cdots\cdots\cdots\cdots\cdots\cdots\cdots\cdots\cdots\cdots\cdots \quad (5)$$

式中：

K　　——校正系数；

50.0　——感病对照标准病情指数；

ADI_{CK}——本次鉴定感病对照病情指数均值。

相对病情指数(RDI)按式(6)计算。

$$RDI = ADI \times K \quad \cdots\cdots\cdots\cdots\cdots\cdots\cdots\cdots\cdots\cdots\cdots\cdots\cdots\cdots \quad (6)$$

式中：

RDI——相对病情指数。

计算结果保留1位小数。

8 抗性评价

8.1 相对病情指数均值

依据2次或2次以上的调查结果计算相对病情指数平均值,作为最终相对病情指数。相对病情指数均值($ARDI$)按式(7)计算：

$$ARDI = \frac{\sum_{i}^{m}(RDI_i)}{m} \quad \cdots\cdots\cdots\cdots\cdots\cdots\cdots\cdots\cdots\cdots\cdots\cdots \quad (7)$$

式中：

RDI_i——第i次相对病情指数；

m——整个生育期计算相对病情指数的次数,单位为次。

计算结果保留1位小数。

8.2 抗性鉴定结论

鉴定结果报告表见附录D。根据被鉴定品种的相对病情指数均值($ARDI$)评定品种的抗性级别,抗性级别的划分标准见表2。

表2 棉花品种抗性级别的划分标准

抗性类型	英文缩写	相对病情指数均值($ARDI$)
免疫	I	$ARDI = 0$
高抗	HR	$0 < ARDI \leqslant 5.0$
抗病	R	$5.0 < ARDI \leqslant 10.0$
耐病	T	$10.0 < ARDI \leqslant 20.0$
感病	S	$ARDI > 20.0$

附 录 A

（规范性附录）

培 养 基 配 制

A. 1 马铃薯琼脂培养基（PDA）：葡萄糖 20 g、琼脂 12 g，去皮马铃薯 200 g，用蒸馏水定容至 1 L，0.1 MPa、121℃高压灭菌 30 min，使用前每 100 mL 培养基加入 100 μL 硫酸链霉素（100 μg/mL）。

A. 2 查比克液体培养基（Czapek）：$NaNO_3$ 2.00 g、K_2HPO_4 1.00 g、KCl 0.50 g、$MgSO_4 \cdot 7H_2O$ 0.50 g、$FeSO_4$ 0.01 g、蔗糖 30.00 g，用水定容至 1 000 mL，0.1 MPa、121℃灭菌 30 min。

A. 3 玉米沙粒培养基：将沙子和玉米粉按质量比 1：1 混匀，加入适量的水，制作玉米沙粒培养基，装入 1 L 的克氏瓶中，0.1 MPa、121℃湿热灭菌 30 min，冷却到室温备用。

附 录 B

（资料性附录）

棉花枯萎病病原及症状

B.1 病原菌分类地位

尖孢镰刀菌萎蔫专化型[*Fusarium oxysporum* Schlectend:Fr. f.sp.*vasinfectum*（Atk.）W.C.Snyd.
&.H.N.Hans.]属于真菌界（Fungi）子囊菌门（Ascomycota）子囊菌纲（Sordariomycetes）肉座菌目
（Hypocreales）丛赤壳科（Nectriaceae）镰孢菌属（*Fusarium*）。

B.2 培养特性和孢子形态

在马铃薯葡萄糖琼脂培养基上,菌落突起絮状,菌落粉白色,浅粉色至肉色,略带有紫色,由于大量孢
子生成而呈粉质,菌丝白色质密,菌丝体透明,有分隔。具有 3 种类型孢子,小型分生孢子、大型分生孢子
和厚垣孢子。小型分生孢子无色,多数为单胞,少数有 1 个分隔,卵圆形、肾脏形等,成假头状着生,大小
（5～12）$\mu m \times$（2～3.5）μm。大型分生孢子无色,通常具有 3 个～5 个分隔,镰刀形,略弯曲,两端细胞稍
尖,大小（19.6～39.4）$\mu m \times$（3.5～5.0）μm。厚垣孢子淡黄色,近球形,表面光滑,壁厚,间生或顶生,单
生或串生,对不良环境抵抗力强。

B.3 症状

棉花整个生育期均可受害,是典型的维管束病害,症状常表现多种类型。苗期有黄色网纹型、黄化型、
紫红型、青枯型、皱缩型等。

 a) 黄色网纹型:其典型症状是叶脉导管受枯萎病菌毒素侵害后呈现黄色,而叶肉仍保持绿色,多发
  生于子叶和前期真叶。该型是本病早期常见典型症状之一。

 b) 黄化型:多从叶片边缘开始发病,局部或整叶变黄,最后叶片枯死或脱落,叶柄和茎部的导管部
  分变褐。

 c) 紫红型:一般在早春气温低时发生,子叶或真叶的局部或全部呈现紫红色病斑,严重时叶片脱落。

 d) 青枯型:棉株遭受病菌侵染后突然失水,叶片变软下垂萎蔫,接着棉株青枯死亡。

 e) 皱缩型:表现为叶片皱缩、增厚,叶色深绿,节间缩短,植株矮化,有时与其他症状同时出现。

上述各类症状类型的内部病变,是在根部、茎部、叶柄的导管部分变为黑褐色或黑色,纵剖病秆,有
黑色或深褐色条纹,即为受病原菌侵染后变色的维管束部分。病株茎秆往往短缩、畸形,与健株有明显
区别。

附　录　C

（规范性附录）

病　情　调　查　表

病情调查表见表C.1。

表C.1　病情调查表

鉴定时间：　　年　月　日

试验编号	总株数株	各级病株数，株					病株率%	病情指数
		0级	1级	2级	3级	4级		

调查人：　　　　　　　　　校核人：　　　　　　　　审核人：

　　年　月　日　　　　　　年　月　日　　　　　　年　月　日

附 录 D

（规范性附录）

鉴定结果报告表

鉴定结果报告表见表 D.1。

表 D.1 鉴定结果报告表

送样单位：

样品编号	品种名称	相对病情指数均值	抗性级别
感病对照			
抗病对照			

ICS 65.020.01
B 04

中华人民共和国农业行业标准

NY/T 3428—2019

大豆品种大豆花叶病毒病抗性鉴定技术规程

Technical code of practice for evaluation of soybean resistance
to soybean mosaic virus disease

2019-01-17 发布

2019-09-01 实施

中华人民共和国农业农村部 发布

前　言

本标准按照 GB/T 1.1—2009 给出的规则起草。

本标准由中华人民共和国农业农村部提出并归口。

本标准起草单位:南京农业大学、全国农业技术推广服务中心。

本标准主要起草人:李凯、智海剑、张毅、盖钧镒、何艳琴、董志敏、刘佳、杨中路。

大豆品种大豆花叶病毒病抗性鉴定技术规程

1 范围

本标准规定了大豆抗大豆花叶病毒病人工接种鉴定技术和抗病性评价标准。

本标准适用于各类大豆种质资源、品种、品系和材料对大豆花叶病毒病的抗性鉴定和抗性评价。

2 规范性引用文件

下列文件对于本文件的应用是必不可少的。凡是注日期的引用文件，仅注日期的版本适用于本文件。凡是不注日期的引用文件，其最新版本（包括所有的修改版）适用于本文件。

GB 4404.2 粮食种子 豆类

GB/T 19557.4 植物新品种特异性、一致性和稳定性测试指南 大豆

3 术语和定义

下列术语和定义适用于本文件。

3.1

抗病性 disease resistance

植物体所具有的能够克服或减轻病原物致病作用的可遗传的性状。

3.2

抗病性鉴定 identification of disease resistance

通过适宜技术方法鉴别植物对其特定侵染性病害的抵抗水平。

3.3

致病性 pathogenicity

病原物侵染寄主植物引起发病的能力。

3.4

人工接种 artificial inoculation

在适宜条件下，通过人工操作将接种体接于植物体适当部位。

3.5

抗性评价 evaluation of resistance

根据采用的技术标准判别植物寄主对特定病虫害反应程度和抵抗水平的描述。

3.6

株系 strain

同种病毒的不同来源的、血清学相关的、对同一寄主的不同品种具有致病力差异的分离物。

3.7

接种体 inoculum

用于接种以引起病害的病原体或病原体的一部分。

3.8

接种悬浮液 inoculum suspension

用于接种的含有定量接种体的液体。

3.9

病情级别　disease rating scale

定量植物个体或群体发病程度的数值化描述。

3.10

发病株率　percentage of infected plants

一定植株群体中发病植株所占的百分率。

3.11

病情指数　disease index

通过对植株个体发病程度(病情级别)数值的综合计算所获得的群体发病程度的数值化描述形式。

3.12

大豆花叶病毒病　soybean mosaic virus disease

由大豆花叶病毒(*soybean mosaic virus*,SMV)(参见附录 A 中的 A.1)所引起的以叶部花叶、坏死或花叶与坏死并存、茎尖坏死、植株矮化及籽粒斑驳症状为主的大豆病害。

4　大豆花叶病毒接种体制备和保存

采集田间典型大豆花叶病毒病症状的植株叶片,人工汁液摩擦接种法在感病大豆(菜豆)品种上分离纯化大豆花叶病毒分离物,分离物经生物学和血清学鉴定,确认其为大豆花叶病毒(*soybean mosaic virus*,SMV),对阳性大豆花叶病毒分离物进行致病性测定,根据在不同抗性的鉴别寄主品种引发的症状反应划分 SMV 株系(参见 A.2.2),所用品种种子的质量要求按 GB 4404.2 的规定执行。病毒毒源保存在防虫温(网)室感病大豆品种上,或将具有典型症状的病叶保存在液氮中或−20℃以下的冰箱内。

5　鉴定条件和试验设计

5.1　鉴定所用仪器设备

微波炉、紫外灯、植物组织研磨机、电子秤、烧杯、量筒、pH 计、研钵、研棒、接种刷、一次性 PE 手套等,防虫网室(防虫网规格为 60 目)。

5.2　鉴定环境

在防虫温室或田间防蚜网室进行人工接种鉴定,适宜温度在(25±3)℃。

5.3　试验设计

鉴定材料随机排列,3 次重复,每份材料每次重复留苗 15 株～20 株。

5.4　试验对照品种

选择 1 个感病对照和 1 个抗病对照。感病对照要求高度感病,选择标准为规定接种量及适宜环境条件下病情指数能达到 50 左右,且感病性稳定;抗病对照选用抗大豆花叶病毒病品种,规定接种量及适宜环境条件下病情指数在 10 以下,且抗病性稳定。为减缓抗病对照、感病对照的抗性变异,可将对照品种在无病地隔离繁殖,冷库保存,一次繁殖,供 5 年以上使用。

5.5　株系选择

选择我国不同大豆生态区优势株系作为鉴定株系。

5.6　鉴定材料

精选待鉴定品种种子,剔除斑驳粒种子。种子质量需符合 GB/T 19557.4 的要求。

6　接种

6.1　接种时期

大豆植株幼苗期真叶完全展开时接种。

6.2　接种方法

采用人工汁液摩擦接种法,从感病品种上采集已鉴定病毒株系的病叶,于灭过菌的研钵中加入病叶量10倍的0.01 mol/L、pH为7.4的磷酸缓冲液进行充分研磨,制备接种体悬浮液。利用紫外灯消毒的接种刷蘸取少量悬浮液,在展开的2片真叶上摩擦创造微伤口接种病毒。

6.3 接种前后管理

接种前后杂草及时拔除,温(网)室光照充足,正常防虫、浇水,保证植株正常生长。

7 病情调查

7.1 病情分级

苗期病情分级及相对应的描述见表1。

表1 大豆苗期抗大豆花叶病毒病鉴定病情级别划分

病情级别	症状描述
0	免疫、无症状或仅在接种叶上出现局部枯斑
1	轻花叶或部分非接种叶片上出现肉眼可见微小坏死斑
2	黄斑花叶、叶片轻度皱缩或多数坏死,斑直径在5 mm以下或有部分叶脉坏死,其长度小于10 mm
3	重花叶、叶片皱缩卷曲或坏死斑连片或主叶脉坏死长度大于20 mm
4	叶片严重皱缩且植株矮化或叶片因坏死脱落,或坏死面积超过叶片面积50%,或出现顶枯,植株停止生长

7.2 调查时间

接种后30 d左右,感病对照发病率95%以上,病情指数(DI)>50,调查被鉴定品种发病情况。

7.3 调查方法

调查记录被鉴定品种每一植株的病情级别及相应级别的植株数,按式(1)计算病情指数。

$$DI = \frac{\sum(s \times n)}{N \times S} \times 100 \quad\cdots\cdots\cdots\cdots\cdots\cdots\cdots\cdots\cdots\cdots\cdots\cdots\quad (1)$$

式中:

DI ——病情指数;

s ——各病情级别代表数值;

n ——该病情级别相应植株数,单位为株;

N ——调查总株数,单位为株;

S ——最高病情级别代表数值。

8 抗性评价

8.1 抗性评价标准

根据所鉴定品种3次重复病情指数的平均值确定品种抗性水平,划分标准见表2。

表2 大豆品种对大豆花叶病毒病抗性的评价标准

抗性水平	病情指数(DI)
高抗(HR)	$DI = 0$
抗(R)	$0 < DI \leqslant 20$
中抗(MR)	$20 < DI \leqslant 35$
中感(MS)	$35 < DI \leqslant 50$
感(S)	$50 < DI \leqslant 70$
高感(HS)	$DI > 70$

附 录 A

（资料性附录）

大豆花叶病毒病病原和株系

A.1 学名和理化特性

A.1.1 学名

大豆花叶病毒,学名 *soybean mosaic virus*,缩写为 SMV,属于马铃薯 Y 病毒科、马铃薯 Y 病毒属。

A.1.2 理化特性

大豆花叶病毒粒体为线杆状,长 630 nm～750 nm,宽 13 nm～19 nm。感染的寄主细胞中有风轮状、长薄片状聚集体和圆柱状内含体。

大豆花叶病毒粒子由外壳蛋白及单链正义 RNA 组成,两者均为单一成分,分子量分别为 2.60×10^4 u～2.65×10^4 u 和 2.9×10^6 u～3.2×10^6 u。病毒粒体中 RNA 占 5.3%,蛋白质占 94.7%。提纯病毒对紫外光有吸收峰,最高值为 258 nm～263 nm,最低值为 240 nm～244 nm。

大豆花叶病毒稀释限点为 10^{-4}～10^{-2},致死温度 50℃～65℃,常温下体外存活期 1 d～4 d,0℃下可达 120 d。温度越低,存活期越长。

在 20℃～25℃ 条件下,大豆花叶病毒的潜育期为 7 d～9 d,显症起始温度为 9℃,最适温度为 26℃,当温度超过 30℃ 时,会出现带毒隐症现象。

A.2 大豆花叶病毒株系鉴定方法

A.2.1 鉴别寄主

大豆花叶病毒株系鉴定目前采用国内广泛使用的 10 个鉴别寄主:南农 1138‐2、诱变 30、8101、铁丰 25、Davis、Buffalo、早熟 18、Kwanggyo、齐黄 1 号、科丰 1 号。

A.2.2 病毒株系

根据大豆花叶病毒与鉴别寄主互作产生的不同症状,目前可将我国大豆花叶病毒共划分为 22 个株系（SC1～SC22）,见表 A.1。

表 A.1 中国 22 个 SMV 株系在 10 个鉴别寄主上的症状反应

株系	南农 1138‐2	诱变 30	8101	铁丰 25	Davis	Buffalo	早熟 18	Kwanggyo	齐黄 1 号	科丰 1 号
SC1	—/M	—/—	—/—	—/—	—/—	—/—	—/—	—/—	—/—	—/—
SC2	—/M	—/M	—/—	—/—	—/—	—/—	—/—	—/—	—/—	—/—
SC3	—/M	—/M	—/M	—/—	—/—	—/—	—/—	—/—	—/—	—/—
SC4	—/M	—/M	—/M	—/M	—/—	—/—	—/—	—/—	—/—	—/—
SC5	—/M	—/M	—/M	—/M	—/M	—/—	—/—	—/—	—/—	—/—
SC6	—/M	—/M	—/M	—/M	—/M	—/M	—/—	—/—	—/—	—/—
SC7	—/M	—/M	—/M	—/M	—/M	—/M	—/M	—/—	—/—	—/—
SC8	—/M	—/M	—/M	—/M	—/M	—/M	—/M	N/M	—/—	—/—
SC9	—/M	—/M	—/M	—/M	—/M	—/M	—/M	N/M	—/M	—/—
SC10	—/M	—/M, N	—/M	—/M	—/M, N	—/—	—/—	—/—	—/M	—/—
SC11	—/M	—/—	—/M	—/M	—/—	—/—	—/—	—/—	—/—	—/—
SC12	—/M	—/—	—/M	—/M	—/—	—/M	—/—	—/—	—/—	—/—

表 A.1（续）

株系	南农 1138-2	诱变 30	8101	铁丰 25	Davis	Buffalo	早熟 18	Kwanggyo	齐黄 1 号	科丰 1 号
SC13	—/M	N/M	—/M	—/M,N	—/M	—/M	—/—	N/N	—/—	—/—
SC14	—/M	—/—	—/M	—/M	—/—	—/—	—/—	—/—	—/—	—/M
SC15	—/M	—/M	—/M	N/M	—/M	—/M	N/M	N/M	—/M	—/M
SC16	—/M	—/—	—/M	—/M	N/—	N/—	—/—	N/—	—/—	—/—
SC17	—/M	N/M	—/M	—/M	—/M	N/M	—/M	N/N	—/—	—/M
SC18	—/M	—/—	—/M	—/—	—/—	—/—	—/—	—/—	—/—	—/—
SC19	—/M	N/N	—/M	—/—	—/N	N/N	—/N	—/—	—/M	—/—
SC20	—/M	N/N	—/M	—/—	—/N	N/N	N/N	—/—	—/—	—/—
SC21	—/M	N/N	—/M	—/—	—/M	—/M	—/—	—/—	—/—	—/—
SC22	—/M	N/M,N	—/M	—/—	—/M	—/M	—/—	—/—	—/—	—/M
注:接种叶反应/上位叶反应,—=无症状,M=花叶,N=坏死,M,N=花叶、坏死共存。

附 录 B

（规范性附录）

鉴 定 记 载 表 格

大豆品种抗大豆花叶病毒病鉴定结果记载表见表 B.1。

表 B.1 _____年大豆品种抗大豆花叶病毒病鉴定结果记载表

材料编号	品种/材料名称	重复	病情级别（株数）					病情指数	平均病情指数	抗性
			0	1	2	3	4			
		Ⅰ								
		Ⅱ								
		Ⅲ								
		Ⅰ								
		Ⅱ								
		Ⅲ								
播种日期(月/日)：					接种日期(月/日)：					
鉴定地点：					接种病毒株系：					
调查日期(月/日)：										

鉴定技术负责人(签字)：

————————————

ICS 65.020
B 16

中华人民共和国农业行业标准

NY/T 3515—2019

热带作物病虫害防治技术规程
椰子织蛾

Technical code for controlling pests in tropical crops—
Opisina arenosella Walker

2019-12-27 发布　　　　　　　　　　　　　2020-04-01 实施

中华人民共和国农业农村部 发布

前　言

本标准按照 GB/T 1.1—2009 给出的规则起草。

本标准由中华人民共和国农业农村部提出。

本标准由农业农村部热带作物及制品标准化技术委员会归口。

本标准起草单位：中国热带农业科学院环境与植物保护研究所。

本标准主要起草人：吕宝乾、马光昌、彭正强、何杏、覃伟权、温海波、阎伟、金涛、龚治、金启安。

热带作物病虫害防治技术规程 椰子织蛾

1 范围

本标准规定了椰子织蛾(*Opisina arenosella* Walker)监测、防治技术。

本标准适用于椰子(*Cocos nucifera* Linn.)、槟榔(*Areca catechu* L.)、大王棕[*Roystonea regia*(HBK.) O. F. Cook]、蒲葵[*Livistona chinensis*(Jacq.) R. Br.]和中东海枣(*Phoenix sylvestris* Roxb)等棕榈植物上的椰子织蛾监测与防治。

2 规范性引用文件

下列文件对于本文件的应用是必不可少的。凡是注日期的引用文件,仅注日期的版本适用于本文件。凡是不注日期的引用文件,其最新版本(包括所有的修改单)适用于本文件。

GB/T 8321(所有部分) 农药合理使用准则

NY/T 1276 农药安全使用规范

3 术语和定义

下列术语和定义适用于本文件。

3.1

踏查 **on-the-spot survey**

对调查地区内椰子织蛾分布的一般规律进行全面了解的过程。

4 椰子织蛾的形态特征及发生特点

4.1 形态特征

椰子织蛾形态特征参见附录 A。

4.2 发生特点

椰子织蛾发生特点参见附录 B。

5 调查与监测

5.1 调查

5.1.1 访问调查

不定期向椰子、大王棕等棕榈科植物种植户、农技人员或城镇居民询问是否有椰子织蛾的发生及危害程度等情况(危害症状参见附录 B)。每个调查点访问人数不少于 10 人。调查结果填入椰子织蛾访问调查记录表(见附录 C)。

5.1.2 踏查

对访问调查中发现的可疑地区和其他有代表性的区域(面积大于 1 hm²)进行踏查,每次调查代表面积占种植面积的 30% 以上。如发现可疑症状时,采集害虫进行现场诊断或取样送实验室鉴定。调查结果填入椰子织蛾调查记录表(见附录 D)。

5.2 监测

5.2.1 监测点的选择

监测点以大面积种植区(面积大于 1 hm²)为主。

5.2.2 成虫监测

在林缘适当地点悬挂(高约 2 m)诱虫灯引诱,诱虫灯为黑光灯,波长以 365 nm～368 nm 为宜,每公顷 15 个。每 3 d 检查并记录椰子织蛾的数量,调查结果填入椰子织蛾监测记录表(见附录 E)。

5.2.3 其他虫期监测

5.2.3.1 卵期监测

椰子织蛾成虫产卵于树冠中下层叶片,采用五点取样法,每个监测点调查 5 株,每株取东、南、西、北 4 个方向的 1 片中层叶片,记录每株寄主植物上椰子织蛾卵的数量。每 2 个月调查一次,调查结果填入椰子织蛾监测记录表(见附录 E)。

5.2.3.2 幼虫和蛹监测

选择有椰子织蛾幼虫危害状的可疑植株分布区,采用五点取样法,每个监测点调查 5 株,每株取东、南、西、北 4 个方向的 1 片受害的中层叶片,记录每株寄主植物上椰子织蛾幼虫和蛹的数量。每 2 个月调查一次,调查结果填入椰子织蛾监测记录表(见附录 E)。

6 防治技术

6.1 检疫措施

椰子织蛾主要靠苗木和果实远距离传播,不应调运带有椰子织蛾的苗木和果实。

6.2 农业防治

6.2.1 合理修剪

对受害的叶片和枯叶进行清除并集中喷药或就地销毁处理。

6.3 物理防治

选用 365 nm～368 nm 波长光源的黑光灯,高度约为 2 m,对椰子织蛾成虫进行诱杀。

6.4 生物防治

室内大量扩繁麦蛾柔茧蜂(*Habrobracon hebetor*)、周氏啮小蜂(*Chouioia cunea* Yang)、金刚钻大腿小蜂(*Brachymeria nosatoi*)等本地天敌寄生蜂,选择无风或微风晴朗天气,按蜂虫比 5∶1 进行释放,每月 1 次～2 次,连续 6 个月。寄生蜂防治期间,不宜进行化学药剂防治,可采用 8 000 IU/mg 苏云金杆菌可湿性粉剂 100 倍～150 倍液或 20 亿 PIB/mL 核型多角体病毒悬浮剂 800 倍液等生物杀虫剂进行协调防治。

6.5 化学防治

农药使用按 GB/T 8321 和 NY/T 1276 的规定执行。用 2% 甲氨基阿维菌素苯甲酸盐悬浮剂 2 000 倍～3 000 倍液或 4.5% 高效氯氰菊酯水乳剂 1 500 倍～2 000 倍液进行喷雾。每隔 2 周喷药 1 次,连续施药 2 次～3 次。

也可选用 25% 噻虫嗪水分散剂 10 倍～15 倍液,在 1.5 m～1.7 m 处树干注射,每株 500 mL～1 000 mL。

附　录　A
（资料性附录）
椰子织蛾形态特征

A.1　椰子织蛾（*Opisina arenosella* Walker），属鳞翅目（Lepidoptera）木蛾科（Xyloryctidae）椰木蛾属（*Opisina*），以幼虫取食叶片危害，是棕榈科植物的重要入侵害虫（见图 A.1）。

A.2　卵：半透明，长椭圆形。初产浅乳黄色，后颜色渐深至红褐色，表面具纵横网格纹。可单产，也可成堆产于寄主叶片。

A.3　幼虫：共 5 个～8 个龄期。幼虫体乳黄色至淡褐色。低龄时，头、前胸深褐色至黑色，中胸颜色稍深于其他体节；在幼虫体背常具有棕色条带。高龄时，中间 3 条较粗、连续，体侧 2 条较细且断续。幼虫老熟后，5 条纵带颜色均变为红色。雌、雄幼虫大小相近，雄虫 6 龄～8 龄的幼虫虫体在第 9 节前缘腹中腺表面有一个圆形凹陷，而雌虫无此凹陷。这一特征可用于辨别幼虫的性别。

A.4　蛹：长圆筒形，初化蛹时浅黄褐色，后黄褐色，羽化前深褐色。蛹背面第 2～第 4 腹节前缘具梳状列；中间清晰且长、两侧渐短、靠近边缘的渐不清晰；第 2 腹节上的梳状列有时不清晰。雌蛹生殖孔裂位于腹部末节近前缘处，雄蛹生殖孔裂位于腹部末节中部。蛹腹末具 1 突柄，柄末端稍膨大，末端两侧对生 2 根毛；末节背面端部、突柄基部两侧着生 6 根倒钩，2 根着生于突柄下部。蛹通常位于使叶片并拢的虫道中并被虫茧紧紧包裹。

A.5　成虫：体灰白色，头顶部被宽大平伏的灰白色鳞片，下唇须细长，向上伸向头的前方；雌、雄虫触角均为丝状，细长，且雌虫触角较长；前翅具有 3 个模糊的斑点。雄虫外生殖器为爪型突；雌虫外生殖器交配孔大，近圆形。

a）卵　　　　　　　　　　　　　　　b）幼虫

c）蛹　　　　　　　　　　　　　　　d）成虫

图 A.1　椰子织蛾

附　录　B
（资料性附录）
椰子织蛾发生特点

B.1　寄主

椰子织蛾的寄主主要包括1科22属26种,具体如下:

表B.1　椰子织蛾寄主范围表

中文名	拉丁名	中文名	拉丁名	中文名	拉丁名
椰子	*Cocos nucifera*	布迪椰子	*Butia capitata*	酒瓶椰子	*Hyophore lagenicaulis*
槟榔	*Areca catechu*	银海枣	*Phoenix sylvestris*	大王棕	*Roystonea regia*
糖棕	*Borassus flabellifer*	贝叶棕	*Corypha umbraculifera*	散尾葵	*Chrysalidocarpus lutescens*
桃椰	*Arenga pinnata*	蒲葵	*Livistona chinensis*	假槟榔	*Archontophoenix alexandrae*
霸王棕	*Bismarckia nobilis*	大丝葵	*Washingtonia robusta*	圆叶轴榈	*Licuala grandis*
红脉葵	*Latania lontaroides*	狐尾椰子	*Wodyetia bifurcate*	黄脉葵	*Latania verschaffeltii*
海枣	*Phoenix dactylifera*	野生枣椰	*Phoenix theophrasti*	斐济葵	*Pritchardia pacifica*
董棕	*Caryota urens*	西谷椰子	*Metroxylon sagu*	非洲棕	*Hyphaene thebaica*
油棕	*Elaeis guineensis*	甘蓝椰子	*Oredoxa oleracea*		

B.2　地理分布

中国:海南、广东、广西、福建。

国外:印度、斯里兰卡、孟加拉国、缅甸、印度尼西亚、巴基斯坦、泰国和马来西亚等。

B.3　生物学特性

椰子织蛾幼虫喜欢取食寄主老叶片,多在寄主叶片背面危害,幼虫利用粪便排泄物结成虫道,并躲在虫道内取食危害。危害严重的植株可出现叶子干枯变褐,造成椰子减产,严重时可造成绝产。椰子织蛾雌蛾一般将卵产在老叶背面,产卵量达59粒~252粒,平均137粒,卵期5 d~7 d。幼虫期39 d,蛹期9 d,成虫寿命7 d。椰子织蛾发育起点温度为11.5℃,有效积温为996.9日度,在海南每年发生4代~5代,世代重叠严重。

椰子织蛾的蛹羽化为成虫一般发生在傍晚,17:30~19:30羽化的成虫最多。羽化时,虫体用头顶开蛹壳,破壳而出,双翅垂直并不停振动。新羽化的成虫从22:00开始飞行进行交配,到翌日00:30~1:30达到高峰,交配时,雌雄成虫姿势呈"V"字形或"一"字形。如果未受到惊吓,交配时间可达30 min至1 h。

B.4　传播途径

椰子织蛾主要靠主动扩散实现近距离传播和调运传播实现远距离传播,成虫飞行可达12 km,这是短距离传播的原因;幼虫和蛹主要是通过棕榈科植物的调运而实现远距离传播扩散。

附 录 C

（规范性附录）

椰子织蛾访问调查记录表

椰子织蛾访问调查记录表见表 C.1。

表 C.1 椰子织蛾访问调查记录表

访问调查地点	县(市)　　乡(镇)　　村		
	经度	纬度	海拔,m
	单位(农户)名称:		
访问调查内容	是否有危害		寄主种类	
	寄主生育期		初次发现虫害日期	
	种植面积,hm²		发生面积,hm²	
	危害程度(轻、中、重)		初步鉴定结论	
	调查记录人		调查日期(年/月/日)	

附 录 D

（规范性附录）

椰子织蛾调查记录表

椰子织蛾访问调查记录表见表 D.1。

表 D.1 椰子织蛾调查记录表

调查地点[乡(镇)村]				调查日期		
代表面积,hm²				寄主植物		
调查样点序号	调查株数,株	害虫数量,个				
		成虫数	幼虫数	蛹数		卵数

附 录 E

（规范性附录）

椰子织蛾监测记录表

椰子织蛾监测记录表见表 E.1。

表 E.1 椰子织蛾监测记录表

监测查地点	县(市)		乡(镇)	村
	经度	纬度		海拔,m
	单位(农户)名称:			
监测内容	监测方法		寄主种类	
	寄主生育期		寄主种苗来源	
	监测面积,hm²		发生面积,hm²	
	监测株数,株			
	有虫株数,株		各虫态数量,个	成虫: 蛹: 幼虫: 卵:
	样本采编号		初步鉴定结论	
	调查记录人		调查日期(年/月/日)	

ICS 65.020
B 16

中华人民共和国农业行业标准

NY/T 3518—2019

热带作物病虫害监测技术规程
橡胶树炭疽病

Technical code for monitoring pests of tropical crops—
Anthracnose of rubber tree

2019-12-27 发布

2020-04-01 实施

中华人民共和国农业农村部 发布

前　言

本标准按照 GB/T 1.1—2009 给出的规则起草。

本标准由中华人民共和国农业农村部提出。

本标准由农业农村部热带作物及制品标准化技术委员会归口。

本标准起草单位：中国热带农业科学院环境与植物保护研究所。

本标准主要起草人：时涛、刘先宝、郑肖兰、李博勋、蔡吉苗、冯艳丽、郑行恺、黄贵修。

热带作物病虫害监测技术规程　橡胶树炭疽病

1　范围

本标准规定了橡胶树炭疽病监测的术语和定义、监测网点设置、症状识别与病情调查统计、监测方法。本标准适用于橡胶树炭疽病的调查和监测。

2　术语和定义

下列术语和定义适用于本文件。

2.1

橡胶树炭疽病　anthracnose of rubber tree

由胶孢炭疽菌复合种（*Colletotrichum gloeosporioides* species complex）和尖孢炭疽菌复合种（*C. acutatum* species complex）等炭疽病菌侵染引起的橡胶树真菌性病害。

2.2

复合种　species complex

分化程度介于种和属之间的多个种的群体。

2.3

监测　monitoring

通过一定的技术手段掌握某种有害生物的发生区域、危害程度、发生时期及发生数量等。

2.4

立地条件　site condition

影响植物生长发育和植物病害发生危害的地形、地貌、土壤和气候等综合自然环境因子。

3　监测网点设置

3.1　监测网点要求

3.1.1　监测范围应覆盖我国橡胶树主栽区。

3.1.2　监测点所处位置的生态环境和橡胶树栽培品种应具有区域代表性。

3.1.3　以橡胶树作为监测的寄主对象，包括苗圃和大田胶园。

3.2　监测点要求

3.2.1　固定监测点

在各橡胶树种植区内，根据立地条件、监测品种和橡胶树炭疽病发生史，选择苗圃面积 20 hm² 或大田胶园面积 200 hm² 以上的植胶单位作为固定监测点。选择一个代表性观察树位或面积 1 hm² 以上的苗圃地块作为一个观测点，每个监测点设立 3 个以上观测点。

3.2.2　随机监测点

在固定监测点所属种植橡胶树单位，对固定监测点范围外，选择立地条件复杂、品种类型多样的地块，每年随机抽取一个代表性观察树位或面积 1 hm² 以上的苗圃地块作为观测点，每个监测点设立 3 个以上观测点。

3.2.3　监测点的任务与维护

监测点应配备专业技术人员不少于 2 名，负责监测数据的收集、汇总并每季度上报 1 次。若固定监测点内的橡胶树已砍伐更新，应及时设置新的固定监测点。

4　症状识别与病情调查统计

4.1　症状识别与病情分级

橡胶树炭疽病田间症状识别参见附录 A,叶片病情分级依据见表1。

表 1　橡胶树炭疽病叶片病情分级依据

病级	描述
0	叶片无病斑
1	病斑面积占叶片面积≤1/16
3	1/16＜病斑面积占叶片面积≤1/8
5	1/8＜病斑面积占叶片面积≤1/4
7	1/4＜病斑面积占叶片面积≤1/2
9	病斑面积占叶片面积＞1/2,或叶片严重畸形,或落叶

4.2　株发病率

株发病率(R)按式(1)计算,以百分率(%)表示。

$$R = \frac{T}{S} \times 100 \quad\cdots\cdots\cdots\cdots\cdots\cdots\cdots\cdots\cdots\cdots\cdots\cdots\cdots\cdots\cdots \quad (1)$$

式中:

R ——株发病率,单位为百分号(%);

T ——发病株数,单位为株;

S ——调查总株数,单位为株。

4.3　病情指数

病情指数(DI)按式(2)计算。

$$DI = \frac{\sum(A \times B)}{C \times 9} \times 100 \quad\cdots\cdots\cdots\cdots\cdots\cdots\cdots\cdots\cdots\cdots\cdots\cdots \quad (2)$$

式中:

DI ——病情指数;

A ——各病级叶片数;

B ——相应病级级值;

C ——调查的总叶片数。

计算结果保留小数点后1位。

5　监测方法

5.1　频次与内容

固定监测点在病害的流行高峰期(海南地区为2月～5月,广东地区为4月～7月,云南地区为11月至翌年3月),每3 d应调查一次,其他时期每月调查一次。随机监测点每季度调查一次。普查时,以监测点以外的橡胶树种植区作为对象,每个植胶单位为一个点,每年调查2次(海南地区为3月和5月,广东地区为5月和7月,云南地区为12月和翌年3月)。

调查内容包括橡胶树物候、病害发生程度及气象数据的收集。原始数据按附录B的规定填写。

5.2　方法

在大田胶园内,每个观测点树位随机选择10株橡胶树作为监测植株,逐一编号。在每株监测株树冠中部的东、南、西、北4个方向各取一枝条,在最上面的一蓬叶中随机选取5张复叶,共计200张。每个苗圃观测点按5点取样法随机选取40株作为监测植株。在每株监测植株上随机选取5张复叶,共计200张。

用肉眼检查中间小叶上的炭疽病发生情况,统计发病率和病情指数。原始数据按附录B的规定填写。

5.3　监测信息保存

监测信息原始数据应做好保存,保存期10年以上。

附　录　A
（资料性附录）
橡胶树炭疽病的症状识别

橡胶树炭疽病能够危害橡胶树的叶片、叶柄、嫩梢和果实。严重时，引起嫩叶脱落、嫩梢回枯和果实腐烂。古铜期嫩叶受害后，叶片从叶尖和叶缘开始回枯和皱缩，出现像被开水烫过一样的不规则形、暗绿色水渍状病斑，边缘有黑色坏死线，叶片皱缩扭曲，即急性型病斑（见图A.1）。淡绿期叶片发病后，病斑小、皱缩且连接在一起，有时病斑从中间凸起呈圆锥状。严重时，可看到整个叶片布满向上凸起的小点，后期形成穿孔或不规则的破裂，整张叶片扭曲、不平整（见图A.2）。老叶上常见的典型症状有：①圆形或不规则形：病斑初期灰褐色或红褐色近圆形病斑，病健交界明显，后期病斑相连成片，形状不规则，有的穿孔，叶片平整，不会发生皱缩（见图A.3）；②叶缘枯型：受害初期叶尖或叶缘褪绿变黄，随后病斑向内扩展，初期病组织变黄，后期为灰白色，病健交界部呈锯齿状（见图A.4）；③轮纹状，老叶受害后出现近圆形病斑，其上散生或轮生黑色小粒点，排成同心轮纹状（见图A.4）。

图A.1　炭疽病菌侵染嫩叶，形成急性型病斑

图A.2　炭疽病菌侵染淡绿期叶片，引起皱缩并形成凸起病斑

图 A.3　炭疽病菌侵染老叶,形成灰褐色或红褐色近圆形病斑

图 A.4　炭疽病菌侵染老叶,形成叶缘枯、圆形、不规则及轮纹病斑

附 录 B
（规范性附录）
橡胶树炭疽病病情调查登记表

B.1 橡胶树炭疽病病情监测记录表

见表 B.1。

表 B.1 橡胶树炭疽病病情监测记录表

省份：　　　　　监测点：　　　　　观测点：　　　　　监测类型：　　　　　立地条件：

海拔（m）：　　　　品种：　　　　　树龄：　　　　　物候期：

病害级别	叶片数
0 级	
1 级	
3 级	
5 级	
7 级	
9 级	
总叶片	200
病情指数	

调查人：　　　　　　　　　　　　　　　　　　　　　调查时间：　　年　　月　　日

B.2 橡胶树炭疽病病情监测统计表

见表 B.2。

表 B.2 橡胶树炭疽病病情监测统计表

监测点地址	观测点	立地条件	海拔，m	品种	树龄，年	物候期	调查时间	株发病率，%	平均病情指数
...	...								
	...								
	...								

填表人：
审核人：

B.3 气象数据登记表

见表 B.3。

表 B.3 气象数据登记表

监测点：

序号	调查日期	日最高温度 ℃	日最低温度 ℃	日均温度 ℃	日空气相对湿度(RH) ％	日光照时数 h	日降雨量 mm
…							

B.4 橡胶树炭疽病发生情况普查记录表

见表 B.4。

表 B.4 橡胶树炭疽病发生情况普查记录表

普查点：　　　　　　　　品种：　　　　　　　　树龄(年)：

立地条件：　　　　　　　海拔(m)：　　　　　　调查时间：　　年　　月　　日

调查总株数	
株发病率,％	
平均病情指数	
物候期	
调查总面积,hm²	
发生面积,hm²	
备　注	

填表人：　　　　　　　审核人：

B.5 橡胶树炭疽病发生情况普查统计表

见表 B.5。

表 B.5 橡胶树炭疽病发生情况普查统计表

序号	省份	普查点	调查面积,hm²	发生面积,hm²	取样株数,株	株发病率,％	平均病情指数
…							

附录

中华人民共和国农业农村部公告
第 127 号

　　《苹果腐烂病抗性鉴定技术规程》等 41 项标准业经专家审定通过,现批准发布为中华人民共和国农业行业标准,自 2019 年 9 月 1 日起实施。

　　特此公告。

　　附件:《苹果腐烂病抗性鉴定技术规程》等 41 项农业行业标准目录

农业农村部

2019 年 1 月 17 日

附件：

《苹果腐烂病抗性鉴定技术规程》等 41 项农业行业标准目录

序号	标准号	标准名称	代替标准号
1	NY/T 3344—2019	苹果腐烂病抗性鉴定技术规程	
2	NY/T 3345—2019	梨黑星病抗性鉴定技术规程	
3	NY/T 3346—2019	马铃薯抗青枯病鉴定技术规程	
4	NY/T 3347—2019	玉米籽粒生理成熟后自然脱水速率鉴定技术规程	
5	NY/T 3413—2019	葡萄病虫害防治技术规程	
6	NY/T 3414—2019	日晒高温覆膜法防治韭蛆技术规程	
7	NY/T 3415—2019	香菇菌棒工厂化生产技术规范	
8	NY/T 3416—2019	茭白储运技术规范	
9	NY/T 3417—2019	苹果树主要害虫调查方法	
10	NY/T 3418—2019	杏鲍菇等级规格	
11	NY/T 3419—2019	茶树高温热害等级	
12	NY/T 3420—2019	土壤有效硒的测定　氢化物发生原子荧光光谱法	
13	NY/T 3421—2019	家蚕核型多角体病毒检测　荧光定量 PCR 法	
14	NY/T 3422—2019	肥料和土壤调理剂　氟含量的测定	
15	NY/T 3423—2019	肥料增效剂　3,4-二甲基吡唑磷酸盐(DMPP)含量的测定	
16	NY/T 3424—2019	水溶肥料　无机砷和有机砷含量的测定	
17	NY/T 3425—2019	水溶肥料　总铬、三价铬和六价铬含量的测定	
18	NY/T 3426—2019	玉米细胞质雄性不育杂交种生产技术规程	
19	NY/T 3427—2019	棉花品种枯萎病抗性鉴定技术规程	
20	NY/T 3428—2019	大豆品种大豆花叶病毒病抗性鉴定技术规程	
21	NY/T 3429—2019	芝麻品种资源耐湿性鉴定技术规程	
22	NY/T 3430—2019	甜菜种子活力测定　高温处理法	
23	NY/T 3431—2019	植物品种特异性、一致性和稳定性测试指南　补血草属	
24	NY/T 3432—2019	植物品种特异性、一致性和稳定性测试指南　万寿菊属	
25	NY/T 3433—2019	植物品种特异性、一致性和稳定性测试指南　枇杷属	
26	NY/T 3434—2019	植物品种特异性、一致性和稳定性测试指南　桂花草属	
27	NY/T 3435—2019	植物品种特异性、一致性和稳定性测试指南　芥蓝	
28	NY/T 3436—2019	柑橘属品种鉴定　SSR 分子标记法	
29	NY/T 3437—2019	沼气工程安全管理规范	
30	NY/T 1220.1—2019	沼气工程技术规范　第 1 部分:工程设计	NY/T 1220.1—2006
31	NY/T 1220.2—2019	沼气工程技术规范　第 2 部分:输配系统设计	NY/T 1220.2—2006
32	NY/T 1220.3—2019	沼气工程技术规范　第 3 部分:施工及验收	NY/T 1220.3—2006
33	NY/T 1220.4—2019	沼气工程技术规范　第 4 部分:运行管理	NY/T 1220.4—2006
34	NY/T 1220.5—2019	沼气工程技术规范　第 5 部分:质量评价	NY/T 1220.5—2006
35	NY/T 3438.1—2019	村级沼气集中供气站技术规范　第 1 部分:设计	

（续）

序号	标准号	标准名称	代替标准号
36	NY/T 3438.2—2019	村级沼气集中供气站技术规范　第2部分:施工与验收	
37	NY/T 3438.3—2019	村级沼气集中供气站技术规范　第3部分:运行管理	
38	NY/T 3439—2019	沼气工程钢制焊接发酵罐技术条件	
39	NY/T 3440—2019	生活污水净化沼气池质量验收规范	
40	NY/T 3441—2019	蔬菜废弃物高温堆肥无害化处理技术规程	
41	NY/T 3442—2019	畜禽粪便堆肥技术规范	

中华人民共和国农业农村部公告
第 196 号

《耕地质量监测技术规程》等 123 项标准业经专家审定通过,现批准发布为中华人民共和国农业行业标准,自 2019 年 11 月 1 日起实施。

特此公告。

附件:《耕地质量监测技术规程》等 123 项农业行业标准目录

农业农村部

2019 年 8 月 1 日

附件：

《耕地质量监测技术规程》等 123 项农业行业标准目录

序号	标准号	标准名称	代替标准号
1	NY/T 1119—2019	耕地质量监测技术规程	NY/T 1119—2012
2	NY/T 3443—2019	石灰质改良酸化土壤技术规范	
3	NY/T 3444—2019	牦牛冷冻精液生产技术规程	
4	NY/T 3445—2019	畜禽养殖场档案规范	
5	NY/T 3446—2019	奶牛短脊椎畸形综合征检测 PCR 法	
6	NY/T 3447—2019	金川牦牛	
7	NY/T 3448—2019	天然打草场退化分级	
8	NY/T 821—2019	猪肉品质测定技术规程	NY/T 821—2004
9	NY/T 3449—2019	河曲马	
10	NY/T 3450—2019	家畜遗传资源保种场保种技术规范　第 1 部分:总则	
11	NY/T 3451—2019	家畜遗传资源保种场保种技术规范　第 2 部分:猪	
12	NY/T 3452—2019	家畜遗传资源保种场保种技术规范　第 3 部分:牛	
13	NY/T 3453—2019	家畜遗传资源保种场保种技术规范　第 4 部分:绵羊、山羊	
14	NY/T 3454—2019	家畜遗传资源保种场保种技术规范　第 5 部分:马、驴	
15	NY/T 3455—2019	家畜遗传资源保种场保种技术规范　第 6 部分:骆驼	
16	NY/T 3456—2019	家畜遗传资源保种场保种技术规范　第 7 部分:家兔	
17	NY/T 3457—2019	牦牛舍饲半舍饲生产技术规范	
18	NY/T 3458—2019	种鸡人工授精技术规程	
19	NY/T 822—2019	种猪生产性能测定规程	NY/T 822—2004
20	NY/T 3459—2019	种猪遗传评估技术规范	
21	NY/T 3460—2019	家畜遗传资源保护区保种技术规范	
22	NY/T 3461—2019	草原建设经济生态效益评价技术规程	
23	NY/T 3462—2019	全株玉米青贮霉菌毒素控制技术规范	
24	NY/T 566—2019	猪丹毒诊断技术	NY/T 566—2002
25	NY/T 3463—2019	禽组织滴虫病诊断技术	
26	NY/T 3464—2019	牛泰勒虫病诊断技术	
27	NY/T 3465—2019	山羊关节炎脑炎诊断技术	
28	NY/T 1187—2019	鸡传染性贫血诊断技术	NY/T 681—2003, NY/T 1187—2006
29	NY/T 3466—2019	实验用猪微生物学等级及监测	
30	NY/T 575—2019	牛传染性鼻气管炎诊断技术	NY/T 575—2002
31	NY/T 3467—2019	牛羊饲养场兽医卫生规范	
32	NY/T 3468—2019	猪轮状病毒间接 ELISA 抗体检测方法	
33	NY/T 3363—2019	畜禽屠宰加工设备　猪剥皮机	NY/T 3363—2018 (SB/T 10493—2008)
34	NY/T 3364—2019	畜禽屠宰加工设备　猪胴体劈半锯	NY/T 3364—2018 (SB/T 10494—2008)
35	NY/T 3469—2019	畜禽屠宰操作规程　羊	
36	NY/T 3470—2019	畜禽屠宰操作规程　兔	
37	NY/T 3471—2019	畜禽血液收集技术规范	

（续）

序号	标准号	标准名称	代替标准号
38	NY/T 3472—2019	畜禽屠宰加工设备　家禽自动掏膛生产线技术条件	
39	NY/T 3473—2019	饲料中纽甜、阿力甜、阿斯巴甜、甜蜜素、安赛蜜、糖精钠的测定　液相色谱-串联质谱法	
40	NY/T 3474—2019	卵形鲳鲹配合饲料	
41	NY/T 3475—2019	饲料中貂、狐、貉源性成分的定性检测　实时荧光 PCR 法	
42	NY/T 3476—2019	饲料原料　甘蔗糖蜜	
43	NY/T 3477—2019	饲料原料　酿酒酵母细胞壁	
44	NY/T 3478—2019	饲料中尿素的测定	
45	NY/T 132—2019	饲料原料　花生饼	NY/T 132—1989
46	NY/T 123—2019	饲料原料　米糠饼	NY/T 123—1989
47	NY/T 124—2019	饲料原料　米糠粕	NY/T 124—1989
48	NY/T 3479—2019	饲料中氢溴酸常山酮的测定　液相色谱-串联质谱法	
49	NY/T 3480—2019	饲料中那西肽的测定　高效液相色谱法	
50	SC/T 7228—2019	传染性肌坏死病诊断规程	
51	SC/T 7230—2019	贝类包纳米虫病诊断规程	
52	SC/T 7231—2019	贝类折光马尔太虫病诊断规程	
53	SC/T 4047—2019	海水养殖用扇贝笼通用技术要求	
54	SC/T 4046—2019	渔用超高分子量聚乙烯网线通用技术条件	
55	SC/T 6093—2019	工厂化循环水养殖车间设计规范	
56	SC/T 7002.15—2019	渔船用电子设备环境试验条件和方法　温度冲击	
57	SC/T 6017—2019	水车式增氧机	SC/T 6017—1999
58	SC/T 3110—2019	冻虾仁	SC/T 3110—1996
59	SC/T 3124—2019	鲜、冻养殖河豚鱼	
60	SC/T 5108—2019	锦鲤售卖场条件	
61	SC/T 5709—2019	金鱼分级　水泡眼	
62	SC/T 7016.13—2019	鱼类细胞系　第 13 部分:鲫细胞系(CAR)	
63	SC/T 7016.14—2019	鱼类细胞系　第 14 部分:锦鲤吻端细胞系(KS)	
64	SC/T 7229—2019	鲤浮肿病诊断规程	
65	SC/T 2092—2019	脊尾白虾　亲虾	
66	SC/T 2097—2019	刺参人工繁育技术规范	
67	SC/T 4050.1—2019	拖网渔具通用技术要求　第 1 部分:网衣	
68	SC/T 4050.2—2019	拖网渔具通用技术要求　第 2 部分:浮子	
69	SC/T 9433—2019	水产种质资源描述通用要求	
70	SC/T 1143—2019	淡水珍珠蚌鱼混养技术规范	
71	SC/T 2093—2019	大泷六线鱼　亲鱼和苗种	
72	SC/T 4049—2019	超高分子量聚乙烯网片　绞捻型	
73	SC/T 9434—2019	水生生物增殖放流技术规范　金乌贼	
74	SC/T 1142—2019	水产新品种生长性能测试　鱼类	
75	SC/T 4048.1—2019	深水网箱通用技术要求　第 1 部分:框架系统	
76	SC/T 9429—2019	淡水渔业资源调查规范　河流	
77	SC/T 2095—2019	大型藻类养殖容量评估技术规范　营养盐供需平衡法	
78	SC/T 3211—2019	盐渍裙带菜	SC/T 3211—2002
79	SC/T 3213—2019	干裙带菜叶	SC/T 3213—2002
80	SC/T 2096—2019	三疣梭子蟹人工繁育技术规范	

（续）

序号	标准号	标准名称	代替标准号
81	SC/T 9430—2019	水生生物增殖放流技术规范　鳜	
82	SC/T 1137—2019	淡水养殖水质调节用微生物制剂　质量与使用原则	
83	SC/T 9431—2019	水生生物增殖放流技术规范　拟穴青蟹	
84	SC/T 9432—2019	水生生物增殖放流技术规范　海蜇	
85	SC/T 1140—2019	莫桑比克罗非鱼	
86	SC/T 2098—2019	裙带菜人工繁育技术规范	
87	SC/T 6137—2019	养殖渔情信息采集规范	
88	SC/T 2099—2019	牙鲆人工繁育技术规范	
89	SC/T 3053—2019	水产品及其制品中虾青素含量的测定　高效液相色谱法	
90	SC/T 1139—2019	细鳞鲴	
91	SC/T 9435—2019	水产养殖环境（水体、底泥）中孔雀石绿的测定　高效液相色谱法	
92	SC/T 1141—2019	尖吻鲈	
93	NY/T 1766—2019	农业机械化统计基础指标	NY/T 1766—2009
94	NY/T 985—2019	根茬粉碎还田机　作业质量	NY/T 985—2006
95	NY/T 1227—2019	残地膜回收机　作业质量	NY/T 1227—2006
96	NY/T 3481—2019	根茎类中药材收获机　质量评价技术规范	
97	NY/T 3482—2019	谷物干燥机质量调查技术规范	
98	NY/T 1830—2019	拖拉机和联合收割机安全技术检验规范	NY/T 1830—2009
99	NY/T 2207—2019	轮式拖拉机能效等级评价	NY/T 2207—2012
100	NY/T 1629—2019	拖拉机排气烟度限值	NY/T 1629—2008
101	NY/T 3483—2019	马铃薯全程机械化生产技术规范	
102	NY/T 3484—2019	黄淮海地区保护性耕作机械化作业技术规范	
103	NY/T 3485—2019	西北内陆棉区棉花全程机械化生产技术规范	
104	NY/T 3486—2019	蔬菜移栽机　作业质量	
105	NY/T 1828—2019	机动插秧机　质量评价技术规范	NY/T 1828—2009
106	NY/T 3487—2019	厢式果蔬烘干机　质量评价技术规范	
107	NY/T 1534—2019	水稻工厂化育秧技术规程	NY/T 1534—2007
108	NY/T 209—2019	农业轮式拖拉机　质量评价技术规范	NY/T 209—2006
109	NY/T 3488—2019	农业机械重点检查技术规范	
110	NY/T 364—2019	种子拌药机　质量评价技术规范	NY/T 364—1999
111	NY/T 3489—2019	农业机械化水平评价　第2部分:畜牧养殖	
112	NY/T 3490—2019	农业机械化水平评价　第3部分:水产养殖	
113	NY/T 3491—2019	玉米免耕播种机适用性评价方法	
114	NY/T 3492—2019	农业生物质原料　样品制备	
115	NY/T 3493—2019	农业生物质原料　粗蛋白测定	
116	NY/T 3494—2019	农业生物质原料　纤维素、半纤维素、木质素测定	
117	NY/T 3495—2019	农业生物质原料热重分析法　通则	
118	NY/T 3496—2019	农业生物质原料热重分析法　热裂解动力学参数	
119	NY/T 3497—2019	农业生物质原料热重分析法　工业分析	
120	NY/T 3498—2019	农业生物质原料成分测定　元素分析仪法	
121	NY/T 3499—2019	受污染耕地治理与修复导则	
122	NY/T 3500—2019	农业信息基础共享元数据	
123	NY/T 3501—2019	农业数据共享技术规范	

中华人民共和国农业农村部公告
第 197 号

　　《饲料中硝基咪唑类药物的测定　液相色谱-质谱法》等 10 项标准业经专家审定通过,现批准发布为中华人民共和国农业行业标准,自 2020 年 1 月 1 日起实施。
　　特此公告。

　　附件:《饲料中硝基咪唑类药物的测定　液相色谱-质谱法》等 10 项国家标准目录

农业农村部
2019 年 8 月 1 日

附件：

《饲料中硝基咪唑类药物的测定　液相色谱-质谱法》
等 10 项国家标准目录

序号	标准号	标准名称	代替标准号
1	农业农村部公告第 197 号—1—2019	饲料中硝基咪唑类药物的测定　液相色谱-质谱法	农业部 1486 号公告—4—2010
2	农业农村部公告第 197 号—2—2019	饲料中盐酸沃尼妙林和泰妙菌素的测定　液相色谱-串联质谱法	
3	农业农村部公告第 197 号—3—2019	饲料中硫酸新霉素的测定　液相色谱-串联质谱法	
4	农业农村部公告第 197 号—4—2019	饲料中海南霉素的测定　液相色谱-串联质谱法	
5	农业农村部公告第 197 号—5—2019	饲料中可乐定等 7 种 α-受体激动剂的测定　液相色谱-串联质谱法	
6	农业农村部公告第 197 号—6—2019	饲料中利巴韦林等 7 种抗病毒类药物的测定　液相色谱-串联质谱法	
7	农业农村部公告第 197 号—7—2019	饲料中福莫特罗、阿福特罗的测定　液相色谱-串联质谱法	
8	农业农村部公告第 197 号—8—2019	动物毛发中赛庚啶残留量的测定　液相色谱-串联质谱法	
9	农业农村部公告第 197 号—9—2019	畜禽血液和尿液中 150 种兽药及其他化合物鉴别和确认　液相色谱-高分辨串联质谱法	
10	农业农村部公告第 197 号—10—2019	畜禽血液和尿液中 160 种兽药及其他化合物的测定　液相色谱-串联质谱法	

国家卫生健康委员会
农 业 农 村 部
国家市场监督管理总局
公　告
2019 年　第 5 号

　　根据《中华人民共和国食品安全法》规定,经食品安全国家标准审评委员会审查通过,现发布《食品安全国家标准　食品中农药最大残留限量》(GB 2763—2019,代替 GB 2763—2016 和 GB 2763.1—2018)等 3 项食品安全国家标准。其编号和名称如下:

　　GB 2763—2019　食品安全国家标准　食品中农药最大残留限量

　　GB 23200.116—2019　食品安全国家标准　植物源性食品中 90 种有机磷类农药及其代谢物残留量的测定　气相色谱法

　　GB 23200.117—2019　食品安全国家标准　植物源性食品中喹啉铜残留量的测定　高效液相色谱法

　　以上标准自发布之日起 6 个月正式实施。标准文本可在中国农产品质量安全网(http://www.aqsc.org)查阅下载。标准文本内容由农业农村部负责解释。

　　特此公告。

国家卫生健康委员会
农业农村部
国家市场监督管理总局
2019 年 8 月 15 日

农 业 农 村 部
国家卫生健康委员会
国家市场监督管理总局
公　告
第 114 号

根据《中华人民共和国食品安全法》规定，经食品安全国家标准审评委员会审查通过，现发布《食品安全国家标准　食品中兽药最大残留限量》（GB 31650—2019，代替农业部公告第 235 号中的相应部分）及 9 项兽药残留检测方法食品安全国家标准，其编号和名称如下：

GB 31650—2019　食品安全国家标准　食品中兽药最大残留限量

GB 31660.1—2019　食品安全国家标准　水产品中大环内酯类药物残留量的测定　液相色谱-串联质谱法

GB 31660.2—2019　食品安全国家标准　水产品中辛基酚、壬基酚、双酚 A、己烯雌酚、雌酮、17α-乙炔雌二醇、17β-雌二醇、雌三醇残留量的测定　气相色谱-质谱法

GB 31660.3—2019　食品安全国家标准　水产品中氟乐灵残留量的测定　气相色谱法

GB 31660.4—2019　食品安全国家标准　动物性食品中醋酸甲地孕酮和醋酸甲羟孕酮残留量的测定　液相色谱-串联质谱法

GB 31660.5—2019　食品安全国家标准　动物性食品中金刚烷胺残留量的测定　液相色谱-串联质谱法

GB 31660.6—2019　食品安全国家标准　动物性食品中 5 种 α₂-受体激动剂残留量的测定　液相色谱-串联质谱法

GB 31660.7—2019　食品安全国家标准　猪组织和尿液中赛庚啶及可乐定残留量的测定　液相色谱-串联质谱法

GB 31660.8—2019　食品安全国家标准　牛可食性组织及牛奶中氮氨菲啶残留量的测定　液相色谱-串联质谱法

GB 31660.9—2019　食品安全国家标准　家禽可食性组织中乙氧酰胺苯甲酯残留量的测定　高效液相色谱法

以上标准自 2020 年 4 月 1 日起实施。标准文本可在中国农产品质量安全网（http://www. aqsc. org）查阅下载。

农业农村部
国家卫生健康委员会
国家市场监督管理总局
2019 年 9 月 6 日

中华人民共和国农业农村部公告
第 251 号

《肥料　包膜材料使用风险控制准则》等 39 项标准业经专家审定通过，现批准发布为中华人民共和国农业行业标准，自 2020 年 4 月 1 日起实施。

特此公告。

附件:《肥料　包膜材料使用风险控制准则》等 39 项农业行业标准目录

农业农村部

2019 年 12 月 27 日

附件：

《肥料　包膜材料使用风险控制准则》等 39 项农业行业标准目录

序号	标准号	标准名称	代替标准号
1	NY/T 3502—2019	肥料　包膜材料使用风险控制准则	
2	NY/T 3503—2019	肥料　着色材料使用风险控制准则	
3	NY/T 3504—2019	肥料增效剂　硝化抑制剂及使用规程	
4	NY/T 3505—2019	肥料增效剂　脲酶抑制剂及使用规程	
5	NY/T 3506—2019	植物品种特异性、一致性和稳定性测试指南　玉簪属	
6	NY/T 3507—2019	植物品种特异性、一致性和稳定性测试指南　蕹菜	
7	NY/T 3508—2019	植物品种特异性、一致性和稳定性测试指南　朱顶红属	
8	NY/T 3509—2019	植物品种特异性、一致性和稳定性测试指南　菠菜	
9	NY/T 3510—2019	植物品种特异性、一致性和稳定性测试指南　鹤望兰	
10	NY/T 3511—2019	植物品种特异性(可区别性)、一致性和稳定性测试指南编写规则	
11	NY/T 3512—2019	肉中蛋白无损检测法　近红外法	
12	NY/T 3513—2019	生乳中硫氰酸根的测定　离子色谱法	
13	NY/T 251—2019	剑麻织物　单位面积质量的测定	NY/T 251—1995
14	NY/T 926—2019	天然橡胶初加工机械　撕粒机	NY/T 926—2004
15	NY/T 927—2019	天然橡胶初加工机械　碎胶机	NY/T 927—2004
16	NY/T 2668.13—2019	热带作物品种试验技术规程　第 13 部分:木菠萝	
17	NY/T 2668.14—2019	热带作物品种试验技术规程　第 14 部分:剑麻	
18	NY/T 385—2019	天然生胶　技术分级橡胶(TSR)浅色胶生产技术规程	NY/T 385—1999
19	NY/T 2667.13—2019	热带作物品种审定规范　第 13 部分:木菠萝	
20	NY/T 3514—2019	咖啡中绿原酸类化合物的测定　高效液相色谱法	
21	NY/T 3515—2019	热带作物病虫害防治技术规程　椰子织蛾	
22	NY/T 3516—2019	热带作物种质资源描述规范　毛叶枣	
23	NY/T 3517—2019	热带作物种质资源描述规范　火龙果	
24	NY/T 3518—2019	热带作物病虫害监测技术规程　橡胶树炭疽病	
25	NY/T 3519—2019	油棕种苗繁育技术规程	
26	NY/T 3520—2019	菠萝种苗繁育技术规程	
27	NY/T 3521—2019	马铃薯面条加工技术规范	
28	NY/T 3522—2019	发芽糙米加工技术规范	
29	NY/T 3523—2019	马铃薯主食复配粉加工技术规范	
30	NY/T 3524—2019	冷冻肉解冻技术规范	
31	NY/T 3525—2019	农业环境类长期定位监测站通用技术要求	
32	NY/T 3526—2019	农情监测遥感数据预处理技术规范	
33	NY/T 3527—2019	农作物种植面积遥感监测规范	
34	NY/T 3528—2019	耕地土壤墒情遥感监测规范	
35	NY/T 3529—2019	水稻插秧机报废技术条件	
36	NY/T 3530—2019	铡草机报废技术条件	
37	NY/T 3531—2019	饲料粉碎机报废技术条件	
38	NY/T 3532—2019	机动脱粒机报废技术条件	
39	NY/T 2454—2019	机动植保机械报废技术条件	NY/T 2454—2013

图书在版编目（CIP）数据

中国农业行业标准汇编．2021．植保分册/标准质
量出版分社编．—北京：中国农业出版社，2021.1
（中国农业标准经典收藏系列）
ISBN 978-7-109-27379-5

Ⅰ．①中…　Ⅱ．①标…　Ⅲ．①农业—行业标准—汇编
—中国②植物保护—行业标准—汇编—中国　Ⅳ.
①S-65

中国版本图书馆 CIP 数据核字（2020）第 185664 号

中国农业出版社出版
地址：北京市朝阳区麦子店街 18 号楼
邮编：100125
责任编辑：冀　刚
版式设计：张　宇　　责任校对：沙凯霖
印刷：北京印刷一厂
版次：2021 年 1 月第 1 版
印次：2021 年 1 月北京第 1 次印刷
发行：新华书店北京发行所
开本：880mm×1230mm　1/16
印张：29.5
字数：980 千字
定价：300.00 元